全国高等职业教育规划教材

变频器系统运行与维护

周　奎　吴会琴　高文忠　主编
王　玲　侍寿永　景绍学　庄彦钦　参编
成建生　主审

机 械 工 业 出 版 社

本书以“基于工作过程的课程开发理论”为指导思想，校企合作共同编写而成。全书以变频器安装、操作、运行、维护为主线，将本书内容分为：变频器的基础知识、变频器基本调速电路的装调、基于 PLC 的变频调速系统的装调、变频器的工程实践、变频器系统的维护与保养 5 个学习情境。情境 1 是理论基础，采用常规教学；情境 2、3 为变频器的功能应用，采用项目教学；情境 4 为变频调速系统的工程应用，设计情境案例教学；情境 5 为变频器的保养和维护，是日常使用中的保养和对常见故障的判断和处理。

本书可作为高职高专电气类、机电类专业教材，也可供机电技术和电气技术人员参考。

为配合教学，本书配有电子课件，读者可以登录机械工业出版社教材服务网 www.cmpedu.com 免费注册后下载，或联系编辑索取（QQ：1239258369，电话（010）88379739）。

图书在版编目（CIP）数据

变频器系统运行与维护/周奎，吴会琴，高文忠主编．—北京：机械工业出版社，2014.1（2018.1 重印）
全国高等职业教育规划教材
ISBN 978-7-111-45315-4

Ⅰ.①变…　Ⅱ.①周…　②吴…　③高…　Ⅲ.①变频器-高等职业教育-教材
Ⅳ.①TN773

中国版本图书馆 CIP 数据核字（2014）第 001254 号

机械工业出版社（北京市百万庄大街 22 号　邮政编码 100037）
责任编辑：刘闻雨　张利萍
责任印制：孙　炜

北京玥实印刷有限公司印刷
2018 年 1 月第 1 版第 3 次印刷
184mm×260mm · 17.25 印张 · 426 千字
4801—6300 册
标准书号：ISBN 978-7-111-45315-4
定价：37.00 元
凡购本书，如有缺页、倒页、脱页，由本社发行部调换

电话服务	网络服务
社服务中心：（010）88361066	教材网：http：//www.cmpedu.com
销售一部：（010）68326294	机工官网：http：//www.cmpbook.com
销售二部：（010）88379649	机工官博：http：//weibo.com/cmp1952
读者购书热线：（010）88379203	**封面无防伪标均为盗版**

全国高等职业教育规划教材机电类专业委员会成员名单

出 版 说 明

根据“教育部关于以就业为导向深化高等职业教育改革的若干意见”中提出的高等职业院校必须把培养学生动手能力、实践能力和可持续发展能力放在突出的地位，促进学生技能的培养，以及教材内容要紧密结合生产实际，并注意及时跟踪先进技术的发展等指导精神，机械工业出版社组织全国近60所高等职业院校的骨干教师对在2001年出版的“面向21世纪高职高专系列教材”进行了全面的修订和增补，并更名为“全国高等职业教育规划教材”。

本系列教材是由高职高专计算机专业、电子技术专业和机电专业教材编委会分别会同各高职高专院校的一线骨干教师，针对相关专业的课程设置，融合教学中的实践经验，同时吸收高等职业教育改革的成果而编写完成的，具有“定位准确、注重能力、内容创新、结构合理和叙述通俗”的编写特色。在几年的教学实践中，本系列教材获得了较高的评价，并有多个品种被评为普通高等教育“十一五”国家级规划教材。在修订和增补过程中，除了保持原有特色外，针对课程的不同性质采取了不同的优化措施。其中，核心基础课程的教材在保持扎实的理论基础的同时，增加实训和习题；实践性较强的课程强调理论与实训紧密结合；涉及实用技术的课程则在教材中引入了最新的知识、技术、工艺和方法。同时，根据实际教学的需要对部分课程进行了整合。

归纳起来，本系列教材具有以下特点：

1）围绕培养学生的职业技能这条主线来设计教材的结构、内容和形式。

2）合理安排基础知识和实践知识的比例。基础知识以“必需、够用”为度，强调专业技术应用能力的训练，适当增加实训环节。

3）符合高职学生的学习特点和认知规律。对基本理论和方法的论述容易理解、清晰简洁，多用图表来表达信息；增加相关技术在生产中的应用实例，引导学生主动学习。

4）教材内容紧随技术和经济的发展而更新，及时将新知识、新技术、新工艺和新案例等引入教材。同时注重吸收最新的教学理念，并积极支持新专业的教材建设。

5）注重立体化教材建设。通过主教材、电子教案、配套素材光盘、实训指导和习题及解答等教学资源的有机结合，提高教学服务水平，为高素质技能型人才的培养创造良好的条件。

由于我国高等职业教育改革和发展的速度很快，加之我们的水平和经验有限，因此在教材的编写和出版过程中难免出现问题和错误。我们恳请使用这套教材的师生及时向我们反馈质量信息，以利于我们今后不断提高教材的出版质量，为广大师生提供更多、更适用的教材。

机械工业出版社

前　言

在现代工业和经济生活中，随着电子技术的应用，自动化、节能化和系统化得到了迅速的发展。伴随着电力电子技术、微电子技术及现代控制理论的发展，变频技术已广泛应用于各个领域。如从最初的整流、交直流可调电源等已发展到直流输电、不同频率电网系统的连接、静止无功功率补偿和谐波吸收、超导电抗器的电力储存、高频输电等；在运输等行业正在以交流电动机调速逐步代替直流电动机调速，并应用到超导磁悬浮列车、高速铁路、电动汽车、产业用机器人；在家用电器方面有变频空调器、变频洗衣机、变频电动自行车等；在通信及航天等领域则有通信、导航、雷达、宇宙设备的小型轻量化电源等；石油行业已实现了采油的变频调速、超声波驱动等。

本书以“变频器安装、操作、运行、维护”为主线，共分5个学习情境。学习情境1主要介绍变频技术概念、电力电子器件、变频器工作原理、交－直－交变频技术、脉宽调制技术、交－交变频技术等基础知识；学习情境2主要介绍单向运行调速、可逆运行调速、多段速运行等基本调速电路的设计、安装与调试；学习情境3主要介绍基于PLC控制的可逆运行调速系统、多挡调速系统、工频与变频切换系统、自动送料系统等变频器系统的设计、安装与调试；学习情境4主要介绍变频器恒压供水系统、面漆线控制系统的工程设计、硬件选型、系统装调；学习情境5主要介绍变频器的维护与保养。

本书的教学模块选自企业真实的案例，教学中以做到什么、需要什么、就学什么的行动导向原则，实现教学做一体、理论与实践一体。教学情境及项目的设计遵循由简单到复杂、由单一到综合的认知规律，并注重企业文化的渗透以及学生专业能力、实践能力与社会能力的综合培养。本书作为电气类、机电类专业的课程教材，学生须具备电机、电气、PLC等前导知识。本书的推荐学时为60～70学时。

本书由周奎、吴会琴、高文忠主编，王玲、侍寿永、景绍学、庄彦钦参编。本书学习情境1由王玲、景绍学编写；学习情境2由吴会琴编写；学习情境3由周奎编写；学习情境4由侍寿永、庄彦钦编写；学习情境5由高文忠编写。全书由周奎统稿，成建生主审。在本书的编写过程中得到淮安奥特电气有限公司、西子奥的斯电梯有限公司、淮安东辰恒凯有限公司的大力支持，特此表示感谢！

限于水平与经验，疏漏之处在所难免，请读者批评指正。

编　者

目录

学习情境1　变频器的基础知识

任务1.1　了解变频器系统

近10年来，随着电力电子技术、计算机技术、自动控制技术的迅速发展，电气传动技术面临着一场革命，即用交流调速取代直流调速、计算机数字控制技术取代模拟控制技术已成为发展趋势。电动机交流变频调速技术是当今节能、改善工艺流程以提高产品质量和改善环境、推动技术进步的一种主要手段。变频调速以其优异的调速起动、制动性能，高效率、高功率因数和节能效果，广泛的适用范围及其他许多优点而被国内外公认为是最有发展前途的调速方式。

1.1.1　变频调速系统

1. 电气传动系统分类

电气传动关系到合理地使用电动机以节约电能和控制机械的运转状态（位置、速度、加速度等），实现电能-机械能的转换，达到优质、高产、低耗的目的。电气传动系统分为不调速系统和调速系统两大类。随着电力电子技术的发展，原本不调速的机械系统越来越多的改用调速系统以节约电能，改善产品质量，提高生产率。调速系统分为直流调速系统和交流调速系统两大类。

（1）直流调速系统　直流电动机虽然有调速性能好的优越性，但也有一些固有的难以克服的缺点。主要是机械式换向器带来的弊端，即维修工作量大，事故率高；容量、电压、电流和转速的上限值均受到换向条件的制约，在一些大容量和特大容量的调速领域中无法应用；使用环境受限，特别是在易燃易爆场合难以应用。

（2）交流调速系统　交流电动机有一些固有的优点：容量、电压、电流和转速的上限，不像直流电动机那样受限制；结构简单，造价低；坚固耐用，事故率低，容易维护。它的最大缺点是调速困难，简单调速方案的性能指标不佳。

2. 交流电动机的调速方法

由电机学原理可知，交流异步电动机的转速表达式为

$$n=\frac{60f}{p}(1-s) \tag{1-1}$$

式中　n——电动机转速；

f——定子供电电源频率；

p——极对数；

s——转差率。

由此可以归纳出交流异步电动机的三种调速方法：变极对数 p 调速、变转差率 s 调速及

变电源频率 f 调速。

（1）变极对数调速　变极调速只适用于变极电动机，在电动机制造时安装多套绕组，在运行时通过外部的开关设备控制绕组的连接方式改变极对数，从而改变电动机的转速。这种方式的优点是：在每一个转速等级下，具有较硬的机械特性，稳定性好；其缺点是：转速只能在几个速度级上改变，调速平滑性差；在某些接线方式下最大转矩减小，只适用于恒功率调速；电动机的体积大，制造成本高。

（2）变转差率调速　变转差率调速又可采用降低定子电压、转子串电阻、串级调速来实现。

1）降低定子电压。降低定子电压调速适用于专门设计的具有较大转子电阻的高转差率异步电动机。当电动机定子电压改变时，可以使工作点处于不同的机械特性曲线上，从而改变电动机的工作速度。降低定子电压调速的特点是：调速范围窄，机械特性软；适用范围窄。为改善调速特性，一般要使用闭环控制的工作方式，系统的结构复杂。

2）转子串电阻。转子串电阻调速适用于绕线转子异步电动机。通过在电动机转子回路中串入不同阻值的电阻，人为地改变电动机机械特性的硬度，从而改变在某种负载特性下的转速。这种方式的优点是：设备简单、易于实现，其缺点是：只能有级调速，平滑性差；低速时机械特性软，转差率大，转子铜损高，运行效率低。

3）串级调速。串级调速是转子串电阻调速方式的改进，基本工作方式也是通过改变转子回路的等效阻抗从而改变电动机的工作特性，达到调速的目的。实现方法是：在转子回路中串入一个可变的电动势，从而改变转子回路的回路电阻，来改变电动机的转速。优点是：可以通过某种控制，使转子回路的能量回馈到电网，从而提高效率；在适当的控制下，可以实现低同步或高同步的连续调速。缺点是：只适用于绕线转子异步电动机，且控制系统相对复杂。

（3）变频调速　变频调速适用于笼型异步电动机。由电动机调速公式可知，如果能连续改变电动机的电源频率，就可以连续地改变电动机的同步转速，使其转速可以在一个较宽的范围内连续可调，因此它属于无级调速。变频调速在运行的经济性、调速的平滑性、机械特性方面都有明显的优势。

变频调速技术也是交流调速中发展最快、最有潜力的技术。随着交流电动机调速理论的突破和变频器性能的不断完善，变频调速开始成为交流调速的主流。目前，交流调速系统的性能已经可以和直流调速系统相媲美，有些甚至超过直流调速系统。

3. 电气传动系统的组成

电气传动控制系统通常由电动机、控制装置和信息装置三部分组成。一般机械设备中的不调速的电气传动系统框图如图 1-1 所示。变频调速的电气传动系统框图如图 1-2 所示。

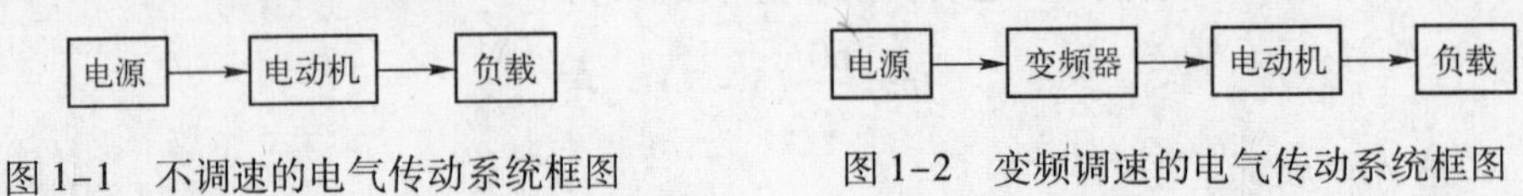

图 1-1　不调速的电气传动系统框图　　图 1-2　变频调速的电气传动系统框图

1.1.2　变频器的分类

长期以来，交流电的频率一直是固定的，变频器的出现使频率变成可以充分利用的资源。变频器是将固定频率的交流电变换成频率连续可调的交流电的装置。变频器的种类很多，下面按照不同的分类方法介绍。

1. 按变频器的用途分类

对于大多数用户来说，可能更为关心的是变频器的用途，变频器按照用途不同可以分为通用变频器和专用变频器两种。

（1）通用变频器　顾名思义，通用变频器的特点是通用性。随着变频技术的发展和市场需要的不断扩大，通用变频器也在朝着两个方向发展：一是低成本的简易型通用变频器；二是高性能的多功能通用变频器。

1）简易型通用变频器。简易型通用变频器是一种以节能为主要目的而简化了一些系统功能的通用变频器。它主要应用于水泵、风扇、鼓风机等对于系统调速性能要求不高的场合，并具有体积小、价格低等优势。

2）高性能的多功能通用变频器。高性能的多功能通用变频器在设计过程中充分考虑了在变频器应用中可能出现的各种需要，并为满足这些需要在系统软件和硬件方面都做了相应的准备。在使用时，用户可以根据负载特性选择算法并对变频器的各种参数进行设定，也可以根据系统的需要选择厂家所提供的各种备用选件来满足系统的特殊需要。高性能的多功能通用变频器除了可以应用于简易型变频器的所有应用领域之外，还可以应用于电梯、数控机床、电动车辆等对调速系统的性能有较高要求的场合。

（2）专用变频器

1）高压变频器。高压变频器一般是大容量的变频器，最高功率可做到5000 kW，电压等级为3 kV、6 kV、10 kV。

高压大容量变频器主要有两种结构形式：一种采用大容量GTO晶闸管或集成门极换相晶闸管（IGCT）串联方式，不经变压器直接将高压电源整流为直流，再逆变输出高压，称为“高－高”式高压变频器，也称为直接式高压变频器，由它组成的直接高－高型变频调速系统如图1-3所示；另一种是由低压变频器通过升降压变压器构成的，称为“高－低－高”式变压变频器，也称为间接式高压变频器，由它组成的高－低－高型变频调速系统如图1-4所示。

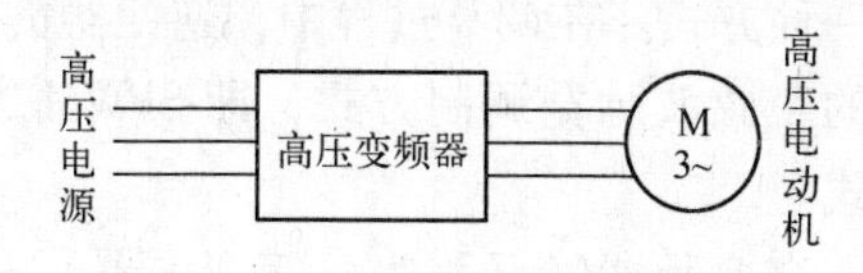

图1-3　直接高－高型变频调速系统

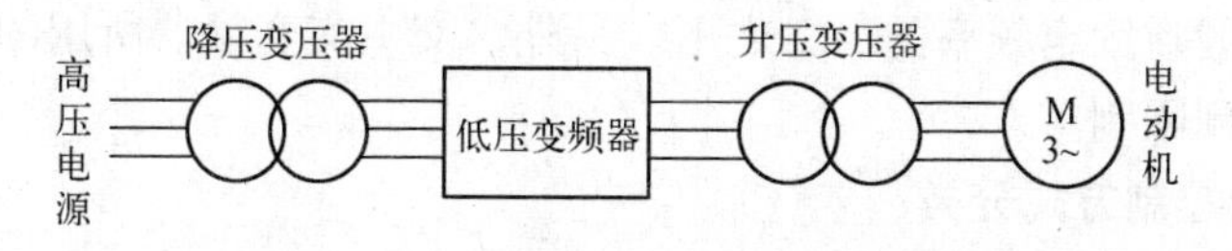

图1-4　高－低－高型变频调速系统

2）高频变频器。在超精密机械加工中常要用到高速电动机。为了满足其驱动的需要，出现了采用脉幅调制控制的高频变频器，其输出主频率可达3 kHz，驱动两极异步电动机时最高转速为180000 r/min。

3）高性能专用变频器。随着控制理论、交流调速理论和电力电子技术的发展，异步电动机的矢量控制得到发展，矢量变频器及其专用电动机构成的交流伺服系统的功能已经达到并超过了直流伺服系统。此外，由于异步电动机还具有环境适应性强、维护简单等许多直流伺服电动机不具备的优点，在要求高速、高精度的控制中，这种高性能交流伺服变频器构成的交流伺服系统正逐步代替直流伺服系统。

2. 按变频器的工作原理分类

变频器按照工作原理可分为交-直-交变频器和交-交变频器两类。

(1) 交-直-交变频器　交-直-交变频器（又称为间接变频器）是先将工频交流电通过整流器变成直流电，再经过逆变器变成电压和频率可调的交流电。交-直-交变频器由整流器、中间环节和逆变器三部分组成。整流器的作用是将恒压恒频的交流电变成电压可调的直流电；中间环节的作用是通过电感或电容对整流后的直流电压或电流进行滤波为逆变器提供直流电源；逆变器是将直流电变换成可以调频的交流电。逆变器是变频器的核心部分。

按照直流环节的储能方式的不同，交-直-交变频器又分为电压型和电流型两种。

1）电压型变频器。在交-直-交变频器中，整流电路产生的直流电压通过电容进行滤波后供给逆变电路。由于采用大电容滤波，故输出电压波形比较平直，在理想情况下可以看成一个内阻为零的电压源，逆变电路输出的电压为矩形波或阶梯波，因此这类变频器也叫电压型变频器。电压型变频器多用于不要求正反转或者快速加减速的通用变频器中。

2）电流型变频器。在交-直-交变频器中，中间直流环节采用大电感进行滤波时，直流电流波形比较平直，因而电源内阻很大，对负载来说基本上是一个电流源，逆变电路输出的电流为矩形波或阶梯波，因此这类变频器也叫电流型变频器。电流型变频器适用于频繁可逆运转的变频器和大容量的变频器中。

根据调压方式的不同，交-直-交变频器又分为脉幅调制和脉宽调制两种。

1）脉幅调制。脉幅调制（Pulse Amplitude Modulation，PAM）是指通过调节输出脉冲的幅值来调节输出电压的一种方式。在调节过程中，逆变器负责调频，相控整流器或直流斩波器负责调压。目前，在中小容量变频器中很少采用。

2）脉宽调制。脉宽调制（Pulse Width Modulation，PWM）是通过改变输出脉冲的宽度和占空比来调节输出电压的一种方式。在调节过程中，逆变器负责调频和调压。目前普遍使用的是脉宽按正弦规律变化的正弦波脉宽调制方式，即 SPWM 方式。中小容量的通用变频器几乎全部采用此类调压方式。

(2) 交-交变频器　交-交变频器（又称为直接变频器）是把频率固定的交流电变换成频率连续可调的交流电。优点是：没有中间变换环节，故变频器的效率高。但其连续可调的频率范围窄，一般在固定频率的 1/2 之下。另外，交-交变频器所用的器件多，总设备投资大，使其应用受到限制。

3. 按变频器的控制方式分类

(1) 恒压频比控制变频器　恒压频比控制变频器的基本特点是对变频器输出的电压和频率同时进行控制，通过保持 U/f 恒定使电动机获得所需的转矩特性。这种控制方式控制电路成本低，多用于精度要求不高的通用变频器。

(2) 转差频率控制变频器　转差频率控制变频器是在 U/f 控制基础上改进的一种闭环控制方式。采用这种控制方式，变频器通过电动机、速度传感器构成速度反馈闭环调速系统。变频器的输出频率由电动机的实际转速与转差频率之和来自动设定，从而达到在调速控制的同时也使输出转矩得到控制。优点是：调速精度与转矩的动特性较好。但是这种控制需要在电动机的轴上安装速度传感器，并需要依据电动机特性调节转差，故通用性较差。

（3）矢量控制变频器　矢量控制是20世纪70年代由德国Blaschke首先提出来的对交流电动机的一种新的控制思想和控制技术，也是异步电动机的一种理想调速方法。矢量控制的基本思想是：模仿直流电动机的控制方法，将异步电动机的定子电流分解为产生磁场的电流分量（励磁电流）和与其垂直的产生转矩的电流分量（转矩电流），并分别加以控制。由于这种控制方式中必须同时控制异步电动机定子电流的幅值和相位，即控制定子电流矢量，故被称为矢量控制。

矢量控制方法的提出具有划时代的意义，矢量控制使异步电动机高性能的调速成为可能。矢量控制变频器不仅在调速范围上可以与直流电动机相匹敌，而且可以直接控制异步电动机转矩的变化。然而，在实际的应用中，由于转子磁链难以准确观测，系统特性受到电动机参数的影响较大，且在等效直流电动机控制过程中所用到的矢量旋转变换较复杂，使得实际的控制效果难以达到理想的效果。

（4）直接转矩控制变频器　1985年，德国鲁尔大学的DePenbrock教授首次提出了直接转矩控制。该技术在很大程度上解决了矢量控制的不足，并以新颖的控制思想、间接明了的系统结构、优良的动静态性能得到了迅速发展。直接转矩控制直接在定子坐标系下分析交流电动机的数学模型，控制电动机的定子磁链和转矩。它不需要将交流电动机转换成等效的直流电动机，因而省去了矢量旋转变换中的许多复杂计算。

1.1.3　变频器的应用

变频器主要用于交流电动机（异步电动机或同步电动机）转速的调节，是公认的交流电动机最理想、最有前途的调速方案，除了具有卓越的调速性能之外，变频器还有显著的节能作用，是企业技术改造和产品更新换代的理想调速装置。自20世纪80年代被引进中国以来，变频器在节能应用与速度工艺控制中得到了快速发展和广泛的应用。

1. 在节能方面的应用

变频器的最初用途是速度控制，但目前在国内应用较多的是节能。我国是能耗大国，能源利用率较低，且能源储备不足。我国在2003年的电力消耗中，60%~70%为动力电，而在总容量为5.8亿kW的电动机总容量中，只有不到2000万kW的电动机是带变频控制的。据分析，在我国，带变动负载、具有节能潜力的电动机至少有1.8亿kW。因此国家大力提倡节能，并着重推荐了变频调速技术。

应用变频调速，可以大大提高电动机转速的控制精度，使电动机在最节能的转速下运行。以风机水泵为例，根据流体力学原理，轴功率与转速的三次方成正比。当所需风量减少，风机转速降低时，其功率按转速的三次方下降。因此，精确调速的节电效果非常可观。与此类似，许多变动负载电动机一般按最大需求来生产电动机的容量，因而设计裕量偏大。而在实际运行中，轻载运行的时间所占比例却非常高。如采用变频调速，可大大提高轻载运行时的工作效率。因此，变动负载的节能潜力巨大。

作为节能目的，变频器广泛应用于各行业。以电力行业为例，由于中国大面积缺电，电力投资将持续增长，同时，国家电改方案对电厂的成本控制提出了要求，降低内部电耗成为电厂关注焦点，因此变频器在电力行业有着巨大的发展潜力，尤其是高压变频器和大功率变频器。

2. 在自动化控制系统方面的应用

由于变频器内置有32位或16位的微处理器，具有多种算术逻辑运算和智能控制功能，输出频率精度高达0.01%~0.1%，还设置有完善的检测、保护环节。因此，变频器在自动化控制系统中获得了广泛的应用。例如：化纤工业中的卷绕、拉伸、计量、导丝；玻璃工业中的平板玻璃退火炉、玻璃窑搅拌、拉边机、制瓶机；电弧炉自动加料、配料系统以及电梯的智能控制等。

3. 在产品工艺和质量方面的应用

变频器还可以广泛用于传动、起重、挤压和机床等各种机械设备控制领域，它可以提高工艺水平和产品质量，减少设备的冲击和噪声，延长设备的使用寿命。采用变频调速控制后，使机械系统简化，操作和控制更加方便，有的甚至可以改变原有的工艺规范，从而提高了整个设备的功能。

4. 在家用电气方面的应用

除了工业相关行业，在普通家庭中，节约电费、提高家电性能、保护环境等受到越来越多的关注，变频家电成为变频器的另一个广阔市场和应用趋势。带有变频控制的冰箱、洗衣机、家用空调等，在节电、减小电压冲击、降低噪声、提高控制精度等方面有很大的优势。

1.1.4 变频器技术发展

1. 电力电子器件是变频器发展的基础

纵观变频技术的发展，变频器的主电路是以电力电子器件作为开关器件的。因此，电力电子器件是变频器发展的基础。

第一代电力电子器件是出现于1956年的晶闸管。晶闸管是电流控制型开关器件，只能控制其导通而不能控制其关断，所以也称为半控型器件。由晶闸管组成的变频器工作频率较低，应用范围较窄。

第二代电力电子器件是以门极关断（GTO）晶闸管和电力晶体管（GTR）为代表，在20世纪60年代发展起来的。这两种是电流型自关断器件，可以方便地实现逆变和斩波，然而，其开关频率仍然不高，一般在5 kHz以下。尽管这时已经出现了脉宽调制（PWM）技术，但因斩波频率和最小脉宽都受到限制，难以得到较为理想的正弦脉宽调制波形，使异步电动机在变频调速时产生刺耳的噪声，因而限制了变频器的推广和应用。

第三代电力电子器件是以电力MOS场效应晶体管（MOSFET）和绝缘栅双极型晶体管（IGBT）为代表，在20世纪70年代开始应用。这两种是电压型自关断器件，基极（栅极、门极）信号功率小，其开关频率可达到20 kHz以上，采用PWM的逆变器谐波噪声大大降低。低压变频器的容量在380 V级达到了540 kVA；而600V级则达到了700 kVA，最高输出频率可达400~600 Hz，能对中频电动机进行调频控制。利用IGBT构成的高压（3 kV/6.3 kV）变频器最大容量可达7460 kW。

第四代是以智能功率模块（IPM）为代表，IPM是以IGBT为开关器件，但集成有驱动电路和保护电路。由IPM组成的逆变器只需对桥臂上各个IGBT提供隔离的PWM信号即可。而IPM的保护功能有过电流、短路、过电压、欠电压和过热等，还可以实现再生制动。简单的外部控制电路，使变频器的体积、重量和链接导线的数量大为减少，而功能却大幅提高，可靠性也有较大改善。

2. 计算机技术与自动控制理论是变频器发展的支柱

早期的晶闸管逆变器各桥臂的开关控制是由分立电子元器件组成的电路完成的，还未采用计算机控制技术，不仅可靠性差、频率低，而且输出的电压和电流的波形是方波。

当GTR和GTO晶闸管问世并成为逆变器的电力电子器件时，PWM技术也进入到了快速发展阶段，这时的逆变电路能够得到相当接近正弦波的输出电压和电流，同时8位微处理器成为变频器的控制核心，按压频比（U/f）控制原理实现异步电动机的变频调速，使变频器的工作性能有了很大提高。

后来人们研制出IGBT，其优良的性能很快取代了GTR，进而广泛采用的是性能更为完善的IPM，使得变频器的容量和电压等级不断扩大和提高；此外16位（甚至32位）微处理器取代了8位微处理器，使得变频器的功能也从单一的变频调速功能发展到为包含算术逻辑运算以及智能控制在内的综合功能；自动控制理论的发展使变频器在改善U/f比控制性能的同时，推出了能实现矢量控制、直接转矩控制、模糊控制和自适应控制等多种控制模式的变频器。现代的变频器已经内置有参数识别系统、PID调节器和PLC通信单元等，根据需要可实现拖动不同负载、宽调速和伺服控制等多种应用。

3. 变频器技术发展的趋势

变频器目前的发展水平可以概括为：

（1）已从中小容量等级发展到大容量、特大容量等级，并解决了交流调速系统的性能指标问题，填补了直流调速系统在特大容量调速时的空白。

（2）可以使交流调速系统具有高的可靠性和长期连续运行能力，从而满足有些场合长期不停机检修的要求或对可靠性的特殊要求。

（3）可以使交流调速系统实现高性能、高精度的转速控制。除了控制部分可以得到和直流调速控制同样良好的性能外，异步电动机本身固有的优点又使整个控制系统得到更好的动态性能。采用数字锁相控制的异步电动机变频调速系统，调速精度可高达0.002%。

（4）交流调速系统已从直流调速的补充手段发展到与直流调速系统相竞争、相媲美、相抗衡，并有逐渐取代的趋势。

在进入21世纪的今天，电力电子器件的基片已经从Si（硅）变换为SiC（碳化硅），这使电力电子器件进入到高电压大容量化、高频化、组件模块化、微小型化、智能化和低成本化，多种适宜变频调速的新型电动机正在开发研制之中，IT技术的迅猛发展，以及控制理论的不断创新，这些与变频器相关的技术将影响其发展的趋势。

（1）网络智能化　智能化的变频器安装到系统后，不必进行太多的功能设定，就可以方便地操作使用，既有明显的工作状态显示，又能够实现故障诊断与故障排除，甚至可以进行部件自动转换。利用互联网可以遥控监视，实现多台变频器按工艺程序联动，形成最优化的变频器综合管理控制系统。

（2）专门化　根据某一类负载的特性，有针对性地制造专门化的变频器，这不但利于对负载的电动机进行经济有效的控制，而且可以降低制造成本。例如风机、水泵专用变频器，起重机械专用变频器，电梯控制专用变频器，张力控制专用变频器和空调专用变频器等。

（3）一体化　变频器将相关的功能部件，如参数辨识系统、PID调节器、PLC和通信单元等有选择地集成到内部组成一体化机，不仅使功能增强，系统可靠性增加，而且可有效缩小系统体积，减小外部电路的连接。据报道，现在已经研制出变频器和电动机的一体化组合机，从而使整个系统体积更小，控制更方便。

(4) 环保无公害　保护环境，制造“绿色”产品是人类的新理念。今后的变频器将更注重于节能和低公害，即尽量减少使用过程中的噪声和谐波对电网及其他电气设备的污染干扰。

总之，变频器的发展趋势是朝着操作简便、功能齐全、安全可靠、环保低噪、低成本、智能、小型化的方向发展。

任务 1.2　了解电力电子器件

电力电子器件是组成变频器的关键器件，由电力电子器件构成的电路可以实现电力变换和控制，例如：电源电压（电流）大小、频率、波形、相位的变换和控制，因而在学习变频器时首先要了解并掌握各种常用电力电子器件的特点、工作原理和正确选用方法。

1.2.1　电力电子器件的概念

在电气设备或电力系统中，直接承担电能的变换或控制任务的电路我们称之为主电路，电力电子器件（Power Electronic Device）就是可直接用于处理电能的主电路中，实现电能的变换或控制的电子器件。广义上电力电子器件可分为电真空器件和半导体器件两类。自 20 世纪 50 年代以来，真空管仅在频率很高（如微波）的大功率高频电源中使用，而电力半导体器件已取代了汞弧整流器（Mercury Arc Rectifier）、闸流管（Thyratron）等电真空器件，成为绝对主力。因此，电力电子器件目前也往往专指电力半导体器件。

同处理信息的电子器件相比，电力电子器件的一般特征如下：

1）承受电压和电流的能力强，是最重要的参数，大多都远大于处理信息的电子器件。

2）电力电子器件一般都工作在开关状态。电力电子器件导通时（通态）阻抗很小，接近于短路，管压降接近于零，而电流的大小则由外电路决定，阻断时（断态）阻抗很大，接近于断路，电流几乎为零，而管子两端的电压是由外电路决定的。电力电子的动态特性也就是它的开关特性和参数，也是电力电子器件特性很重要的方面，有些时候甚至上升为第一位的重要问题。

电力电子器件导通时器件上有一定的通态压降，形成通态损耗。阻断时器件上有微小的断态漏电流流过，形成断态损耗。在器件开通或关断的转换过程中产生的开通损耗和关断损耗，总称为开关损耗。

通常电力电子器件的断态漏电流极小，因而通态损耗是器件功率损耗的主要成因，当电力电子器件开关频率较高时，开关损耗会随之增大，可能成为器件功率损耗的主要因素。

3）在实际使用中电力电子器件往往需要由信息电子电路来控制。

4）为保证电力电子器件在工作中不至于因功率损耗散发的热量导致器件温度过高而损坏，不仅在器件封装上要考虑散热设计，在其工作时一般都要安装散热器。

1.2.2　应用电力电子系统的组成

电力电子系统在实际应用时，一般是由控制电路、驱动电路和以电力电子器件为核心的主电路组成，如图 1-5 所示。

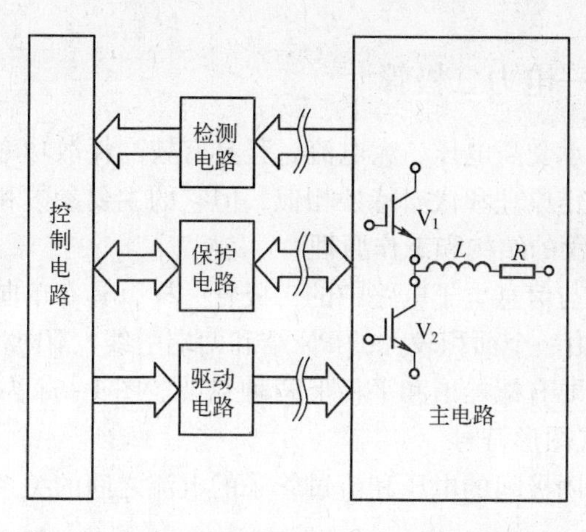

图 1-5　电力电子器件在实际应用中的系统组成

有的电力电子系统中，还需要有检测电路。从广义上往往将其和驱动电路等主电路之外的电路都归为控制电路，从而可粗略地说电力电子系统是由主电路和控制电路组成的。

控制电路的主要功能是根据工作要求形成控制信号，通过驱动电路去控制主电路中的电力电子器件的通或断，来完成整个系统的功能。主电路中的电压和电流一般都较大，而控制电路的元器件只能承受较小的电压和电流，因此在主电路和控制电路连接的路径上，如驱动电路与主电路的连接处，或者驱动电路与控制信号的连接处，以及主电路与检测电路的连接处，一般需要进行电气隔离，如用光、磁等来传递信号。

主电路在完成电能的变换和控制的同时往往有电压和电流的过冲，因此，在主电路和控制电路中要附加一些保护电路，以保证电力电子器件和整个电力电子系统正常可靠运行。

1.2.3　电力电子器件的分类

电力电子器件种类繁多，发展迅速，技术内涵相当丰富，电力电子器件是组成变频器的关键器件，表 1-1 列出了当代应用的电力电子器件的类型。

表 1-1　电力电子器件的类型

类　型		器件名称	代　号
不可控器件		电力二极管（Power Diode）	PD
半控型器件		晶闸管（Thyristor）	T 或 SCR
全控型器件	电流控制器件	双极型晶体管（Bipolar Transistor）、电力晶体管（Grant Transistor）	BJT、GTR
		门极关断晶闸管（Gate Turn - off Thyristor）	GTO 晶闸管
	电压控制器件	电力场效应晶体管（Power MOS Field - Effect Transistor）	P - MOSFET
		绝缘栅双极型晶体管（Insulated Gate Bipolar Transistor）	IGBT
		集成门换相晶体管（Insulated Gate Commutated Transistor）	IGCT
		MOS 控制晶体管（MOS - Controlled Transistor）	MCT
		静电感应晶体管（Static Induction Transistor）	SIT
		静电感应晶闸管（Static Induction Transistor）	SITH
电力电子模块		智能功率模块（Intelligent Power Module）	IPM

1.2.4 不可控器件——电力二极管

电力二极管是指可以承受高电压、大电流，且具有较高耗散功率的二极管。电力二极管与普通二极管的结构、工作原理和伏安特性相似，但它的主要参数和选择原则不尽相同。

1. PN 结与电力二极管的结构和工作原理

基本结构和工作原理与信息电子电路中的二极管一样，具有单向导电性。电力二极管是以半导体 PN 结为基础，由一个面积较大的 PN 结和两端引线（阳极 A 和阴极 K）以及封装组成的。从外形上看，主要有螺栓形和平板形两种封装。图 1-6a 为电力二极管的外形，图 1-6b 为电力二极管的电气图形符号。

电力二极管的阳极和阴极间的电压和流过管子的电流之间的关系称为伏安特性，其伏安特性曲线如图 1-7 所示。

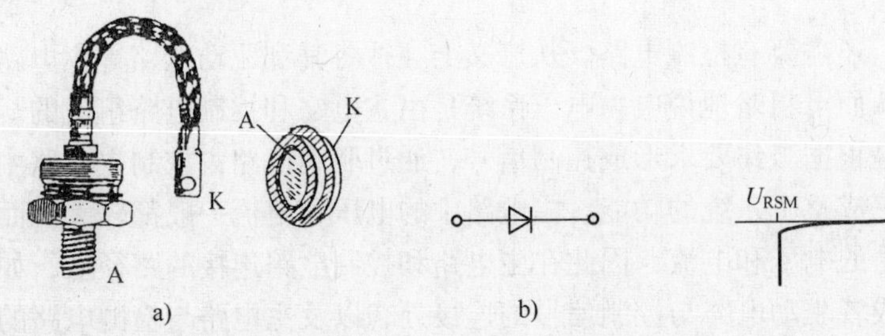

图 1-6 电力二极管的外形、结构和电气图形符号
a）外形 b）电气图形符号

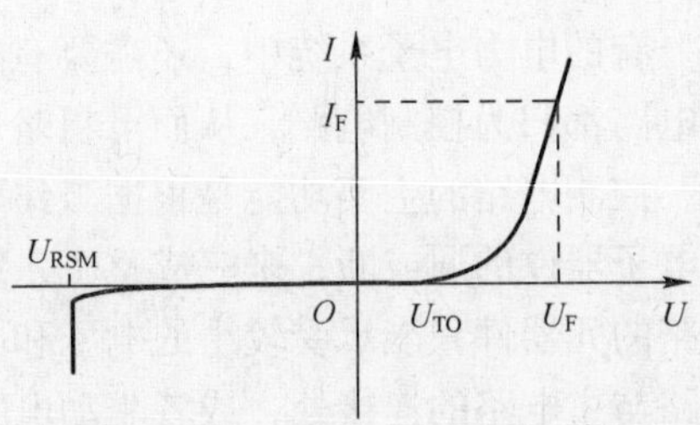

图 1-7 电力二极管的伏安特性曲线

当加在电力二极管的电压从零逐渐增大至正向电压时，开始阳极电流很小，这一段特性曲线很靠近横坐标轴。当正向电压大于门槛电压 U_{TO}时，正向阳极电流急剧上升，管子正向导通。如果电路中不接限流元件，二极管将被烧毁。

当二极管加上反方向电压时，起始段的反向漏电流也很小，而且随着反向电压的增加，反向漏电流只略有增加，但当反向电压增加到反向不重复峰值电压值（U_{RSM}）时，反向漏电流开始急剧增加。如果反向电压不加限制，那么二极管将被击穿而损坏。

2. 主要参数

（1）正向平均电流 I_F(AV)　正向平均电流是指在指定的管壳温度（简称壳温，用 T_C 表示）和散热条件下，允许长时间连续流过工频正弦半波电流的平均值。正向平均电流是按照电流的发热效应来定义的，因此使用时应按有效值相等的原则来选取电流额定值，并应留有一定的裕量。

（2）正向平均压降 U_F（AV）　正向平均压降是指电力二极管在指定温度下，当器件通过 50 Hz 正弦半波额定正向平均电流时，器件阳极和阴极之间的电压平均值，取规定系列等级称为正向平均电压，简称管压降，一般在 0.45 ~ 1 V 范围内。

（3）反向重复峰值电压 U_{RRM}　在额定结温条件下，取器件反向伏安特性不重复峰值电压 U_{RSM}值的 80% 称为反向重复峰值电压 U_{RRM}。将 U_{RRM}值取规定系列的电压等级就是该器件的额定电压。

3. 电力二极管的选用

（1）选择正向平均电流 I_F的原则　在规定的室温和冷却条件下，只要管子的额定电流有

效值 I_{DN} 大于管子在电路中可能流过的最大电流有效值 I_{DM} 即可。考虑到器件的过载能力较小，因此选择时应考虑 1.5~2 倍的安全裕量，即

$$I_{DN}=1.57I_F=(1.5\sim2)I_{DM} \tag{1-2}$$

所以

$$I_F=(1.5\sim2)I_{DM}/1.57 \tag{1-3}$$

取相应标准系列值。

（2）选择反向重复峰值电压 U_{RRM} 的原则　选择电力二极管的反向重复峰值电压 U_{RRM} 的原则应为管子所工作的电路中可能承受的最大反向瞬时电压 U_{DM} 值的 2~3 倍，即

$$U_{RRM}=(2\sim3)U_{DM} \tag{1-4}$$

取相应标准系列值。

1.2.5　半控型器件——晶闸管

晶闸管又称晶体闸流管，俗称可控硅整流器（Silicon Controlled Rectifier，SCR）。1956 年美国贝尔实验室（Bell Lab）发明了晶闸管，1957 年美国通用电气公司（GE）开发出第一只晶闸管产品，开辟了电力电子技术迅速发展和广泛应用的崭新时代。

1. 晶闸管的结构与工作原理

晶闸管的外形有螺栓形和平板形两种封装，引出阳极 A、阴极 K 和门极（控制端）G 三个连接端。螺栓形封装的晶闸管，通常螺栓是它的阳极，能与散热器紧密连接且安装方便。平板形封装的晶闸管可用两个散热器将其夹在中间。图 1-8a 为晶闸管的外形；图 1-8b 为晶闸管的结构；图 1-8c 为晶闸管的电气图形符号。

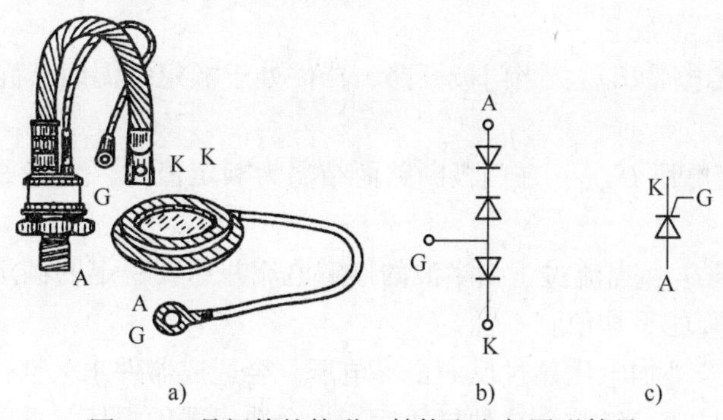

图 1-8　晶闸管的外形、结构和电气图形符号

a）外形　b）结构　c）电气图形符号

晶闸管是一种具有单向导电性和正向导通的可控特性器件。在晶闸管的阳极和阴极间加正向电压，同时在它的门极和阴极间也加正向电压形成触发电流，即可使晶闸管导通。

2. 晶闸管的阳极伏安特性

晶闸管的阳极与阴极间的电压和阳极电流之间的关系，称为阳极伏安特性，其伏安特性曲线如图 1-9 所示。

第 I 象限的是正向特性，$I_G=0$ 时，如果器件两端施加的正向电压 u_a 未达到正向转折电压 U_{bo} 时，器件处于正向阻断状态，只有很小的正向漏电流流过，当正向电压超过正向转折电压 U_{bo} 时，则电流急剧增大，器件开通。随着门极电流幅值的增大，正向转折电压降低，导通后的晶闸管特性和二极管的正向特性相仿。导通期间，如果门极电流为零，并且阳极电流降至接近于零的某一数值 I_H 以下，则晶闸管又回到正向阻断状态。I_H 称为维持电流。通常

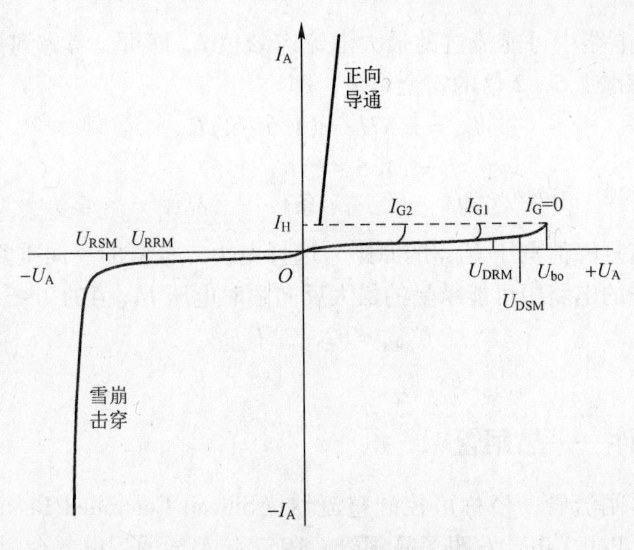

图 1-9　晶闸管的伏安特性曲线
（$I_{G2}>I_{G1}>I_G$）

不采用这样的方法来导通晶闸管，因为这样重复多次会造成晶闸管损坏。晶闸管上施加反向电压时，伏安特性类似二极管的反向特性。

3. 晶闸管的参数

为了正确选择和使用晶闸管，需要理解和掌握晶闸管的主要参数。

（1）晶闸管的电压参数

1）断态重复峰值电压 U_{DRM}：当门极开路、器件处于额定结温时，允许重复加在器件上的正向峰值电压。

2）反向重复峰值电压 U_{RRM}：在门极断路而结温为额定值时，允许重复加在器件上的反向峰值电压。

3）通态平均电压 U_T：当流过正弦半波的额定电流并达到稳定的额定结温时，晶闸管的阳极与阴极之间电压降的平均值。

晶闸管使用时，若外加电压超过反向击穿电压，会造成器件永久性损坏；若超过正向转折电压，器件就会误导通，经数次这种导通后，也会造成器件损坏。此外器件的耐压还会因散热条件恶化和结温升高而降低。因此选择时要留有一定裕量，一般取额定电压为正常工作时晶闸管所承受峰值电压的 2 ~3 倍。

（2）晶闸管的电流参数

1）通态平均电流 I_T：晶闸管在环境温度为40℃和规定的冷却状态下，稳定结温不超过额定结温时所允许流过的最大工频正弦半波电流的平均值。使用时应按实际电流与通态平均电流有效值相等的原则来选取晶闸管，并应留一定的裕量（一般取 1.5 ~2 倍）。

2）维持电流 I_H：使晶闸管维持导通所必需的最小电流，一般为几十到几百毫安，与结温有关，结温越高，则 I_H越小。

3）擎住电流 I_L：晶闸管刚从断态转入通态并移除触发信号后，能维持导通所需的最小电流。对同一晶闸管来说，通常 I_L为 I_H的 2 ~4 倍。

4）浪涌电流 I_{TSM}：指由于电路异常情况引起的并使结温超过额定结温的不重复性最大

正向过载电流。

（3）动态参数

1）断态电压临界上升率 du/dt：指在额定结温和门极开路的情况下，不导致晶闸管从断态到通态转换的外加电压最大上升率。

2）通态电流临界上升率 di/dt：指在规定条件下，晶闸管能承受而无有害影响的最大通态电流上升率。

1.2.6 门极可关断晶闸管

门极关断（Gate - Turn - Off，GTO）晶闸管具有普通晶闸管的全部优点，如耐压高、电流大、控制功率小、使用方便和价格低等；但它可以通过在门极施加负的脉冲电流使其关断，属于全控型器件。

1. GTO 的结构和工作原理

GTO 与普通晶闸管一样，具有 PNPN 四层半导体结构，外部引出阳极、阴极和门极，不同的是，GTO 可以实现自关断。GTO 的电气图形符号如图 1-10 所示。

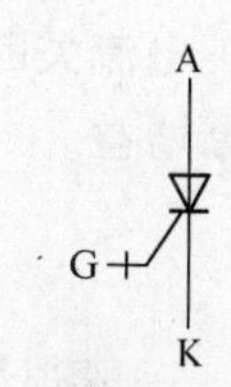

图 1-10　GTO 的电气图形符号

2. GTO 的特性

图 1-11 所示为 GTO 在开通和关断过程中门极电流 i_G 和阳极电流 I_A 的波形。

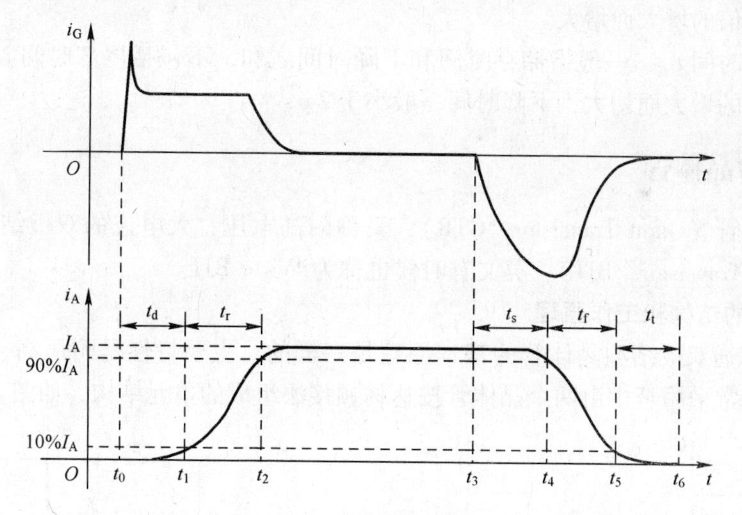

图 1-11　GTO 在开通和关断过程中门极和阳极电流的波形

GTO 的开通过程与普通晶闸管相似，需经过延迟时间 t_d 和上升时间 t_r。关断过程是通过在 GTO 的门极施加关断脉冲实现的。如将开通触发时刻定为 t_0，阳极电流上升到稳定电流的 10% 时刻定为 t_1，阳极电流上升到稳定电流的 90% 时刻定为 t_2，施加关断触发脉冲时刻定为 t_3，阳极电流下降到稳定电流 10% 时刻定为 t_5，阳极电流下降到漏电流时刻定为 t_6，则 GTO 的开关时间定义如下：

（1）延迟时间 t_d　从触发施加电流时刻起，到阳极电流 i_A 上升到稳定电流的 10% 时止，这段时间称为延迟时间。

（2）上升时间 t_r　阳极电流 I_A 从稳定值的10%增加到稳定电流的90%所需要的时间称为上升时间。

（3）储存时间 t_s　从施加负脉冲时刻起，到阳极电流 i_A 下降到稳定电流的90%的时间。

（4）下降时间 t_f　阳极电流 I_A 从稳定值的90%下降到稳定电流的10%所需要的时间。

（5）尾部时间 t_t　阳极电流 I_A 从稳定值的10%到GTO恢复阻断能力的时间。

3. GTO的主要参数

GTO的多数参数与普通晶闸管相同，下面讨论一些意义不同的参数。

（1）最大可关断阳极电流 I_{ATO}　GTO的最大阳极电流有两个方面的限制：一是额定工作结温的限制；二是门极负电流脉冲可关断的最大阳极电流的限制，这是由GTO只能工作在临界饱和导通状态所决定的。阳极电流过大，GTO便处于较深的饱和导通状态，门极负电流脉冲不可能将其关断。通常将最大可关断阳极电流 I_{ATO} 作为晶闸管的额定电流。

（2）电流关断增益 β_{off}　最大可关断阳极电流 I_{ATO} 与门极负脉冲电流最大值 I_{GM} 之比称为电流关断增益。

$$\beta_{off}=\frac{I_{ATO}}{I_{GM}} \tag{1-5}$$

β_{off}　一般很小，只有5左右，这是GTO的一个主要缺点。1000A的GTO关断时门极负脉冲电流峰值要200A。

（3）开通时间 t_{on}　延迟时间与上升时间之和。延迟时间一般为1～2μs，上升时间则随通态阳极电流值的增大而增大。

（4）关断时间 t_{off}　一般指储存时间和下降时间之和，不包括尾部时间。GTO的储存时间随阳极电流的增大而增大，下降时间一般小于2μs。

1.2.7　电力晶体管

电力晶体管（Giant Transistor，GTR），又称耐高电压、大电流的双极结型晶体管（Bipolar Junction Transistor，BJT），英文有时候也称为Power BJT。

1. GTR的结构和工作原理

GTR与普通双极结型晶体管的基本原理是一样的，主要特性是耐压高、电流大、开关特性好。它通常采用至少由两个晶体管按达林顿接法组成的单元结构，如图1-12所示。

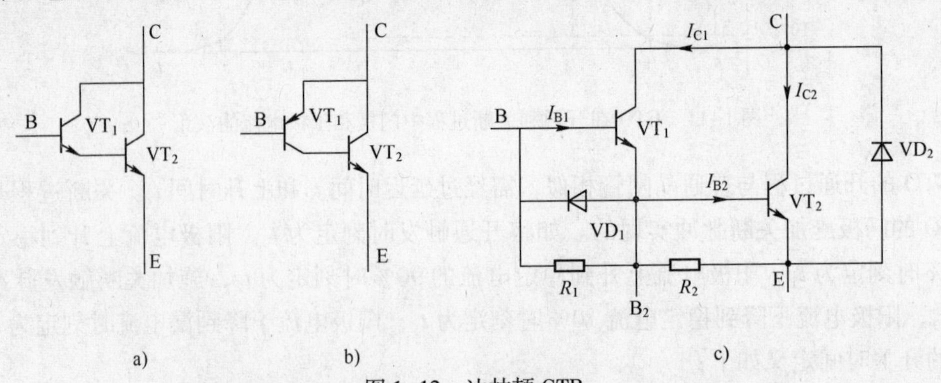

图1-12　达林顿GTR

a）NPN型达林顿GTR　b）PNP型达林顿GTR　c）实用达林顿电路

电流 i_C 与基极电流 i_B之比为

$$\beta=\frac{i_C}{i_B} \tag{1-6}$$

式中 β——GTR 的电流放大系数，反映了基极电流对集电极电流的控制能力。

GTR 主要工作在开关状态，一般希望它在电路中表现接近于理想开关器件，即导通时的管压降趋于零，截止时的电流趋于零，而且这两种状态间的转换过程要足够快。为了保证开关速度快，损耗小，要求 GTR 饱和压降 U_{CES}小，电流增益值β要足够大，穿透电流 I_{CEO}要小以及开通与关断时间要短。

2. GTR 的参数

（1）反向击穿电压 U_{CEO}　它是指基极开路 CE 间能承受的电压。

选取时，为了防止器件因电压超过极限值而损坏，除适当选用管型外，还需要考虑留有安全裕量。GTR 的电压定额应满足

$$U_{CEO}>(2\sim3)U_{TM} \tag{1-7}$$

式中 U_{TM}——管子所能承受的最高电压。

（2）集电极最大允许电流 I_{CM}

$$I_{CM}>(2\sim3)I_{CP} \tag{1-8}$$

式中 I_{CP}——流过 GTR 的峰值电流。

（3）集电极最大耗散功率 P_{CM}　它是指最高工作温度下允许的耗散功率。产品说明书中在给出 P_{CM}时还给出壳温 T_C，间接表示了最高工作温度。

3. GTR 的二次击穿现象与安全工作区

集电极电压升高至击穿电压时，I_C 迅速增大，出现雪崩击穿，只要 I_C 不超过限度，GTR 一般不会损坏，工作特性也不变，这是一次击穿。一次击穿发生时 I_C 增大到某个临界点时会突然急剧上升，并伴随电压的陡然下降，常常会立即导致器件的永久损坏，或者工作特性明显衰变，这是二次击穿。

GTR 在开通→导通→关断→截止各运行工作情况下，其所承受的最高电压 U_{CEM}、集电极最大电流 I_{CM}、最大耗散功率 P_{CM}所包围的工作范围称为安全工作区，GTR 的安全工作区如图 1-13 所示。

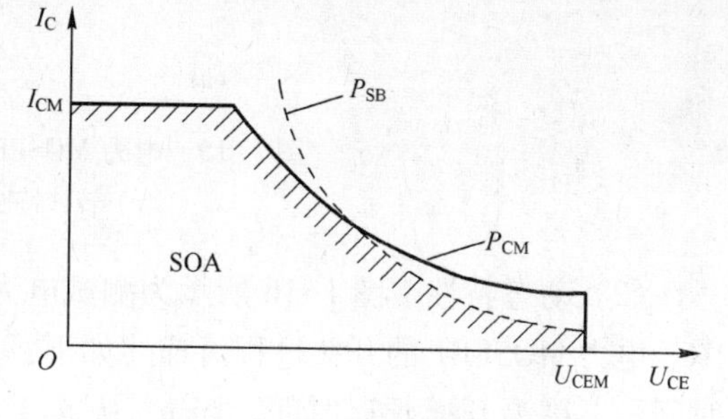

图 1-13　GTR 的安全工作区

1.2.8　电力场效应晶体管

这种晶体管也分为结型和绝缘栅型（类似小功率 Field Effect Transistor，FET），但通常主要指绝缘栅型中的 MOS 型（Metal Oxide Semiconductor FET），简称电力 MOSFET（Power MOSFET）。电力 MOSFET 是用栅极电压来控制漏极电流，驱动电路简单，需要的驱动功率小、开关速度快，工作频率高、热稳定性优于 GTR、电流容量小，耐压低，一般只适用于功率不超过 10 kW 的电力电子装置。

1. 电力 MOSFET 的结构和工作原理

电力 MOSFET 是由场效应晶体管组成的模块，也有漏极 D、源极 S 和栅极 G 三个极，是

单极性（只有一种载流子）功率晶体管，电力 MOSFET 的电气图形符号如图 1-14 所示。

漏源极间加正电源，栅源极间电压为零时，电力 MOSFET 处于截止状态。若在栅源极间加正向电压 U_{GS}，因栅源是绝缘的，不会有栅极电流流过。当 U_{GS} 大于 U_T（开启电压或阈值电压）时，漏极和源极之间开始导电。

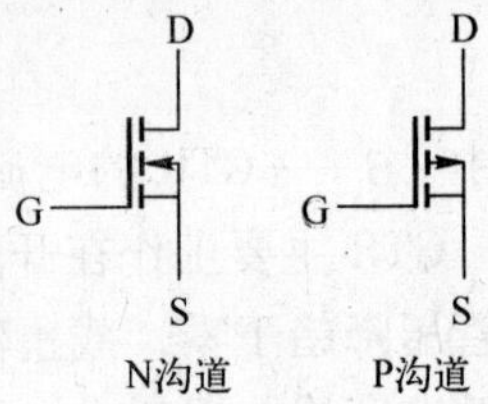

N沟道　P沟道

图 1-14　电力 MOSFET 的电气图形符号

2. 电力 MOSFET 的基本特性

（1）静态特性　漏极电流 i_D 和栅源极间电压 u_{GS} 的关系称为电力 MOSFET 的转移特性，i_D 较大时，i_D 和栅源极间电压 u_{GS} 的关系近似线性，曲线的斜率定义为跨导 G_{fs}。

输出特性是指以栅源极间电压 u_{GS} 为参变量，MOSFET 的漏极伏安特性，也即漏极电流 i_D 和漏源极间电压 u_{DS} 的关系。电力 MOSFET 的转移特性和输出特性如图 1-15 所示。输出特性分为三个区域：截止区、饱和区和非饱和区。电力 MOSFET 工作在开关状态，即在截止区和非饱和区之间来回转换。

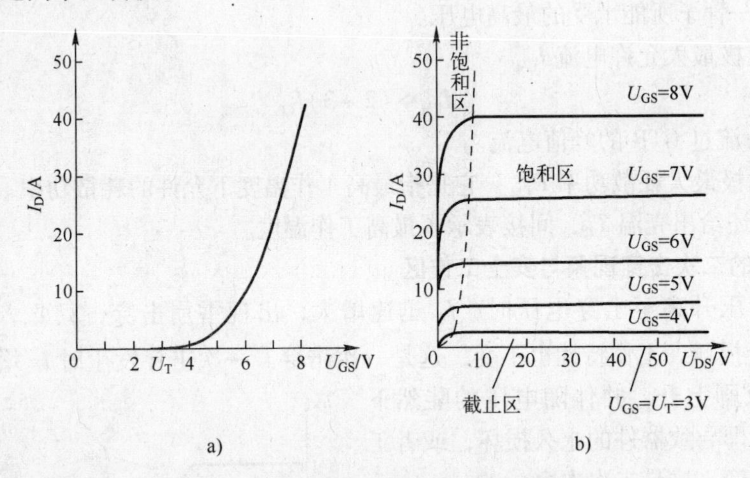

图 1-15　电力 MOSFET 的转移特性和输出特性

a）转移特性　b）输出特性

（2）动态特性　图 1-16 所示为测试电力 MOSFET 的开关特性的电路以及开关过程波形图。电力 MOSFET 的开关过程可描述如下：u_P 前沿时刻到 $u_{GS} = U_T$ 并开始出现 i_D 的时刻间的时间段，称为开通延迟时间。当 u_{GS} 从 u_T 上升到 MOSFET 进入非饱和区的栅压 U_{GSP} 的时间段，称为上升时间 t_r。其中 i_D 的稳态值由漏极电源电压 U_E 和漏极负载电阻决定，U_{GSP} 的大小和 i_D 的稳态值有关，U_{GS} 达到 U_{GSP} 后，在 u_P 作用下继续升高直至达到稳态，但 i_D 已不变。开通延迟时间与上升时间之和称为开通时间 t_{on}。

u_P 下降到零起，极间电容 C_{in}（$C_{in} = C_{GS} + C_{GD}$）通过 R_S 和 R_G 放电，从 u_{GS} 开始按指数曲线下降到 U_{GSP} 时（此时 i_D 开始减小）的时间段为关断延迟时间 t_d(off)。

u_{GS} 从 U_{GSP} 继续下降起（i_D 也减小），到 $u_{GS} < U_T$ 时沟道消失（i_D 下降到零）为止的时间段为下降时间 t_f。关断延迟时间和下降时间之和，称为关断时间 t_{off}。

电力 MOSFET 的开关速度和其输入电容的充放电有很大关系，可以降低栅极驱动电路的内阻 R_s，从而减小栅极回路的充放电时间常数，加快开关速度。电力 MOSFET 只靠多子

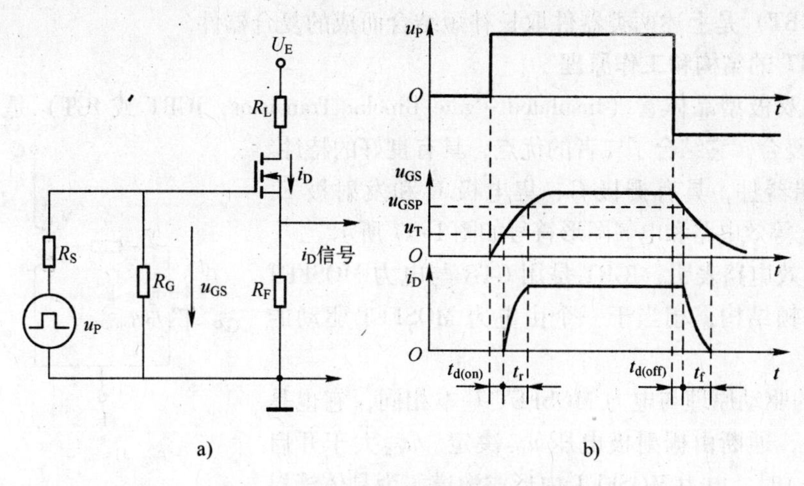

图 1-16　电力 MOSFET 的开关过程

a）测试电路　b）开关过程波形

u_P—脉冲信号源　R_S—信号源内阻　R_G—栅极电阻

R_L—负载电阻　R_F—检测漏极电流

导电，不存在少子储存效应，因而关断过程非常迅速。开关时间在 10～100 ns 之间，工作频率可达 100 kHz 以上，是主要电力电子器件中最高的。场控器件，静态时几乎不需输入电流。但在开关过程中需对输入电容充放电，仍需一定的驱动功率。开关频率越高，所需要的驱动功率越大。

3. 电力 MOSFET 的主要参数

（1）漏源击穿电压 BU_{DS}　漏源击穿电压 BU_{DS}决定了 P－MOSFET 的最高工作电压，使用时注意结温的影响。结温每升高 100℃，BU_{DS}约增加 10%。

（2）漏极连续电流 I_D 和漏极峰值电流 I_{DM}　在器件内部温度不超过最高工作温度时，P－MOSFET允许通过的最大漏极连续电流和脉冲电流称为 漏极连续电流 I_D和漏极峰值电流 I_{DM}。当结温高时，应降低电流定额数值使用。

（3）栅源击穿电压 BU_{GS}　造成栅源之间的绝缘层击穿的电压称为栅源击穿电压 BU_{GS}。栅源之间的绝缘层很薄，当 $|U_{GS}|>20$ V 时将导致绝缘层击穿。

（4）极间电容　P－MOSFET 的极间电容包括 C_{GS}、C_{GD}和 C_{DS}。其中，C_{GS}为栅源电容；C_{GD}为栅漏电容，是由器件结构的绝缘层形成的；C_{DS}为漏源电容，是由 PN 结形成的。

（5）开启电压 U_T　开启电压 U_T称为阈值电压，是指加在栅极电压的最小值。开启电压 U_T与结温有关，呈负温度系数，大约结温每增高 45℃，开启电压下降 10%。

（6）通态电阻 R_{ON}　在确定的栅源电压 U_{GS}下，P－MOSFET 由可调电阻区进入饱和区时的直流电阻为通态电阻。

1.2.9　绝缘栅双极型晶体管

GTR 和 GTO 的特点是双极型，电流驱动，有电导调制效应，通流能力很强，开关速度较低，所需驱动功率大，驱动电路复杂。而电力 MOSFET 的优点是单极型，电压驱动，开关速度快，输入阻抗高，热稳定性好，所需驱动功率小而且驱动电路简单。而绝缘栅双极型晶体管（IGBT）是上述两类器件取长补短结合而成的复合器件。

1. IGBT 的结构和工作原理

绝缘栅双极型晶体管（Insulated - gate Bipolar Transistor，IGBT 或 IGT）是 GTR 和电力 MOSFET 的复合，它结合了二者的优点，具有良好的特性。IGBT 是三端器件，具有栅极 G、集电极 C 和发射极 E。IGBT 的简化等效电路和电气图形符号如图 1-17 所示。

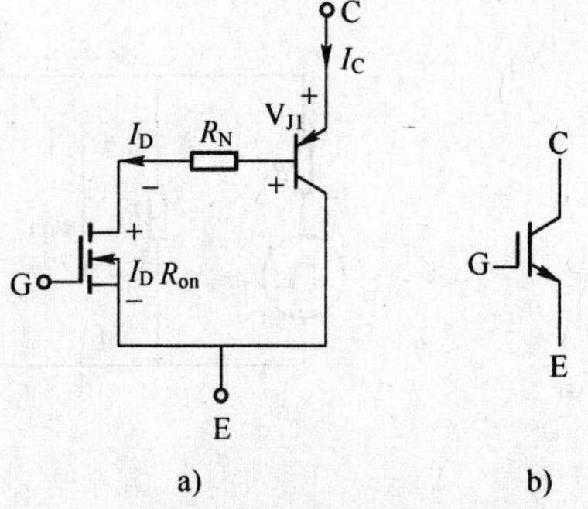

图 1-17　IGBT 的简化等效电路和电气图形符号

a）简化等效电路　b）电气图形符号

简化等效电路表明，IGBT 是用 GTR 与电力 MOSFET 组成的达林顿结构，相当于一个由电力 MOSFET 驱动的晶体管。

IGBT 的驱动原理与电力 MOSFET 基本相同，它也是场控型器件，通断由栅射极电压 u_{GE} 决定。u_{GE} 大于开启电压 U_{GE}(th)时，电力 MOSFET 内形成沟道，为晶体管提供基极电流，IGBT 导通。导通后，电导调制效应使电阻 R_N 减小，使通态压降小。栅射极间施加反压或不加信号时电力 MOSFET 内的沟道消失，晶体管的基极电流被切断，IGBT 关断。

2. IGBT 的基本特性

I_C 与 U_{GE} 间的关系，称为转移特性，也称静态特性。与电力 MOSFET 转移特性类似。其转移特性如图 1-18a 所示。图中 U_{GE}(th)为开启电压，是 IGBT 能实现电导调制而导通的最低栅射电压。U_{GE}(th)随温度升高而略有下降，在 25℃时，U_{GE}(th)的值一般为 2～6 V。

图 1-18b 是 IGBT 的输出特性（伏安特性），即以 U_{GE} 为参考变量时，I_C 与 U_{CE} 间的关系。它分为三个区域：正向阻断区、有源区和饱和区，分别与 GTR 的截止区、放大区和饱和区相对应。

u_{CE} <0 时，IGBT 为反向阻断工作状态。在电力电子电路中，IGBT 工作在开关状态，因而是在正向阻断区和饱和区之间来回转换。

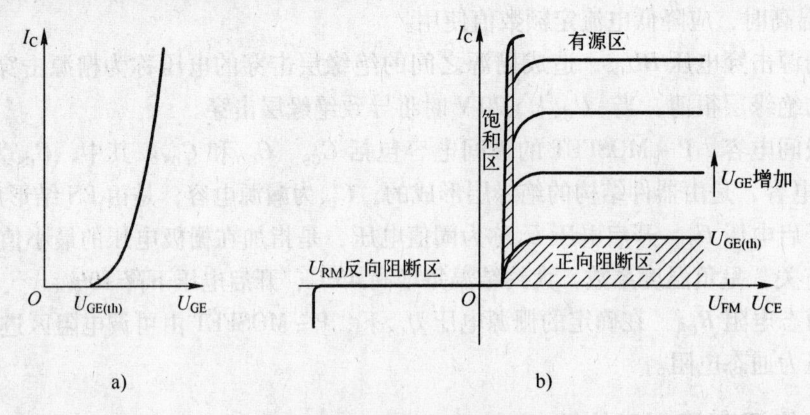

图 1-18　IGBT 的特性曲线

a）转移特性　b）输出特性

3. IGBT 的主要参数

（1）最大集射极间电压 U_{CES}　它是由器件内部的 PNP 型晶体管所能承受的击穿电压所

确定的。

（2）最大集电极电流　它包括额定直流电流 I_C 和 1 ms 脉宽最大电流 I_{CP}。

（3）最大集电极功耗 P_{CM}　它是指在正常工作温度下允许的最大耗散功率。

1.2.10　其他新型电力电子器件

1. 集成门极换相晶闸管（IGCT）

IGCT 是 GTO 的派生器件，其基本结构是在 GTO 的基础上采取了一系列的改进措施，比如特殊的环状门极、与管芯集成在一起的门极驱动电路等。这使得 IGCT 不仅具有与 GTO 相当的容量，而且具有优良的开通和关断能力。

目前，4000 A、4500 V 及 5500 V 的 IGCT 已研制成功。在大容量变频电路中，IGCT 被广泛应用。

2. 智能功率模块（IPM）

IPM 是将大功率开关器件和驱动电路、保护电路、检测电路等集成在同一模块内，是电力集成电路的一种。这种功率集成电路特别适应逆变器高频化发展方向的需要，而且由于高度集成化，结构紧凑，避免了由于分布参数、保护延迟所带来的一系列技术难题。目前，IPM 一般以 IGBT 为基本功率开关器件，构成一相或三相逆变器的专用功能模块，在中小容量变频器中有广泛应用。

1.2.11　电力电子器件的驱动与保护

电力电子系统是由多个电力开关管和多个子系统构成的复杂系统，为了使系统稳定工作、性能优秀，除了要对电力开关管进行可靠地驱动与保护以外，还必须对系统实施保护与控制，这是电力电子系统设计的重要任务。

1. 电力电子电路的驱动、保护与控制包括的内容

一般来说，电力电子电路的驱动、保护与控制包括如下内容：

（1）电力电子开关管的驱动　驱动器接收控制系统输出的控制信号经处理后发出驱动信号给开关管，控制开关器件的通、断。

（2）过电流、过电压保护　它包括器件保护和系统保护两个方面：检测开关器件的电流、电压，保护主电路中的开关器件，防止过电流、过电压损坏开关器件；检测系统电源输入、输出以及负载的电流、电压，实时保护系统，防止系统崩溃而造成事故。

（3）缓冲器　在开通和关断过程中防止开关管过电压和过电流，减少 $\mathrm{d}u/\mathrm{d}t$、$\mathrm{d}i/\mathrm{d}t$，减小开关损耗。

（4）滤波器　电力电子系统中都必须使用滤波器。在输出直流的电力电子系统中，滤波器用来滤除输出电压或电流中的交流分量以获得平稳的直流电能；在输出交流的电力电子系统中，滤波器滤除无用的谐波以获得期望的交流电能，提高由电源所获取的以及输出至负载的电力质量。

（5）散热系统　散热系统的作用是散发开关器件和其他部件的功耗发热，降低开关器件的结温。

（6）控制系统　实现电力电子电路的实时控制，综合给定信号和反馈信号，经处理后为开关器件提供开通、关断信号，开机、停机信号和保护信号。

2. 电力电子器件的换相方式

驱动电力电子器件就是要实现器件的换相。在图1-19中V_1、V_2表示由两个电力半导体器件（用理想开关模型表示）组成的导电臂，当V_1关断、V_2导通时，电流i流过V_2；当V_2关断、V_1导通时，电流i从V_2转移到V_1。电流从一个臂向另一个臂转移的过程称为换相（或换流）。在换相的过程中，有的臂从导通到关断，有的臂从关断到导通。要使臂导通，只要给组成臂的器件的控制极施加适当的驱动信号即可，但要使臂关断，情况就复杂多了。全控型器件可以用适当的控制信号使其关断，而半控型的晶闸管，必须利用外部条件或采取一定的措施才能使其关断，例如晶闸管要在电流过零后再施加一定时间的反向电压，才能使其关断。

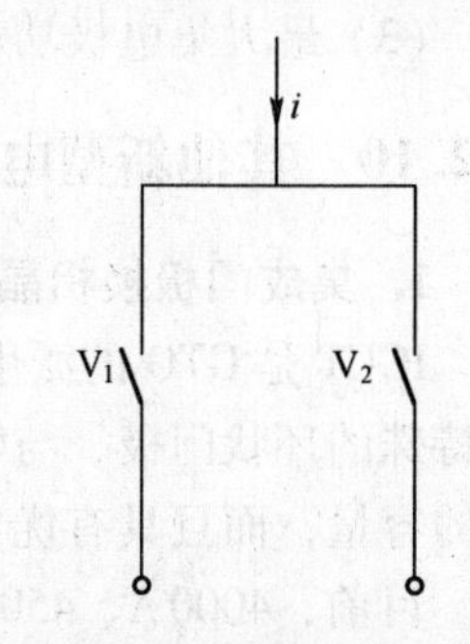

图1-19　桥臂的换相

一般来说，换相方式可分为以下几种：

（1）器件换相　利用全控型器件的自关断能力进行的换相称为器件换相。

（2）电网换相　由电网提供换相电压使电力电子器件关断，实现电流从一个臂向另一个臂转移称为电网换相。

（3）负载换相　由负载提供换相电压称为负载换相。凡是负载电流相位超前于负载电压的场合，都可实现负载换相。例如，负载为电容性负载如同步电动机时，可实现负载换相。

（4）脉冲换相　设置附加的换相电路，给欲关断的晶闸管强迫施加反向电压或反向电流的换相方式称为脉冲换相，有时也称强迫换相或电容换相。

图1-20所示为脉冲电压换相的电路原理图，在晶闸管VT处于导通状态之前，预先给电容C按图中所示极性充电。如果合上开关S，就可以使晶闸管VT被所加反压关断。

图1-21所示为脉冲电流换相的电路原理图，在晶闸管VT处于导通状态之前，预先给电容C按图中所示极性充电。在图a中，如果闭合开关S，LC振荡电流流过晶闸管，直到其正向电流为零，再流过二极管VD。在图b的情况下，接通开关S后，LC振荡电流先和负载电流叠加流过晶闸管VT，经半个振荡周期后，振荡电流反向流过VT，直到VT正向电流减至零以后再流过续流二极管VD。在这两种情况下，晶闸管关断都在晶闸管的正向电流为零和二极管开始流过电流时，二极管上的管压降就是加在晶闸管上的反向电压。

在上述四种换相方式中，器件换相只适应于全控型器件，其他三种方式主要是针对晶闸管而言的。

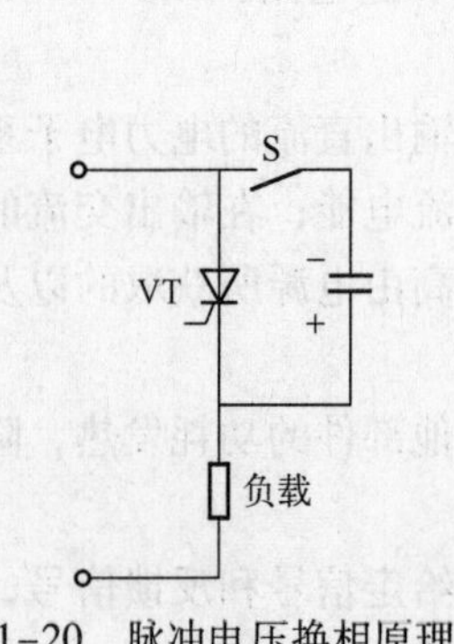

图1-20　脉冲电压换相原理图

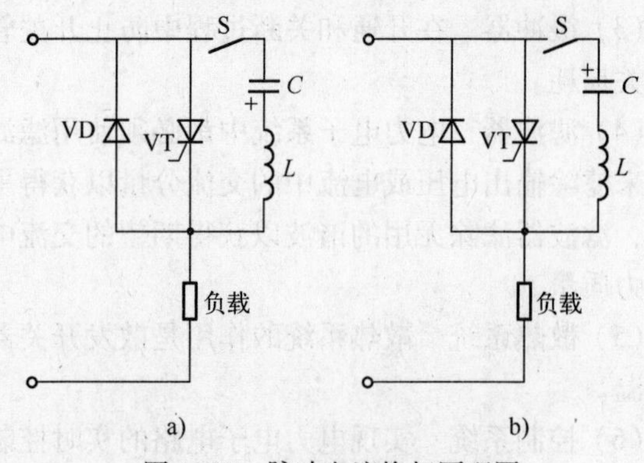

图1-21　脉冲电流换相原理图

3. 驱动电路

电力电子电路中各种驱动电路的电路结构取决于开关器件的类型、主电路的拓扑结构和电压、电流等级，开关器件的驱动电路接收控制系统输出的微弱电平信号，经过处理后给开关器件的控制极（门极或基极）提供足够大的电压或电流，使之立即导通，此后必须维持通态，直到接收到关断信号后立即使开关器件从通态转为断态，并保持断态。

在很多情况下，尤其在高压变换电路中，可以对控制系统和主电路之间进行电气隔离，这可以通过脉冲变压器或光耦合器来实现，后者通过在光敏半导体器件附近放置发光二极管来传送信息。此外，还可采用光纤传导替代光信号的空间传导。由于不同类型的开关器件对驱动信号的要求不同，对于半控型（晶闸管和双向晶闸管）、电流控制型全控器件（GTO 和 GTR）和电压控制型全控器件（MOSFET、IGBT、MCT 和 SIT）等有着不同的解决方案。

（1）晶闸管触发驱动电路　对于使用晶闸管的电路，在晶闸管阳极加上正向电压后，还必须在门极与阴极之间加上触发电压，晶闸管才能从断态转变为通态，习惯上称为触发控制，提供这个触发电压的电路称为晶闸管的触发电路。它决定每个晶闸管的触发导通时刻，是晶闸管装置中不可缺少的组成部分。

控制电路和主电路的隔离通常是必要的，隔离可由光耦合器或脉冲变压器实现。

基于脉冲变压器 Tr 和晶体管的驱动电路如图 1-22 所示，当控制系统发出的高电平驱动信号加至晶体管放大器后，变压器 Tr 的输出电压经 VD_2 输出脉冲电流 i_g，触发晶闸管导通。当控制系统发出的驱动信号为零后，VD_1、VD_2 续流，Tr 的一次电压迅速降为零，防止变压器饱和。

图 1-23 所示是用光耦合器隔离的晶闸管驱动电路。当控制系统发出驱动信号到光耦合器输入端时，光耦合器输出电路中 R 上的电压产生脉冲电流 i_g 触发晶闸管导通。

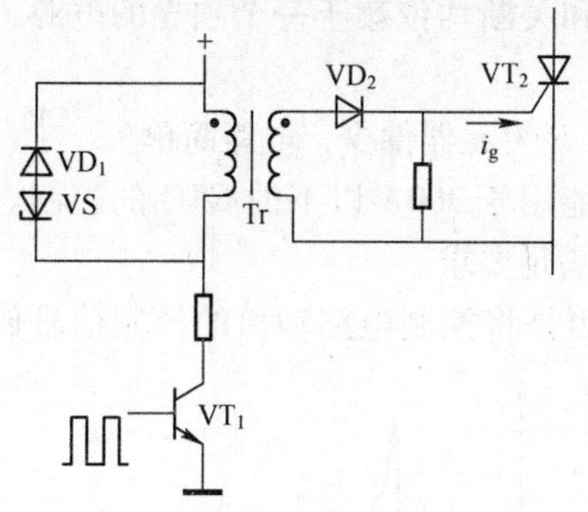

图 1-22　带隔离变压器的晶闸管驱动电路

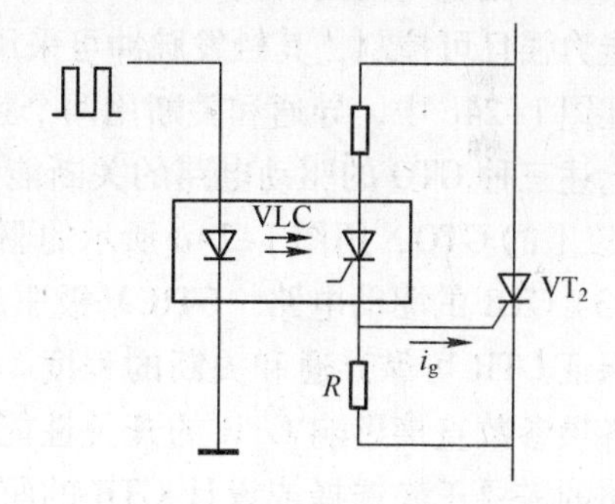

图 1-23　光耦合器隔离的晶闸管驱动电路

（2）GTO 的驱动电路　根据 GTO 的特性，在其门极加正驱动电流，GTO 将导通，然而关断 GTO 要求在其门极加很大的负电流。图 1-24 所示是 GTO 的几种基本驱动电路。

在图 1-24a 中，晶体管 VT 导通，电源 U 经过 VT 使 GTO 触发导通，同时电容 C 被充电，电压极性如图所示。当 VT 关断时，电容 C 经 L、V、GTO 阴极、GTO 门极放电，反向电流使 GTO 关断。图中 R 起导通限流作用，L 的作用是在 V 阳极电流下降期间释放出储能，补偿 GTO 的门极关断电流，提高了关断能力。该电路虽然简单可靠，但由于无独立的关断电源，其关断能力有限且不易控制。另一方面，电容 C 上必须有一定的能量才能使 GTO 关断，故触发 VT 的脉冲必须有一定的宽度。

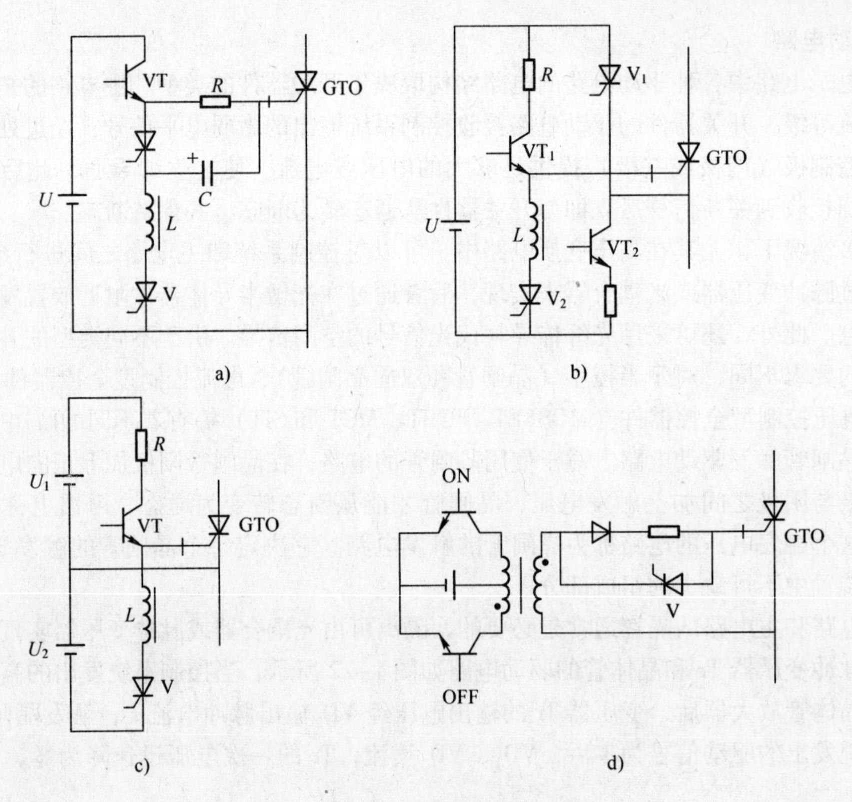

图 1-24　GTO 的基本驱动电路

在图 1-24b 中，VT_1、VT_2导通时 GTO 被触发，VT_1、VT_2关断和 V_1、V_2导通时 GTO 门极与阴极间流过负电流而被关断。由于 GTO 的导通和关断均依赖于一个独立的电源，故其关断能力强且可控制，其触发脉冲可采用窄脉冲。

在图 1-24c 中，导通和关断用两个独立的电源，开关元器件少，电路简单。

上述三种 GTO 的驱动电路的关断能力不强，只能用于 300A 以下的 GTO 的控制。对于 300A 以上的 GTO，用图 1-24d 所示的驱动电路可以满足要求。

（3）GTR 的驱动电路　GTR 基极驱动电路的作用是将控制电路输出的控制信号放大到足以保证 GTR 可靠导通和关断的程度。基极驱动电流的各项参数直接影响 GTR 的开关性能，因此根据主电路的需要正确选择或设计 GTR 的驱动电路非常重要。一般希望基极驱动电路有如下功能：

1）提供合适的正反向基极电流以保证 GTR 可靠导通与关断，理想的基极驱动电流波形如图 1-25 所示。

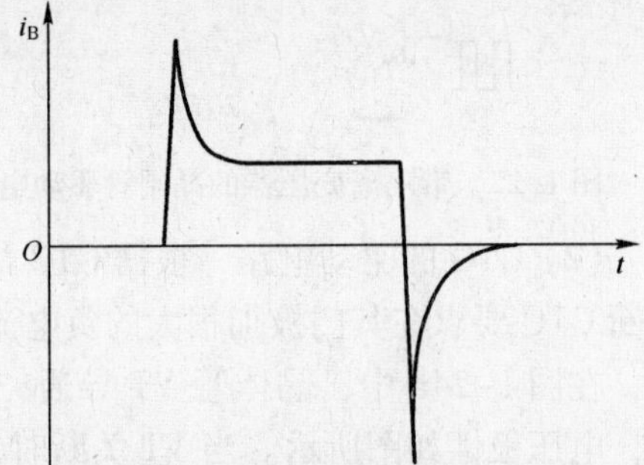

图 1-25　理想的基极驱动电流波形

2）实现主电路与控制电路的隔离。

3）具有自保护功能，以便在故障发生时迅速自动切除驱动信号，避免损坏 GTR。

4）电路尽可能简单、工作稳定可靠、抗干扰能力强。

GTR 驱动电路的形式很多，下面介绍一种简单的双电源驱动电路，如图 1-26 所示，驱动电路与 GTR（VT_6）直接耦合，控制电路用光耦合器实现电隔离，正负电源（U_{CC2}和$-U_{CC3}$）供电。当输入端 S 为低电平时，$VT_1 \sim VT_3$导通，VT_4、VT_5截止，B 点电压为负，给 GTR 基极提供反向基流，此时 GTR（VT_6）关断。当 S 端为高电平时，$VT_1 \sim VT_3$截止，VT_4、VT_5导通，VT_6流过正向基极电流，此时 GTR 导通。

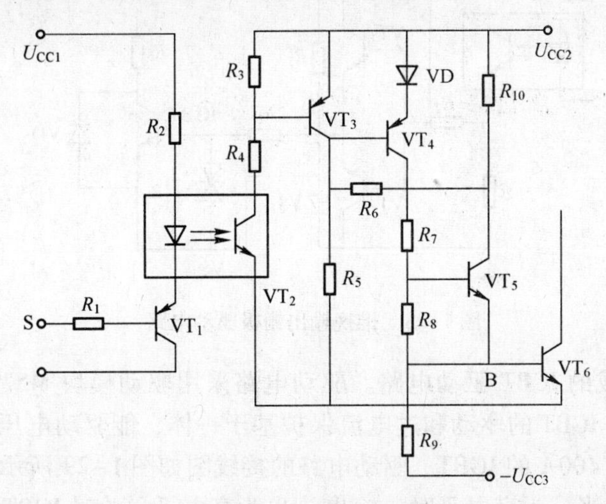

图 1-26　双电源驱动电路

（4）电力 MOSFET 和 IGBT 的驱动电路　由于 IGBT 的输入特性几乎和电力 MOSFET 相同（阻抗高，呈容性），所以要求的驱动功率小，电路简单，用于 IGBT 的驱动电路同样可以用于电力 MOSFET。

1）采用脉冲变压器隔离的栅极驱动电路。图 1-27 所示是采用脉冲变压器隔离的栅极驱动电路。工作原理是：控制脉冲 u_i经晶体管 VT 放大后送到脉冲变压器，由脉冲变压器耦合，并经 VS_1、VS_2稳压限幅后驱动 IGBT。脉冲变压器的一次侧并联了续流二极管 VD_1，以防止 VT 中可能出现的过电压。R_1限制栅极驱动电流的大小，R_1两端并联了加速二极管来提高开通速度。

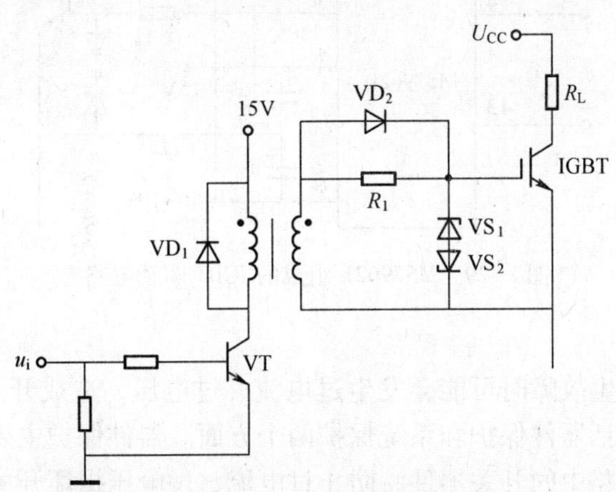

图 1-27　采用脉冲变压器隔离的栅极驱动电路

2）推挽输出栅极驱动电路。图 1-28 所示是一种采用光耦合器隔离的由 VT_1、VT_2组成的推挽输出栅极驱动电路。当控制脉冲使光耦合器关断时，光耦合器输出的低电平，使 VT_1

截止，VT_2导通，IGBT 在 VS_2 的反偏作用下关断。当控制脉冲使光耦导通时，光耦输出高电平。VT_1导通，VT_2截止，经 U_{CC}、VT_1、R_G产生的正向驱动使 IGBT 导通。

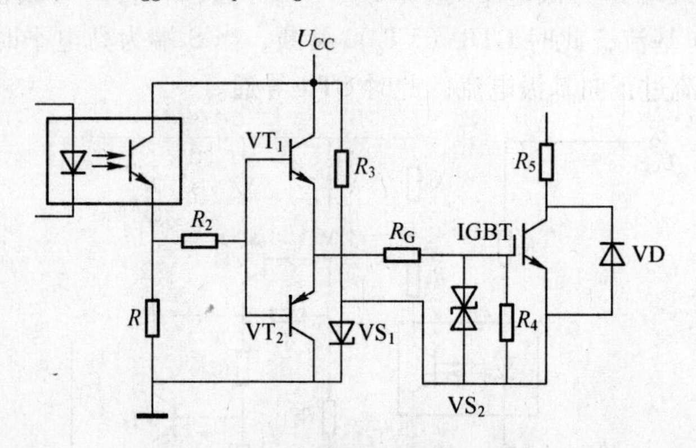

图 1-28　推挽输出栅极驱动电路

3）M57962L 组成的 IGBT 驱动电路。驱动电路采用驱动模块 M57962L，该驱动模块为混合集成电路，将 IGBT 的驱动和过电流保护基于一体，能驱动电压为 600 V 和 1200 V 系列电流容量不大于 400 A 的 IGBT。驱动电路的接线图如图 1-29 所示。输入信号 u_i与输出信号 u_g彼此隔离，当 u_i为高电平时，输出 u_g也为高电平，此时 IGBT 导通；当 u_i为低电平时，输出 u_g为 -10V，IGBT 截止。该驱动模块通过实时检测集电极电位来判断 IGBT 是否发生过电流故障。当 IGBT 导通时，如果驱动模块的 1 脚电位高于其内部基准值，则其 8 脚输出为低电平，通过光耦合器发出过电流信号，与此同时使输出信号 u_g变为 -10 V，关断 IGBT。

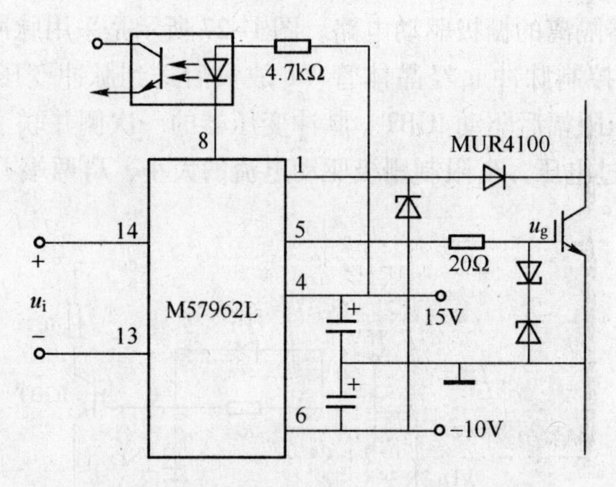

图 1-29　M57962L 组成的 IGBT 驱动电路

4. 保护电路

电力电子系统在发生故障时可能会发生过电流、过电压，造成开关器件的永久性损坏。过电流、过电压保护包括器件保护和系统保护两个方面。器件保护主要是指检测开关器件的电流、电压，保护主电路中的开关器件，防止过电流、过电压损坏开关器件。系统保护主要是指检测系统电源输入、输出以及负载的电流、电压，实时保护系统，防止系统崩溃而造成事故。

（1）过电流保护　通常电力电子电路同时采用电子电路、快速熔断器、断路器和过电流继电器等几种过电流保护措施，以提高保护的可靠性和合理性。图 1-30 所示是电力电子电路中常用的过电流保护方案。由于过电流包括过载和短路两种情况，图中电力电子电路作为第一保护措施，快速熔断器仅作为过电流时的部分区段的保护，当发生过电流故障时，电子保护电路发出触发信号使晶闸管导通，则电路短路迫使熔断器快速熔断而切断供电电源。断路器整定在电子电路动作之后实现保护，过电流继电器整定在过载时动作。无论是快速熔断器还是断路器，其动作电流值一般远小于电子保护电路的动作电流整定值，其延迟的动作时间则应根据实际应用情况决定。

现在在许多全控型器件的集成驱动电路中能够自身检测过电流状态而封锁驱动信号，实现过电流保护。

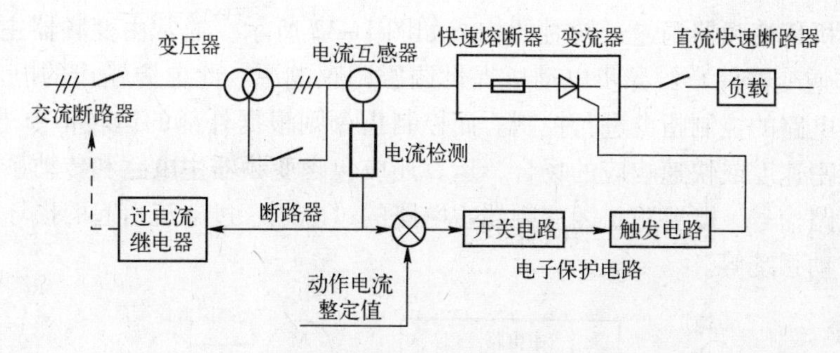

图 1-30　电力电子电路中常用的过电流保护方案

（2）过电压保护　电力电子装置可能的过电压有外因过电压和内因过电压两种。外因过电压主要来自雷击和系统中的操作过程（由分闸、合闸等开关操作引起）等外因。内因过电压主要来自电力电子装置内部器件的开关过程，其中包括：

1）换相过电压。晶闸管或全控型器件反向并联的二极管在换相结束后不能立即恢复阻断，因而有较大的反向电流流过，当恢复了阻断能力时，该反向电流急剧减少，会由线路电感在器件两端感应出过电压。

2）关断过电压。全控型器件关断时，正向电流迅速降低而由线路电感在器件两端感应出过电压。

图 1-31 所示是电力电子系统中常用的过电压保护方案。

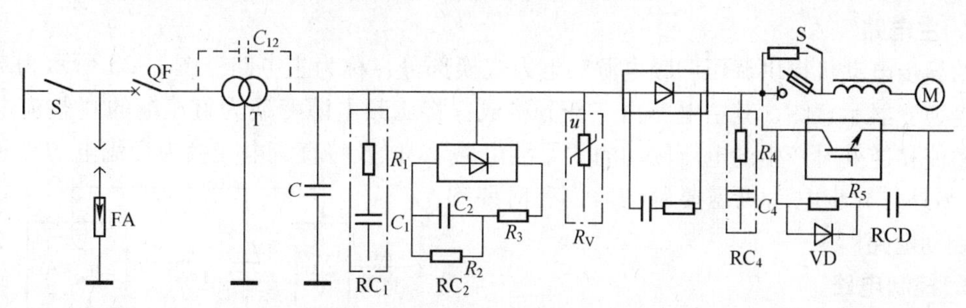

图 1-31　电力电子系统中常用的过电压保护方案

图中交流电源经交流断路器 QF 送入降压变压器 T。当雷击过电压进入电网时，避雷器 FA 将对地放电防止雷电进入变压器。C 为静电感应过电压抑制电容，当交流断路器合闸时，过电压经 C_{12} 耦合到 T 的二次侧，C 将静电感应过电压对地短路，保护了后面的电力电子开关器件不受操作过电压的冲击。RC_1是过电压抑制环节，当变压器 T 的二次侧出现过电压时，过电压对 C_1充电，由于电容上的电压不能突变，所以 RC_1能抑制过电压。RC_2也是过电压抑制环节，电路上出现过电压时，二极管导通对 C_2充电，过电压消失后 C_2对 R_2放电，二极管不导通，放电电流不会送入电网，实现了系统的过电压保护。

任务 1.3　了解变频器的工作原理

1.3.1　变频器内部结构

异步电动机用变频器调速运转时的构成如图 1-32 所示。通常由变频器主电路（IGBT、BJT 或 GTO 作逆变器件）给异步电动机提供调压调频电源。此电源输出的电压或电流以及频率，由控制电路的控制指令进行控制。而控制指令则根据外部的运转指令进行运算获得。对于需要更精密速度或快速响应的场合，运算还应包含变频器主电路和传动系统检测出来的信号和保护电路信号，既要防止因变频器主电路的过电压、过电流引起的损坏，还要保护异步电动机及传动系统等。

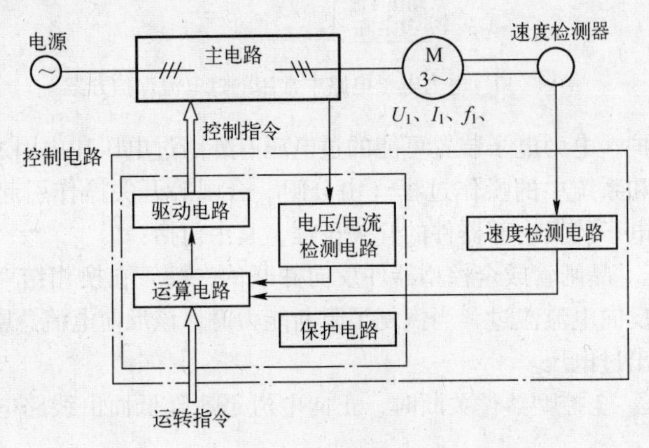

图 1-32　变频器的构成

1. 主电路

给异步电动机提供调压调频电源的电力变换部分，称为主电路。图 1-33 所示为典型的电压型逆变器示意图，其主电路由三部分构成：将工频电源变换为直流电的“整流电路”，吸收整流和逆变时产生的电压脉动的“平波电路”，以及将直流电变换为交流电的“逆变电路”。另外，异步电动机需要制动时，有时要附加“制动电路”。

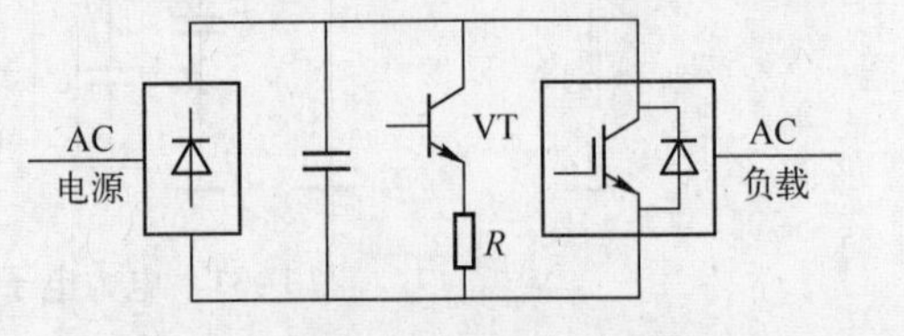

图 1-33　典型的电压型逆变器示意图

2. 控制电路

给异步电动机供电（电压、频率可调）的主电路提供控制信号的电路，称为控制电路。如图 1-32所示，控制电路由以下电路组成：频率、电压的“运算电路”，主电路的“电压/电流检测电路”，电动机的“速度检测电路”，将运算电路的控制信号进行放大的“驱动电路”，以及逆变器和电动机的“保护电路”。

控制电路主要包含：

1）运算电路：将外部的速度、转矩等指令同检测电路的电流、电压信号进行比较运算，决定逆变器的输出电压、频率。

2）电压/电流检测电路：与主电路的电位隔离，检测电压、电流等。

3）驱动电路：驱动主电路器件的电路。它使主电路器件导通、关断。

4）速度检测电路：以装在异步电动机轴上的速度检测器（TG、PLG 等）的信号为速度信号，送入运算电路，根据指令和运算可使电动机按指令速度运转。

5）保护电路：检测主电路的电压、电流等，当发生过载或过电压等异常时，为了防止逆变器和异步电动机损坏，使逆变器停止工作或抑制电压、电流值。

1.3.2 交-直-交变频器

交-直-交变频器（Variable Voltage Variable Frequency，VVVF）由 AC/DC、DC/AC 两类基本的变流电路组合形成，又称为间接交流变流电路，最主要的优点是输出频率不再受输入电源频率的制约。

交-直-交变频器的主电路框图如图 1-34 所示。主电路包括三个组成部分：整流电路、中间电路和逆变电路。

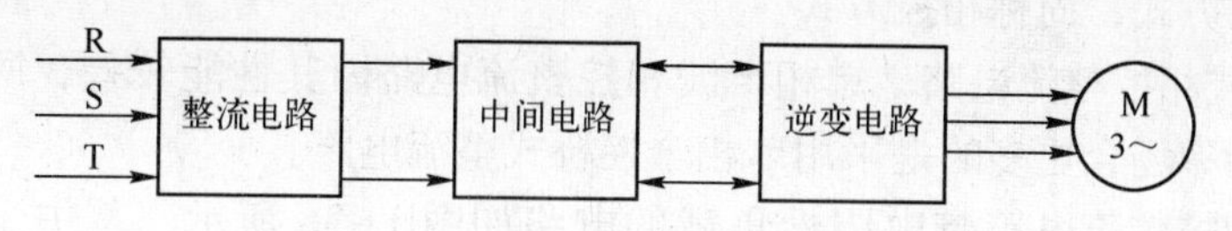

图 1-34 交-直-交变频器的主电路框图

1. 整流电路

整流电路的功能是将交流电转换为直流电。整流电路按电源的相数可以分为单相和三相两类。这里以三相整流为例介绍整流电路的工作原理。整流电路按使用的元器件不同又分为不可控整流电路和可控整流电路两类。

（1）单相整流电路

1）单相半波可控整流电路。图 1-35a 所示是单相半波可控整流带电阻性负载的电路，变压器 Tr 起变换电压和隔离的作用，其一次和二次电压瞬时值分别用 u_1 和 u_2 表示，有效值分别用 U_1 和 U_2 表示。

在电源正半周，晶闸管 VT 承受正向电压，$\omega t < \alpha$ 期间由于未加触发脉冲 u_g，VT 处于正向阻断状态而承受全部电压 u_2，负载 R 中无电流流过，负载上电压 u_d 为零。在 $\omega t = \alpha$ 时 VT 被触发导通，电源电压 u_2 全部加在 R 上（忽略管压降），到 $\omega t = \pi$ 时，电压 u_2 过零，在上述过程中，$u_d = u_2$。随着电压的下降，当电流下降到小于晶闸管的维持电流时，晶闸管 VT 关断，此时 i_d、u_d 均为零。在 u_2 的负半周，VT 承受反压，一直处于反向阻断状态，u_2 全部加在 VT 两端。直到下一个周期的触发脉冲 u_g 到来后，VT 又被触发导通，电路工作情况又重复上述过程。各电量波形图如图 1-35b 所示。

在单相相控整流电路中，定义晶闸管从承受正向电压起到触发导通之间的电角度 α 为触发延迟角（或移相角），晶闸管在一个周期内导通的电角度称为导通角，用 θ 表示。对于图 1-35a 所示的电路，若触发延迟角为 α，则晶闸管的导通角为 $\theta = \pi - \alpha$。

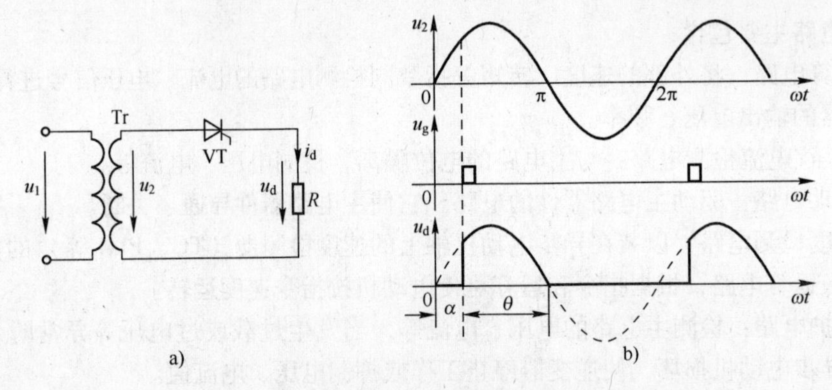

图 1-35　单相半波可控整流电路及波形

根据波形图 1-35b，可求出整流输出电压平均值为

$$U_d = \frac{1}{2\pi}\int_{\alpha}^{\pi}\sqrt{2}U_2\sin\omega t\mathrm{d}(\omega t) = \frac{\sqrt{2}U_2}{2\pi}(1+\cos\alpha) = 0.45U_2\frac{1+\cos\alpha}{2} \tag{1-9}$$

上述公式表明，只要改变触发延迟角 α（改变触发时刻），就可以改变整流输出电压的平均值，达到相控整流的目的。这种通过控制触发脉冲的相位来控制直流输出电压大小的方式称为相位控制方式，简称相控方式。

2）单相桥式相控整流电路。单相半波相控整流电路因其性能较差，所以在实际中很少采用，在中小功率场合更多的是采用单相全控桥式整流电路。

单相桥式相控整流电路带电阻性负载的电路如图 1-36 所示，其中 Tr 为整流变压器，VT_1、VT_2、VT_3、VT_4 组成 a、b 两个桥臂，变压器二次电压 u_2 接在 a、b 两点，$u_2 = U_{2m}\sin\omega t$，四只晶闸管组成整流桥。负载电阻是纯电阻 R。

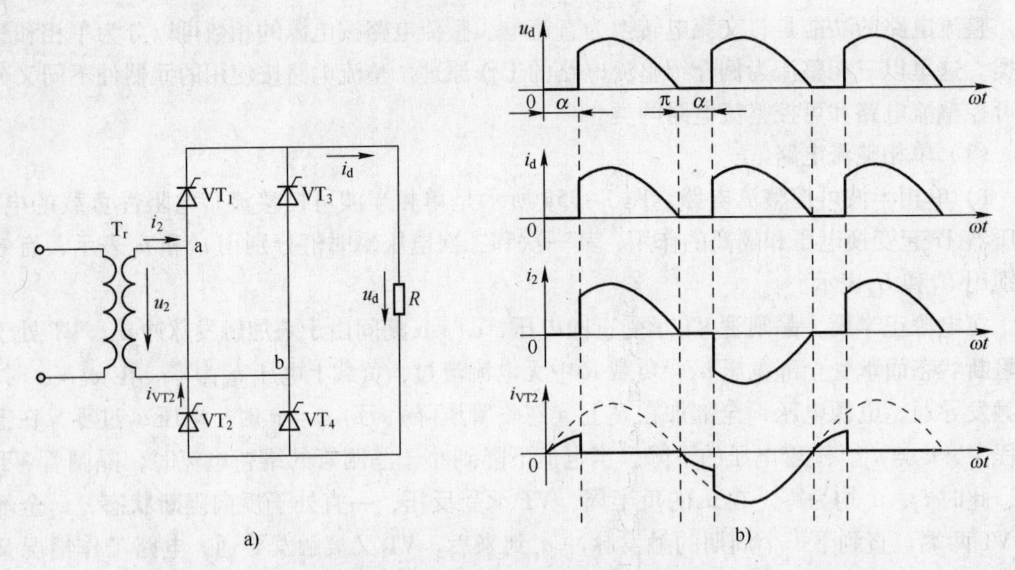

图 1-36　单相桥式相控整流电路及波形

当交流电源电压 u_2 进入正半周时，a 端电位高于 b 端电位，两个晶闸管 VT_1、VT_4 同时承受正向电压，如果此时门极无触发信号，则两个晶闸管仍处于正向阻断状态，其等效电阻

远大于负载电阻 R，电源电压 u_2将全部加在 VT_1和 VT_4上，$u_{VT1}=u_{VT4}=1/2u_2$，负载上电压 $u_d=0$。

在 $\omega t=\alpha$ 时刻，给 VT_1和 VT_4同时加触发脉冲，则两晶闸管立即触发导通，电源电压 u_2将通过 VT_1和 VT_4加在负载电阻 R 上。在 u_2的正半周期，VT_3和 VT_2均承受反向电压而处于阻断状态。由于晶闸管导通时管压降可视为零，则负载 R 两端的整流电压 $u_d=u_2$，当电源电压 u_2降到零时，电流 i_d也降为零，VT_1和 VT_4自然关断。

当交流电源电压 u_2进入负半周时，b 端电位高于 a 端电位，两个晶闸管 VT_3、VT_2同时承受正向电压，在 $\omega t=\pi+\alpha$ 时刻，给 VT_2和 VT_3同时加触发脉冲，电流经 VT_3、R、VT_2、Tr 二次侧形成回路。在负载两端获得与正半周相同波形的整流电压和电流，在这期间 VT_1和 VT_4均承受反向电压而处于阻断状态。

在 u_2由负半周电压过零变正时，VT_3、VT_2因电流过零而关断。在此期间 VT_1和 VT_4因承受反压而截止。u_d、i_d又降为零。一个周期过后，VT_1和 VT_4在 $\omega t=2\pi+\alpha$ 时刻又被触发导通。如此循环。图 1-36 给出了桥式整流电路的输出电压、电流和流过晶闸管电流的波形图。

由以上电路工作原理可知，在交流电源 u_2的正、负半周里，VT_1、VT_4和 VT_3、VT_2两组晶闸管轮流触发导通，将交流电变为脉动的直流电。改变触发脉冲出现的时刻，即改变 α 的大小，u_d、i_d波形和平均值随之改变。

整流输出电压的平均值为

$$U_d=\frac{1}{\pi}\int_{\alpha}^{\pi}\sqrt{2}U_2\sin\omega t\mathrm{d}(\omega t)=\frac{2\sqrt{2}U_2}{\pi}\frac{1+\cos\alpha}{2}=0.9U_2\frac{1+\cos\alpha}{2} \tag{1-10}$$

由此式可知，U_d为最小值时 $\alpha=180°$，U_d为最大值时 $\alpha=0°$，所以单相桥式整流电路带电阻性负载时，α 的移相范围为 $0°\sim180°$。

（2）三相整流电路

1）三相桥式不可控整流电路。不可控整流电路使用的器件为功率二极管，不可控整流电路按输入交流电源的相数不同分为单相整流电路、三相整流电路和多相整流电路。三相桥式整流电路如图 1-37a 所示。三相桥式整流电路共有六只整流二极管，其中 VD_1、VD_3、VD_5三只管子的阴极连接在一起，称为共阴极组；VD_4、VD_6、VD_2三只管子的阳极连接在一起，称为共阳极组。共阴极组的三只二极管 VD_1、VD_3、VD_5在 t_1、t_3、t_5换相导通；共阳极组的三只二极管 VD_2、VD_4、VD_6在 t_2、t_4、t_6换相导通。一个周期内，每只二极管导通 1/3 周期，即导通角为 120°。图 1-37b 给出了三相桥式整流电路输出电压的波形图。

2）三相桥式可控整流电路。三相桥式全控整流电路由六只晶闸管组成，如图 1-38 所示。阴极连接在一起的三个晶闸管（VT_1、VT_3、VT_5）构成共阴极组，阳极连接在一起的三个晶闸管（VT_2、VT_4、VT_6）构成共阳极组。分析晶闸管的触发延迟角 $\alpha=0$ 时的情况。对于共阴极组的三个晶闸管，阳极所接交流电压值最大的一个导通，对于共阳极组的三个晶闸管，阴极所接交流电压值最低（或者说负得最多）的导通。任意时刻共阳极组和共阴极组中各有一个晶闸管处于导通状态。

从相电压波形（见图 1-39）看出，共阴极组晶闸管导通时，u_{d1}为相电压的正包络线，共阳极组导通时，u_{d2}为相电压的负包络线，$u_d=u_{d1}-u_{d2}$是两者的差值，为线电压在正半周的包络线。

从线电压波形看，u_d为线电压中最大的一个，因此 u_d波形为线电压的包络线。

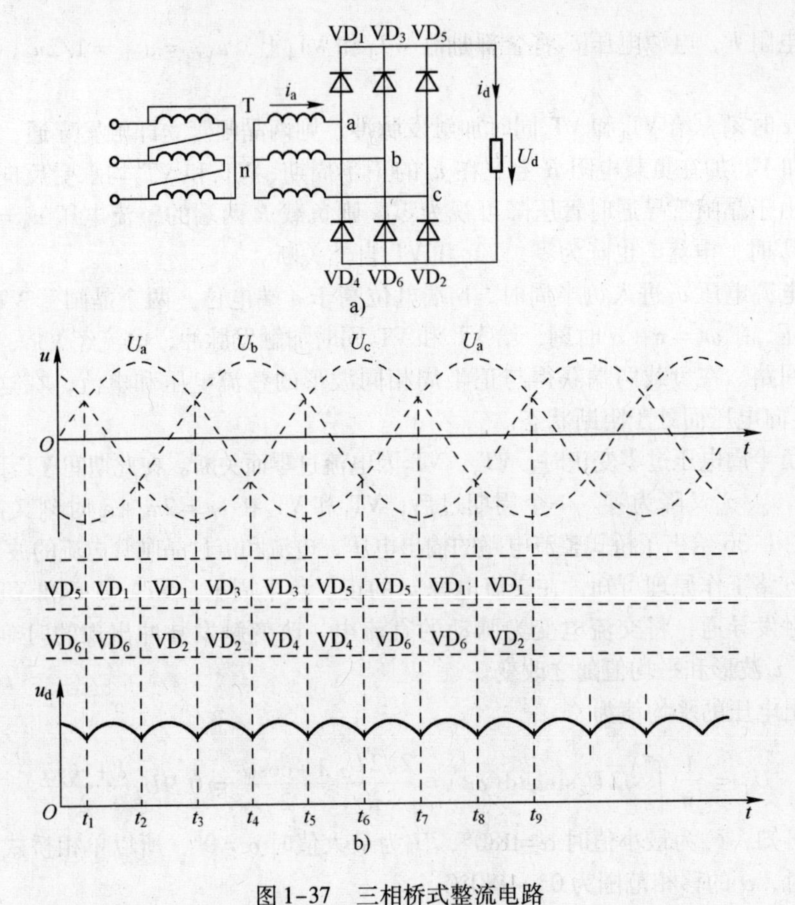

图 1-37　三相桥式整流电路

a）三相桥式整流电路原理图　b）三相桥式整流电路输出电压波形图

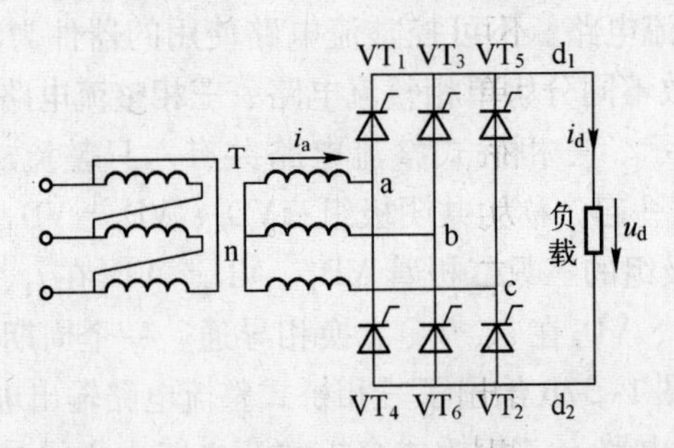

图 1-38　三相桥式全控整流电路原理图

三相桥式全控整流电路带电阻性负载 $\alpha=0°$ 时晶闸管的工作情况见表 1-2。

表 1-2　三相桥式全控整流电路带电阻性负载 $\alpha=0°$ 时晶闸管的工作情况

时　段	I	II	III	IV	V	VI
共阴极组中导通的晶闸管	VT_1	VT_1	VT_3	VT_3	VT_5	VT_5
共阳极组中导通的晶闸管	VT_6	VT_2	VT_2	VT_4	VT_4	VT_6
整流输出电压 u_d	$u_a-u_b=u_{ab}$	$u_a-u_c=u_{ac}$	$u_b-u_c=u_{bc}$	$u_b-u_a=u_{ba}$	$u_c-u_a=u_{ca}$	$u_c-u_b=u_{cb}$

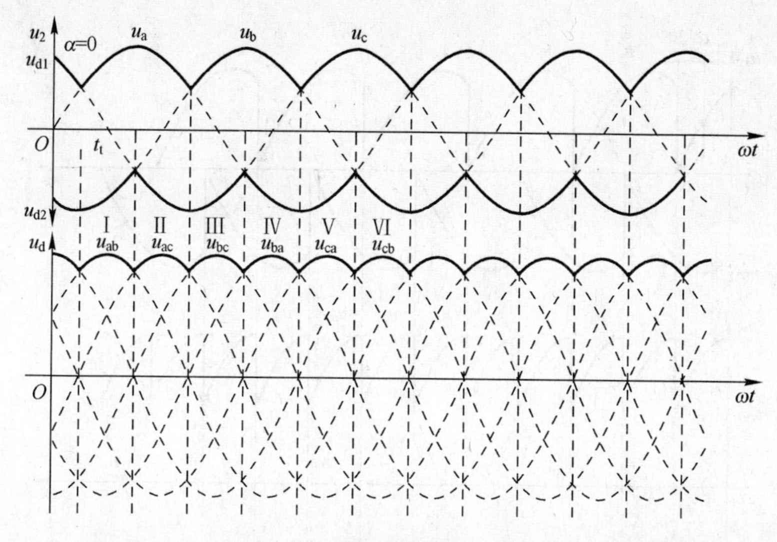

图 1-39　三相桥式全控整流电路带电阻性负载 $\alpha=0$ 时的波形

三相桥式全控整流电路的特点：

① 2 管同时导通形成供电回路，其中共阴极组和共阳极组各 1 个，且不能为同一相器件。

② 对触发脉冲的要求：按 $VT_1-VT_2-VT_3-VT_4-VT_5-VT_6$ 的顺序，相位依次差 60°，共阴极组 VT_1、VT_3、VT_5 的脉冲依次差 120°，共阳极组 VT_2、VT_4、VT_6 也依次差 120°，同一相的上下两个桥臂，即 VT_1 与 VT_4，VT_3 与 VT_6，VT_5 与 VT_2，脉冲相差 180°。

③ u_d 一周期脉动 6 次，每次脉动的波形都一样，故该电路为 6 脉波整流电路。

④ 保证同时导通的 2 个晶闸管均有脉冲可采用两种方法：一种是宽脉冲触发，另一种是双脉冲触发（常用）。

$\alpha=30°$ 时的工作情况与 $\alpha=0$ 时的工作情况的区别在于：晶闸管起始导通时刻推迟了 30°，组成 u_d 的每一段线电压因此推迟 30°。从 ωt_1 开始把一周期等分为 6 段，u_d 波形仍由 6 段线电压构成，每一段导通晶闸管的编号等仍符合表 1-2 的规律。三相桥式全控整流电路带电阻性负载 $\alpha=30°$ 时的波形如图 1-40 所示。

变压器二次电流 i_a 波形的特点：在 VT_1 处于通态的 120° 期间，i_a 为正，i_a 波形的形状与同时段的 u_d 波形相同，在 VT_4 处于通态的 120° 期间，i_a 波形的形状也与同时段的 u_d 波形相同，但为负值。

2. 逆变电路

在交－直－交变频系统中，根据最靠近逆变桥的直流滤波方式，逆变器可分为电压型与电流型两种。电压型主要采用大电容滤波，逆变器的直流电源阻抗小，类似于电压源，逆变输出的电压比较平直，波形为交变矩形波，而输出电流接近正弦波。电流型则主要采用大电感滤波，电源呈现高阻抗，类似于电流源。表 1-3 列出了电压型和电流型逆变器的特点。

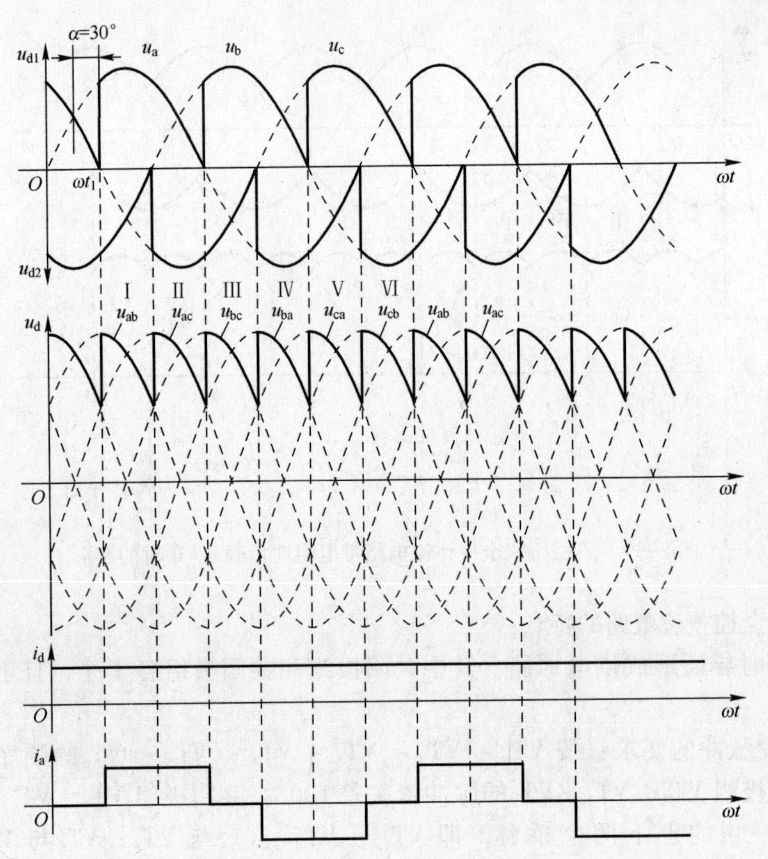

图 1-40　三相桥式全控整流电路带电阻性负载 $\alpha=30°$时的波形

表 1-3　电压型和电流型逆变器的特点

变频器类别 / 比较项目	电 压 型	电 流 型
直流回路滤波环节（无功功率缓冲环节）	电容器	电抗器
输出电压波形	矩形波	决定于负载，对异步电动机负载近似为正弦波
输出电流波形	决定于负载的功率因数，有较大的谐波分量	矩形波
输出阻抗	小	大
回馈制动	需在电源侧设置反并联逆变器	方便，主电路不需附加设备
调速动态响应	较慢	快
对晶闸管的要求	关断时间要短，对耐压要求一般要低	耐压高，对关断时间无特殊要求
适用范围	多电动机拖动，稳频稳压电源	单电动机拖动，可逆拖动

逆变电路的功能是将直流电转换为交流电，首先以单相桥式逆变电路为例（见图 1-41a），说明最基本的工作原理。$S_1 \sim S_4$是桥式电路的 4 个臂，由电力电子器件及辅助电路组成。

当开关 S_1、S_4闭合，S_2、S_3断开时，负载电压 u_o为正；当开关 S_1、S_4断开，S_2、S_3闭合时，u_o为负，这样就把直流电变成了交流电。改变两组开关的切换频率，即可改变输出交流电的频率。当负载为电阻性负载时，负载电流 i_o和 u_o的波形相同，相位也相同。当负载为阻感性负载时，i_o相位滞后于 u_o（见图 1-41b）。

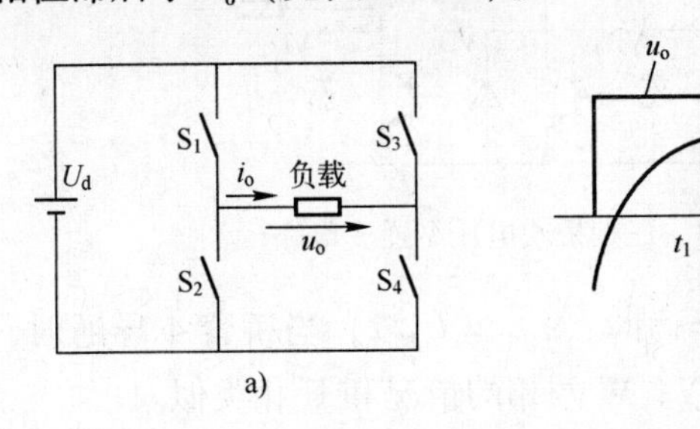

图 1-41　逆变电路及其波形举例

（1）单相半桥电压型逆变电路　单相半桥电压型逆变电路的电路结构以及它的工作波形如图 1-42 所示。直流电压 U_d加在 2 个串联的容量足够大的相同电容的两端，并使得 2 个电容的连接点为直流电源的中点，即每个电容上的电压为 $U_d/2$。由 2 个导电臂交替工作使负载得到交变电压和电流，每个导电臂由 1 个电力晶体管与 1 个反并联二极管所组成。

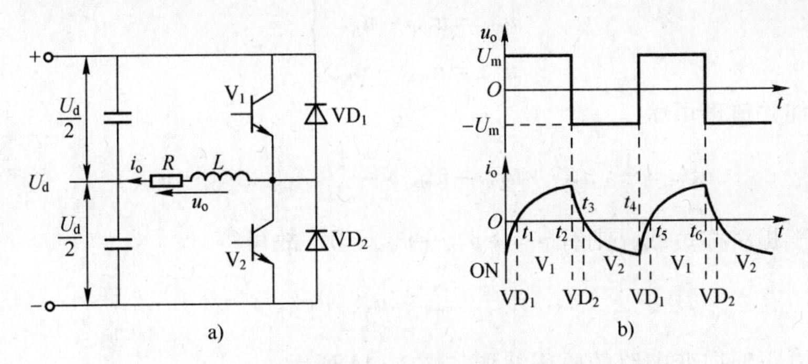

图 1-42　单相半桥电压型逆变电路及其工作波形

a）原理图　b）工作波形图

电路工作时，2 个电力晶体管 V_1、V_2基极加交替正偏和反偏的信号，使两者互补导通与截止。若电路负载为感性，其工作波形如图 1-42b 所示，输出电压为矩形波，幅值为 $U_m = U_d/2$。负载电流 i_o波形与负载阻抗角有关。V_1或 V_2导通时，i_o和 u_o同方向，直流侧向负载提供能量。VD_1或 VD_2导通时，i_o和 u_o反向，电感中储存的能量向直流侧反馈。其中 VD_1、VD_2称为反馈二极管，使 i_o连续，故又称为续流二极管。

（2）三相桥式电压型逆变电路　三相桥式电压型逆变电路的电路结构如图 1-43 所示。三相桥式逆变电路可以看成由三个半桥逆变电路组成，采用电力晶体管作为开关器件，由 6 个桥臂组成。电压型三相桥式逆变电路的基本工作方式是 180°导电方式，即每个桥臂的导电角度为 180°，同一相（同一半桥）上下两臂交替导电，各相开始导电的角度差 120°，任一瞬间有三个桥臂同时导通。每次换相都是在同一相上下两臂之间进行，也称为纵向换相。

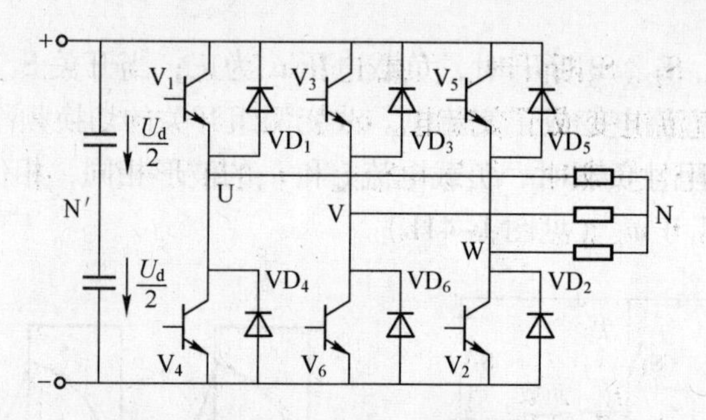

图 1-43　三相桥式电压型逆变电路

对于 U 相输出来说，当桥臂 1 导通时，$u_{UN'} = U_d/2$，当桥臂 4 导通时，$u_{UN'} = -U_d/2$，$u_{UN'}$的波形是幅值为 $U_d/2$ 的矩形波，V、W 两相的情况和 U 相类似。

负载线电压 u_{UV}、u_{VW}、u_{WU} 为

$$\left.\begin{aligned} u_{UV} &= u_{UN'} - u_{VN'} \\ u_{VW} &= u_{VN'} - u_{WN'} \\ u_{WU} &= u_{WN'} - u_{UN'} \end{aligned}\right\} \tag{1-11}$$

负载各相的相电压分别为

$$\left.\begin{aligned} u_{UN} &= u_{UN'} - u_{NN'} \\ u_{VN} &= u_{VN'} - u_{NN'} \\ u_{WN} &= u_{WN'} - u_{NN'} \end{aligned}\right\} \tag{1-12}$$

把上面各式相加并整理可得

$$u_{NN'} = \frac{1}{3}(u_{UN'} + u_{VN'} + u_{WN'}) - \frac{1}{3}(u_{UN} + u_{VN} + u_{WN}) \tag{1-13}$$

设负载为三相对称负载，则有 $u_{UN} + u_{VN} + u_{WN} = 0$，故可得

$$u_{NN'} = \frac{1}{3}(u_{UN'} + u_{VN'} + u_{WN'}) \tag{1-14}$$

三相桥式电压型逆变电路的电压波形如图 1-44 所示。

电压型逆变电路的特点：

1）直流侧为电压源或并联大电容，直流侧电压基本无脉动。

2）输出电压为矩形波，输出电流因负载阻抗不同而不同。

3）阻感性负载时需提供无功。为了给交流侧向直流侧反馈的无功提供通道，逆变桥各臂并联反馈二极管。

3. 中间电路

变频器的中间电路有滤波电路和制动电路等不同的形式。

（1）滤波电路　虽然利用整流电路可以从电网的交流电源得到直流电压或直流电流，但是这种电压或电流含有频率为电源频率 6 倍的纹波，则逆变后的交流电压、电流也产生纹波。因此，必须对整流电路的输出进行滤波，以减少电压或电流的波动。这种电路称为滤波电路。

通常用大容量电容对整流电路输出电压进行滤波。由于电容量比较大，一般采用电解电容器。

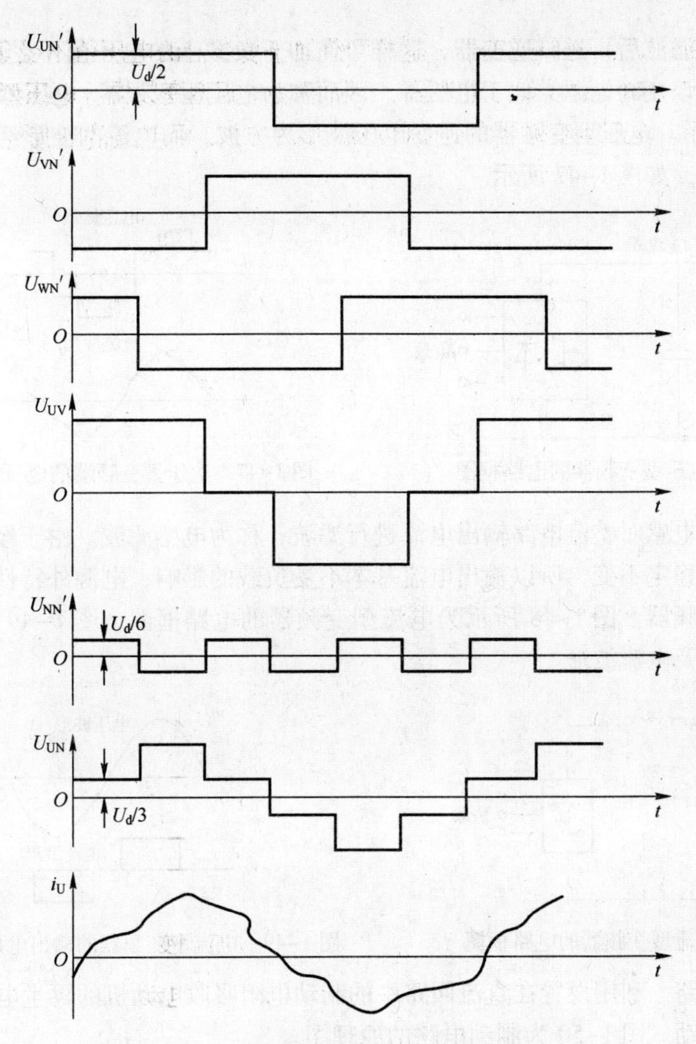

图 1-44　三相桥式电压型逆变电路的电压波形

二极管整流器在电源接通时，电容中将流过较大的充电电流（亦称浪涌电流），有可能烧坏二极管，必须采取相应措施。图 1-45 给出了几种抑制浪涌电流的方式。

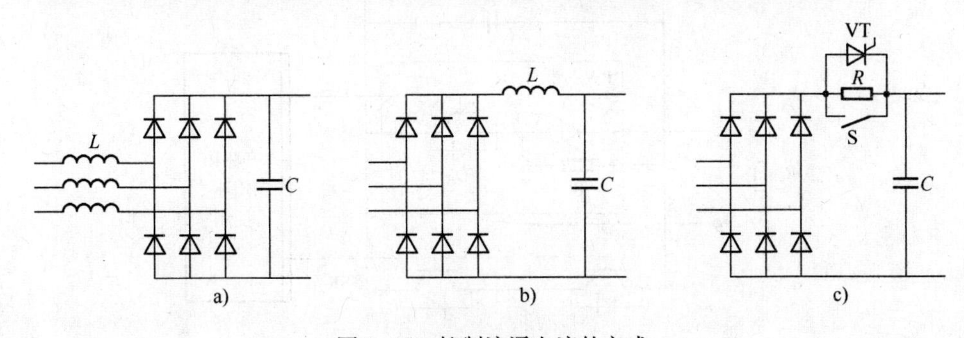

图 1-45　抑制浪涌电流的方式

a）接入交流电抗　b）接入直流电抗　c）串联充电电阻

采用大电容滤波后再送给逆变器，这样可使加于负载上的电压值不受负载变动的影响，基本保持恒定。该变频电源类似于电压源，因而称为电压型变频器。电压型变频器的电路框图如图 1-46 所示。电压型变频器的逆变电压波形为方波，而电流的波形经电动机负载滤波后接近于正弦波，如图 1-47 所示。

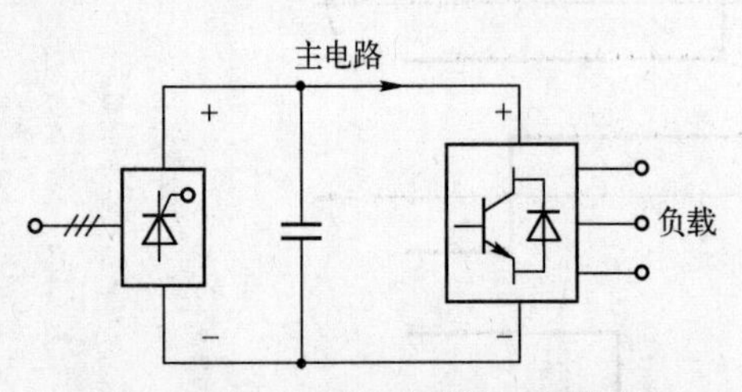

图 1-46　电压型变频器的电路框图

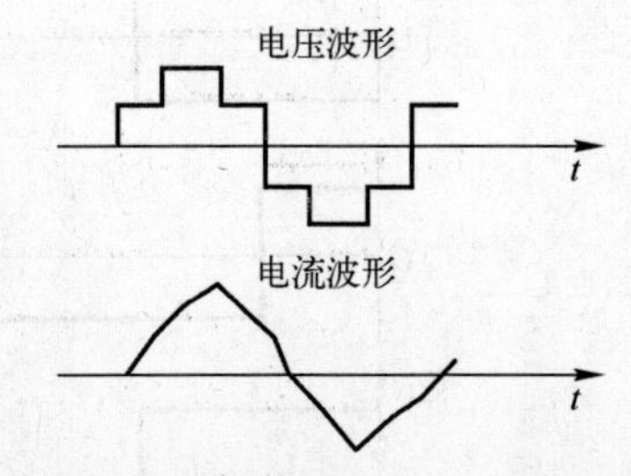

图 1-47　电压型变频器的电压和电流波形

采用大容量电感对整流电路输出电流进行滤波，称为电感滤波。由于经电感滤波后加于逆变器的电流值稳定不变，所以输出电流基本不受负载的影响，电源外特性类似电流源，因而称为电流型变频器。图 1-48 所示为电流型变频器的电路框图。图 1-49 所示为电流型变频器的输出电压及电流波形。

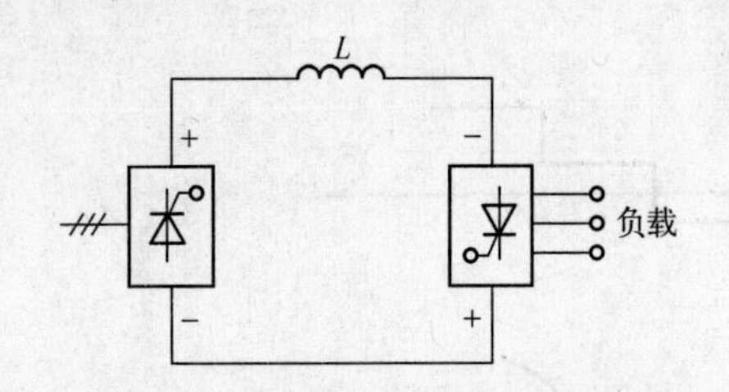

图 1-48　电流型变频器的电路框图

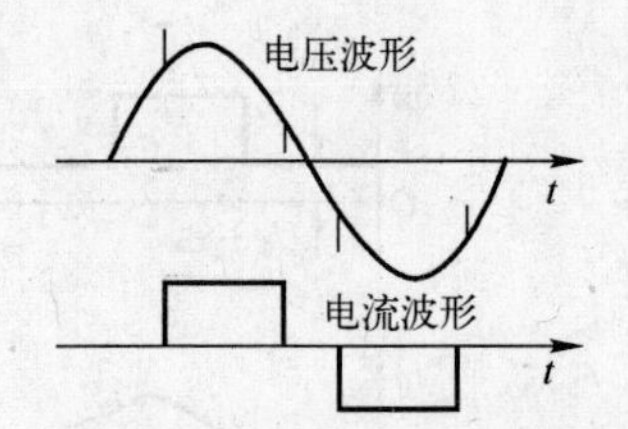

图 1-49　电流型变频器的输出电压及电流波形

（2）制动电路　利用设置在直流回路中的制动电阻吸收电动机的再生电能的方式称为动力制动或再生制动。图 1-50 为制动电路的原理图。

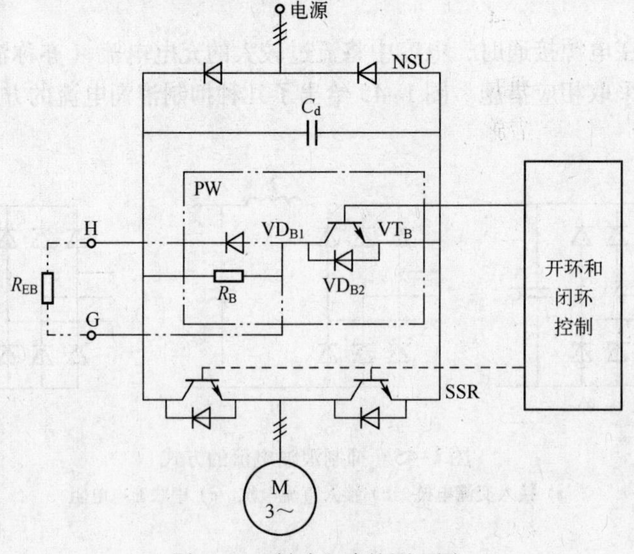

图 1-50　制动电路的原理图

1.3.3 交-交变频器

从交流变频调速的系统结构上来分，可以分为交-交直接变频系统和交-直-交间接变频系统。

交-交变频系统是一种可直接将固定频率的交流电变换成为可调频率的交流电的电路系统，无需中间的直流环节。与交-直-交间接变频相比，提高了系统的变换效率。又由于整个变频电路直接与电网相连接，各晶闸管上承受的是交流电压，故可采用电网电压自然换相，无需强迫换相装置，简化了变频器主电路结构，提高了换相能力。

交-交变频电路广泛应用于大功率低转速的交流电动机调速传动，交流励磁变速恒频发电机的励磁电源等。实际使用的是交-交变频器为三相输入-三相输出电路，但其基础是三相输入-单相输出电路，因此首先介绍单相输出电路的工作原理。

图 1-51 是单相输出交-交变频电路的原理框图和输出电压波形，电路由 P（正）组和 N（负）组反并联的晶闸管变流电路构成，两组变流电路接在同一个交流电源上，Z 为负载。为了使输出电压的波形接近正弦波，可以按正弦规律对触发延迟角 α 进行调制，即可得到如图 1-51 所示的波形。调制方法是，在半个周期内让变流器的触发延迟角 α 按正弦规律从 90°逐渐减小到 0 或某个值，然后再逐渐增大到 90°。

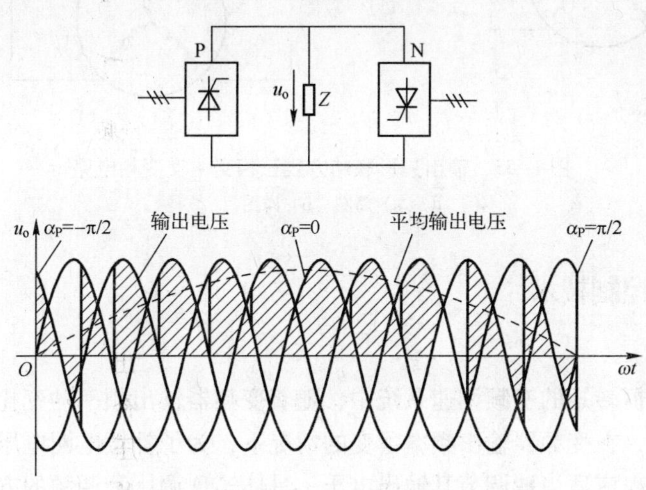

图 1-51　单相输出交-交变频电路的原理框图和输出电压波形

交-交变频电路主要应用于大功率交流电动机调速系统，使用的是三相交-交变频电路，由三组输出电压相位各差 120°的单相交-交变频电路组成。电路接线方式主要有两种：公共交流母线进线方式和输出星形联结方式。

1. 公共交流母线进线方式

公共交流母线进线方式如图 1-52 所示，此电路由三组彼此独立的、输出电压的相位相互错开 120°的单相交-交变频电路构成。电源进线通过进线电抗器接在公共的交流母线上。因为电源进线端公用，所以

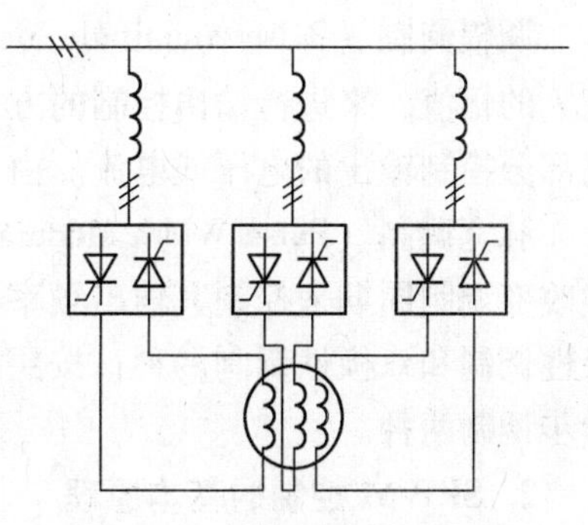

图 1-52　公共交流母线进线三相交-交变频电路（简图）

三组的输出端必须隔离。为此，交流电动机的三个绕组必须拆开。此种方式的接线主要用于中等容量的交流调速系统。

2. 输出星形联结方式

输出星形联结方式如图 1–53 所示，三组的输出端是星形联结，电动机的三个绕组也是星形联结，电动机中点不和变频器中点接在一起，电动机只引出三根线即可。因为三组的输出连接在一起，其电源进线必须隔离，因此分别用三个变压器供电。

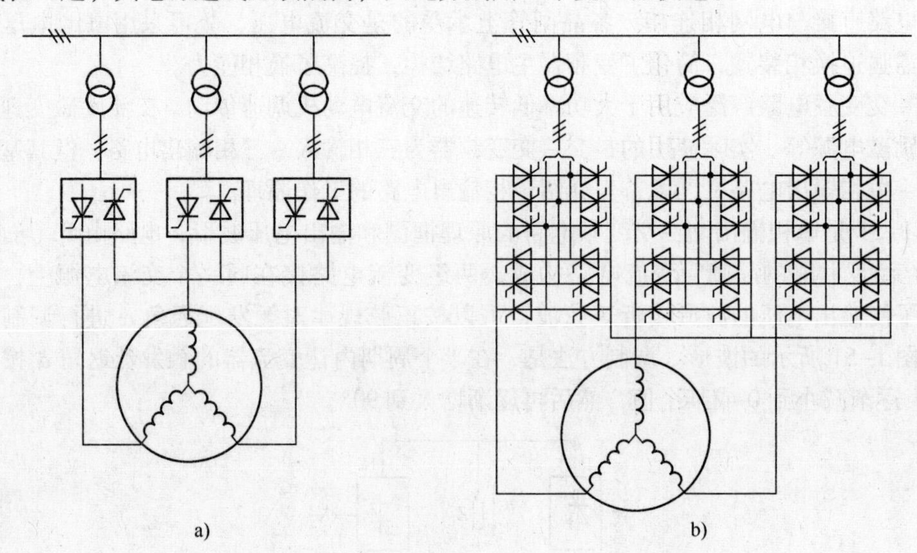

图 1–53　输出星形联结方式三相交 – 交变频电路

a）简图　b）详图

1.3.4　SPWM 控制技术

1. 概述

在异步电动机恒转矩的变频调速系统中，随着变频器输出频率的变化，必须相应地调节其输出电压。此外，在变频器输出频率不变的情况下，为了补偿电网电压和负载变化所引起的输出电压波动，也应适当地调节其输出电压，具体实现调压和调频的方法有很多种，但一般按变频器的输出电压和频率的控制方法可分为 PAM 和 PWM 两种。

调辐调制（Pulse Amplitude Modulation，PAM），是一种通过改变电源电压 U_d 或电源电流 I_d 的幅值，来进行输出控制的方式。它在逆变电路部分只控制频率，在整流电路和中间电路部分控制输出的电压或电流。由于 PAM 存在一些固有的缺陷，目前变频器中已很少应用。

脉宽调制（Pulse Width Modulation，PWM），主要靠改变脉冲宽度来控制输出电压，通过改变调制周期来控制其输出频率。脉宽调制的方法很多，按照调制脉冲的极性，可分为单极性调制和双极性调制两种；按照载频信号与参考信号频率之间的关系，可分为同步调制和异步调制两种。

2. SPWM 控制的基本原理

全控型电力电子器件的出现，使得性能优越的脉宽调制（PWM）逆变电路应用日益广泛。这种电路的特点主要是可以得到相当接近正弦波的输出电压和电流，所以也称为正弦脉宽调制（SPWM）。SPWM 控制方式就是对逆变电路开关器件的通断进行控制，使输出端得到一系列幅值相等而宽度不等的脉冲，用这些脉冲来代替正弦波所需要的波形。按一定的规则对各脉冲的宽度进行调制，既可改变逆变电路输出电压的大小，也可改变其输出频率的大小。

采样控制理论有这样一个结论：冲量相等而形状不同的窄脉冲加在具有惯性的环节上时，其效果基本相同。冲量即指窄脉冲的面积，效果基本相同是指环节的输出响应波形基本相同。例如图 1-54 所示的 4 种窄脉冲形状不同，但面积相同（假如都等于 1）。当它们分别加在同一惯性环节上时，其输出响应基本相同。且脉冲越窄，其输出差异越小。

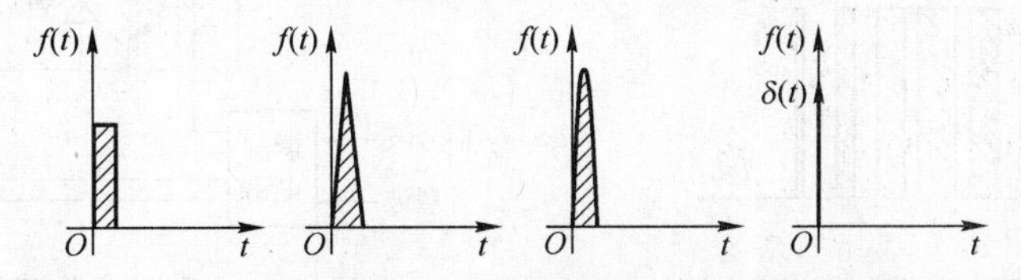

图 1-54　形状不同而冲量相同的各种窄脉冲

根据上述理论，分析一下正弦波如何用一系列等幅不等宽的脉冲来代替。如图 1-55a 所示，将一个正弦半波分成 N 等份，每一份可看成一个脉冲，很显然这些脉冲宽度相等，都等于 π/N，但幅值不等，脉冲顶部为曲线，各脉冲幅值按正弦规律变化。若把上述脉冲序列用同样数量的等幅不等宽的矩形脉冲序列代替，并使矩形脉冲的中点和相应正弦等份脉冲的中点重合，且使两者的面积（冲量）相等，就可以得到图 1-55b 所示的脉冲序列，即 PWM 波形。可以看出，各脉冲的宽度是按正弦规律变化的。根据冲量相等效果相同的原理，PWM 波形和正弦半波是等效的。用同样的方法，也可以得到正弦负半周的 PWM 波形。完整的正弦波用等效的 PWM 波形表示就称为 SPWM 波形。

因此，在给出了正弦波频率、幅值和半个周期内的脉冲数后，就可以准确地计算出 SPWM 波形各脉冲的宽度和间隔。按照计算结果控制电路中各开关器件的通断，就可以得到所需要的 SPWM 波形。但这种计算非常繁琐，而且当正弦波的频率、幅值等变化时，结果还要变化。较为实用的方法是采用载波，即把希望的波形作为调制信号，把接受调制的信号作为载波，通过对载波的调制得到所期望的 PWM 波形。通常采用等腰三角波作为载波，因为等腰三角形上下宽度与高度呈线性关系，且左右对称，当它与任何一个平缓变化的调制信号波相交时，如在交点时刻控制电路中开关器件的通断，就可以得到宽度正比于信号波幅值的脉冲，这正好符合 PWM 控制的要求。当调制信号波为正弦波时，所得到的就是 SPWM 波形。

SPWM 波形的实际应用较多。图 1-56 为单相桥式 PWM 逆变电路，负载为电感性，电力晶体管作为开关器件，对电力晶体管的控制方法为：在正半周期，让晶体管 VT_2、VT_3一直处于截止状态，而让晶体管 VT_1一直保持导通，晶体管 VT_4交替通断。当 VT_1和 VT_4都导通时，负载上所加的电压为直流电源电压 U_d。当 VT_1导通而 VT_4关断时，由于电感性负载中的电流不能突变，负载电流将通过二极管 VD_3续流，如果忽略晶体管和二极管的导通压降，则负载上所加电压为零。如负载电流较大，那么直到使 VT_4再一次导通之前，VD_3也一直持续导通。如负载电流较快地衰减到零，在 VT_4再次导通之前，负载电压也一直为零。这样输出到负载上的电压 u_o就有零、U_d两种电平。同样在负半周期，让 VT_1、VT_4一直处于截止状态，而让 VT_2保持导通，VT_3交替通断。当 VT_2、VT_3都导通时，负载上加有 $-U_d$，当 VT_3关断时，VD_4续流，负载电压为零。因此在负载上可得到 $-U_d$和零两种电平。

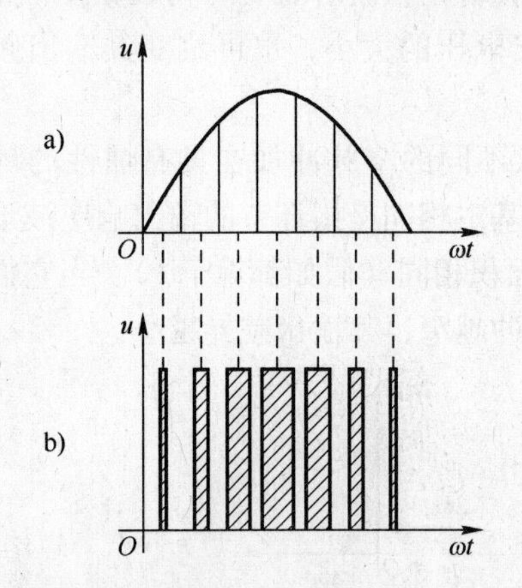

图 1-55　用 PWM 波代替正弦半波

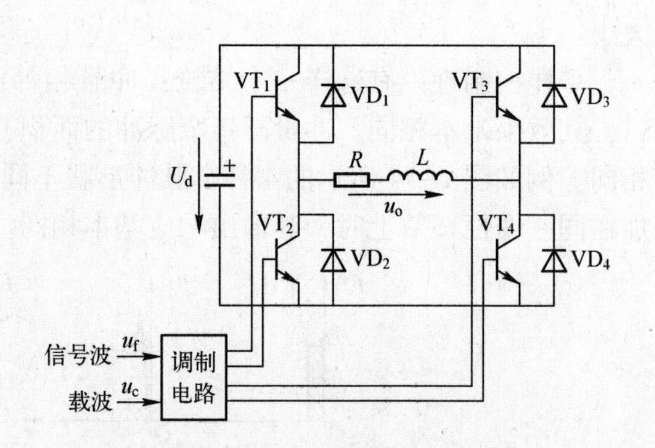

图 1-56　单相桥式 PWM 逆变电路

由以上分析可知，控制 VT_3或 VT_4的通断过程，就可使负载上得到 SPWM 波形，控制方式通常有单极性方式和双极性方式。

3. PWM 逆变电路的控制方式

（1）单极性控制方式　单极性 PWM 控制方式波形如图 1-57 所示，载波 u_c在调制信号波 u_r的正半周为正极性的三角波，在负半周为负极性的三角波。当调制信号为正弦波时，在 u_r和 u_c的交点时刻控制 VT_3或 VT_4的通断。具体为：在 u_r的正半周，VT_1保持导通，在 $u_r>u_c$时使 VT_4导通，负载电压 $u=U$，当 $u_r<u_c$时可使 VT_4关断，$u_o=0$；在 u_r的负半周，VT_1关断，VT_2保持导通，当 $u_r<u_c$时，使 VT_3导通，$u_o=-U_d$，当 $u_r>u_c$时使 VT_3关断，$u_o=0$。这样就得到了 SPWM 波形。图中虚线 u_{of}表示 u_o中的基波分量。像这种在 u_r的正半周期内三角波载波只在一个方向变化，所得到的 PWM 波形也只在一个方向变化的控制方式称为单极性 PWM 控制方式。

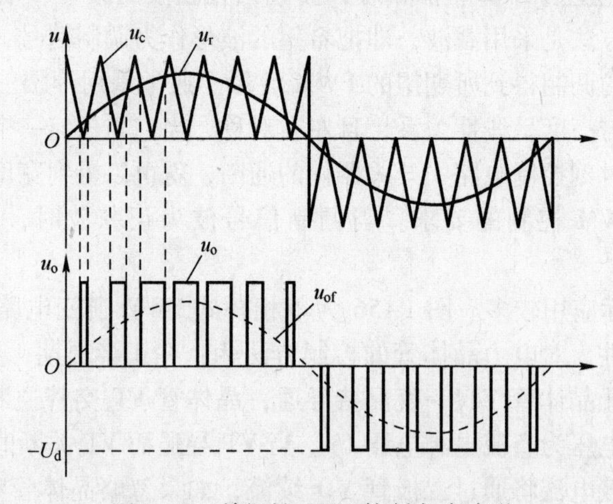

图 1-57　单极性 PWM 控制方式波形

（2）双极性控制方式　双极性 PWM 控制方式波形如图 1-58 所示，在 u_r的半个周期内，三角波载波是在正负两个方向变化的，所得到的 PWM 波形也是在两个方向变化的。在第一个周期内，输出的 PWM 波形只有 $\pm U_d$两种电平，仍然在调制信号 u_r和载波信号 u_c的交点时刻控制各开关器件的通断。在 u_r的正负半周，对各开关器件的控制规律相同。在 $u_r > u_c$时，给 VT_1、VT_4加导通信号，给 VT_2、VT_3加关断信号，输出电压 $u_o = U_d$。可以看出，同一半桥上下两个桥臂晶体管的驱动信号极性相反，处于互补工作方式。在电感性负载情况下，若 VT_1和 VT_4处于导通状态，给 VT_1、VT_4加关断信号，给 VT_2、VT_3加导通信号，则 VT_1、VT_4立即关断，因电感性负载电流不能突变，故 VT_2、VT_3不能立即导通，这时 VD_2和 VD_3导通续流。当电感性负载电流较大，直到下一次 VT_1、VT_4重新导通时，负载电流方向始终未变，VD_2和 VD_3持续导通，而 VT_1和 VT_3始终未导通。当负载电流较小时，在负载电流下降到零之前，VD_2和 VD_3续流，之后 VT_2、VT_3导通，负载电流反向。不论是 VD_2和 VD_3导通还是 VT_2、VT_3导通，负载电压都是 $-U_d$。同样可以分析从 VT_2、VT_3导通向 VT_1和 VT_4导通切换时，由于电感的作用产生 VD_1和 VD_4续流的情况。

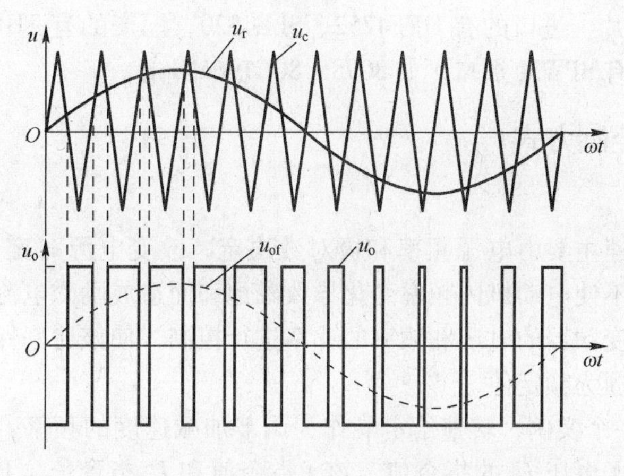

图 1-58　双极性 PWM 控制方式波形

4. SPWM 波形成的方法

下面介绍几种常用的 SPWM 波形成的方法。

（1）自然采样法　自然采样法即计算正弦信号波和三角载波的交点，从而求出相应的脉宽和间隙时间，生成 SPWM 波形的方法。图 1-59 表示截取一段正弦波与三角波相交的实时状况。检测出交点 A 为发出脉冲的初始时刻，B 点为脉冲结束时刻。T_c为三角波的周期；t_2为 AB 之间的脉宽时间，t_1和 t_3为间歇时间。显然，$T_c = t_1 + t_2 + t_3$。

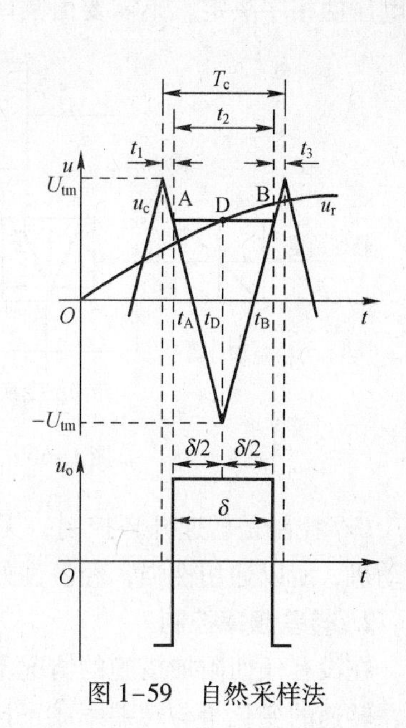

图 1-59　自然采样法

若以单位量 1 代表三角载波的幅值 U_{tm}，则正弦波的幅值就是调制度 M，$M = U_{rm}/U_{tm} = U_{rm}$，正弦波的公式可写为 $u_r = M\sin\omega_1 t$，式中 ω_1为正弦波的频率，也就是变频器的输出频率。

经推导可得脉宽 δ 的计算公式为

$$\delta = t_2 = \frac{T_c}{2}\left[1 + \frac{M}{2}(\sin\omega_1 t + \sin\omega_1 t_B)\right] \quad (1-15)$$

本方法需要实时采样 t_A、t_B，计算与控制均比较困难，故实际进行微机控制时，取简化的近似处理，在三角波的幅值为 $-U_{tm}$ 的 t_e 点进行一次采样，脉宽公式即简化为

$$t_2 = \frac{T_c}{2}(1 + M\sin\omega_1 t_e) \tag{1-16}$$

(2) 数字控制法　自然采样法是由模拟控制来实现的，是早期使用的方法，现在已很少用，现在可由微机来完成，即数字控制的方法。微机存储预先计算好的 SPWM 数据表格，控制时根据指令调出，由微机的输出接口输出。

(3) 采用 SPWM 专用集成芯片　用微机产生 SPWM 波，其效果受到指令功能、运算速度、存储容量等限制，有时难以有很好的实时性，因此，完全依靠软件生成 SPWM 波实际上很难适应高频变频器的要求。

随着微电子技术的发展，已开发出一批用于发生 SPWM 信号的集成电路芯片。目前已投入市场的 SPWM 芯片，进口的有 HEF4752、SLE4520，国产的有 THP4752、ZPS-101 等。有些单片机本身就带有 SPWM 端口，如 8098、80C196MC 等。

1.3.5　变频器的控制方式

1. 恒压频比控制

异步电动机的转速主要由电源频率和极对数决定，改变电源（定子）频率可对电动机进行调速，同时为了不使电动机因频率变化导致磁饱和而造成励磁电流增大，引起功率因数和效率的降低，需对变频器的电压和频率的比率进行控制，使该比率保持恒定，即恒压频比控制，以维持气隙磁通为额定值。

图 1-60 给出了一个实例，转速给定既作为调节加减速度的频率 f 指令值，同时经过适当分压，也被作为定子电压 U_1 的指令值，该 f 指令值和 U_1 指令值之比就决定了 U/f 比值，由于频率和电压由同一给定值控制，因此可以保证压频比为恒定；电动机的转向由变频器输出电压的相序决定，不需要由频率和电压给定信号反映极性。

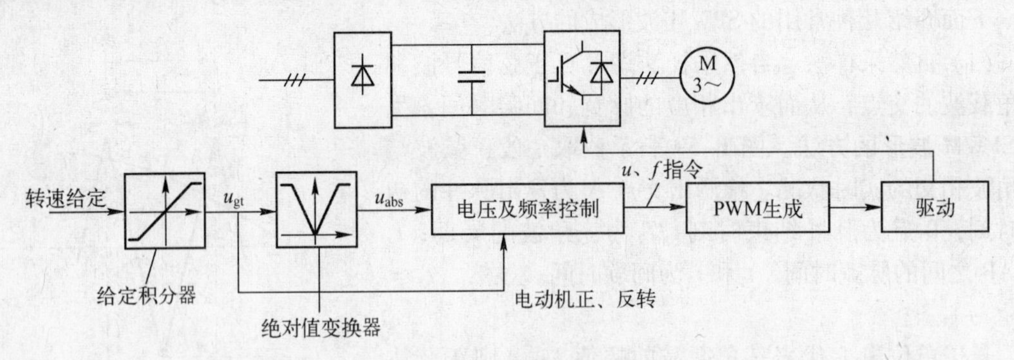

图 1-60　采用恒压频比控制的变频调速系统框图

U/f 控制是转速开环控制，无需速度传感器，控制电路简单，负载可以是通用标准异步电动机，所以通用性强，经济性好，是目前通用变频器产品中使用较多的一种控制方式。

2. 转差频率控制

在没有任何附加措施的情况下，采用 U/f 控制方式时，如果负载变化，转速也会随着变化，转速的变化量与转差率成正比。U/f 控制的静态调速精度较差，为提高调速精度，需采

用转差频率控制方式。

转差频率控制变频器采用转差频率控制方式是对 *U/f* 控制的一种改进。在采用这种控制方式的变频器中，电动机的实际速度由安装在电动机上的速度传感器和变频控制电路得到，电动机轴上的速度传感器检测到的电动机的速度加上转差频率（与产生所要求的转矩相对应）就是逆变器的输出频率。

图 1-61 为异步电动机的转差频率控制系统框图。速度调节器通常采用 PI 控制。它的输入为速度设定信号 ω_2^* 和检测的电动机实际速度 ω_2 之间的误差信号。速度调节器的输出为转差频率设定信号 ω_s^*。变频器的设定频率即电动机的定子电源频率 ω_1^*，为转差频率设定值 ω_s^* 与实际转子转速 ω_2 的和。当电动机负载运行时，定子频率设定将会自动补偿由负载所产生的转差，保持电动机的速度为设定速度。速度调节器的限幅值决定了系统的最大转差频率。

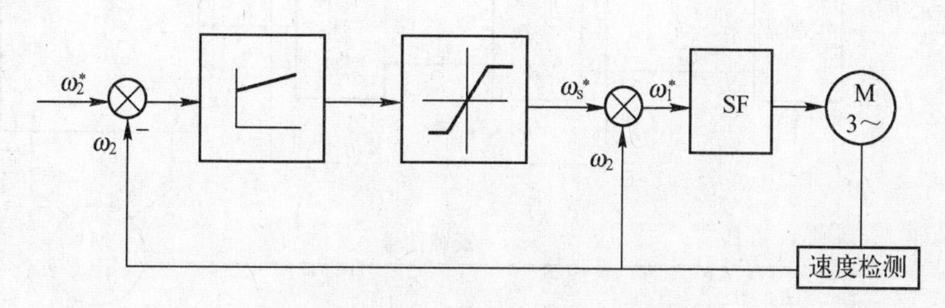

图 1-61　异步电动机的转差频率控制系统框图

转差频率控制是利用了速度传感器的速度闭环控制，并可以在一定程度上对输出转矩进行控制，所以和 *U/f* 控制方式相比，在负载发生较大变化时，仍能达到较高的速度精度和具有较好的转矩特性。但是，由于采用这种控制方式时，需要在电动机上安装速度传感器，并需要根据电动机的特性调节转差，通常多用于厂家指定的专用电动机，通用性较差。

3. 矢量控制（VC）方式

矢量控制（Vector Control）是 1971 年由西德 Blaschke 等人首先提出来的。矢量控制的基本思想是要把交流电动机模拟成直流电动机，使其能够像直流电动机那样容易控制。它是通过控制变频器的输出电流的大小、频率及相位，用以维持电动机内部的磁通为设定值，产生所需的转矩。矢量控制方法成功实施后，使交流异步电动机变频调速后的机械特性以及动态性能都达到了与直流电动机调压时的调速性能不相上下的程度，从而使交流异步电动机变频调速在电动机的调速领域里占有越来越重要的地位。因此，矢量控制一提出来就受到了普遍的关注和重视。

经过坐标变换，异步电动机可以等效成直流电动机，那么，模仿直流电动机的控制策略，得到直流电动机的控制量，经过相应的坐标反变换，就能够控制异步电动机了。矢量控制系统的原理结构如图 1-62 所示。图中给定和反馈信号经过类似于直流调速系统所用的控制器，产生励磁电流的给定信号 i_M^* 和电枢电流的给定信号 i_T^*，经过直/交变换 VR^{-1} 得到 i_α^* 和 i_β^*，再经过两相/三相变换（2/3 变换）得到 i_A^*、i_B^*、i_C^*。把这三个电流控制信号和由控制器得到的频率信号 ω_1 加到电流控制的变频器上，即可输出异步电动机调速所需的三相变频电流。

由此可见，通过坐标变换，只要控制 i_M^* 和 i_T^* 中任意一个就可以控制 i_A^*、i_B^*、i_C^*，也就可以控制交流变频器的输出。矢量控制也属于闭环控制，其中，电流反馈用于反映负载的状态，使 i_T^* 能随负载而变化。速度反馈反映出拖动系统的实际转速和给定值之间的差异，从而以最快的速度进行校正，提高了系统的动态性能；速度反馈的反馈信号可由脉冲编码器 PG 测得。现代的变频器又推广使用了无速度传感器矢量控制技术，它的速度反馈信号不是来自速度传感器，而是通过 CPU 对电动机的各种参数，如 I_1、r_2 等经过计算得到一个转速的实在值，由这个计算出的转速实在值和给定值之间的差异来调整 $i_M{}^*$ 和 $i_T{}^*$，改变变频器的输出频率和电压。

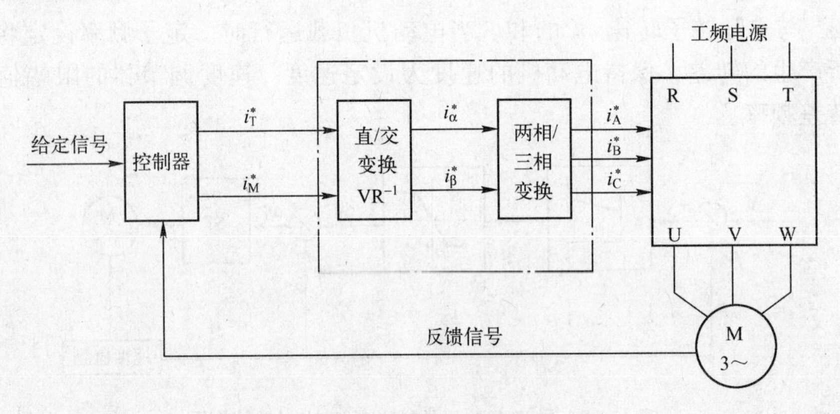

图 1-62　矢量控制系统的原理结构

4. 直接转矩控制方式

直接转矩控制系统是继矢量控制之后发展起来的另一种高性能的交流变频调速系统。直接转矩控制用空间矢量的分析方法，直接在定子坐标系下分析交流电动机模型，控制电动机的磁链和转矩；借助于离散的两点式调节（bang - bang 控制）产生 PWM 信号，将转矩的检测值和转矩给定值进行比较，使转矩波动限制在一定的容差范围内（容差的大小由频率调节器控制），直接对逆变器的开关状态进行最佳控制，以获得转矩的高动态性能，因而它省去了矢量旋转变换中的许多复杂计算，它不需要模仿直流电动机的控制，也不需要为解耦而简化交流电动机的数学模型。该系统的转矩响应迅速，限制在一拍以内，而且没有超调，是一种具有高静态和动态性能的交流调速方法。该系统的控制思路新颖，控制结构简单，控制手段直接，信号处理的物理概念明确。

变频器四种控制方式的特性比较见表 1-4。

表 1-4　变频器四种控制方式的特性比较

项目类别	压频比（U/f）控制	转差频率（SF）控制	矢量控制（VC）	直接转矩控制
加、减速特性	加、减速控制有限度，四象限运转时在零速度附近有空载时间、过电流抑制能力小	加、减速控制有限度（比 U/f 有一定提高），四象限运转时通常在零速度附近空载时间、过电流抑制能力一般	加、减速控制无限度，可进行四象限连续运转，过电流抑制能力强	加、减速控制无限度，可进行四象限连续运转，过电流抑制能力强

（续）

项目类别		压频比（U/f）控制	转差频率（SF）控制	矢量（VC）控制	直接转矩控制
速度控制	范围	1:10	1:20	1:100 以上	1:100 以上
	响应	——	5～10 rad/s	30～100 rad/s	50～200 rad/s
	控制精度	根据负载条件转差频率发生变动	与速度检出精度、控制运算精度有关	模拟最大值的0.5%，数字最大值的0.05%	模拟最大值的0.2%数字最大值的0.01%
转矩控制		原理上不可能	除车辆调速以外，一般不适用	适用，控制静止转矩	适用，可以控制动态转矩
通用性		基本不需要因电动机的特性差异进行调整	需要根据电动机特性给定转差频率	按电动机不同特性需要给定磁场电流、转矩电流、转差频率等多个控制量	按电动机不同特性需要给定转速、转矩、磁通频率等多个控制量
控制构成		最简单	较简单	复杂	复杂

任务1.4　认识变频器

1.4.1　变频器的功能

1. 变频器的优化功能

（1）节能特性　当异步电动机以某一固定转速 n_1，拖动一固定负载 T_L时，其定子电压 U_X与定子电流 I_1之间有一定的函数关系，如图1-63所示。

在曲线①中可清楚看到存在着一个定子电流 I_1 为最小的工作点 A，在这一点电动机获取的电功率最小，也就是最节能的运行点。当异步电动机所带的负载发生变化，由 T_L变化至 T'_L时，电动机转速稳定在 n'_1，此时的 $I_1=f(U_X)$曲线变成曲线②，同样也存在着一个最佳节能的工作点 B。

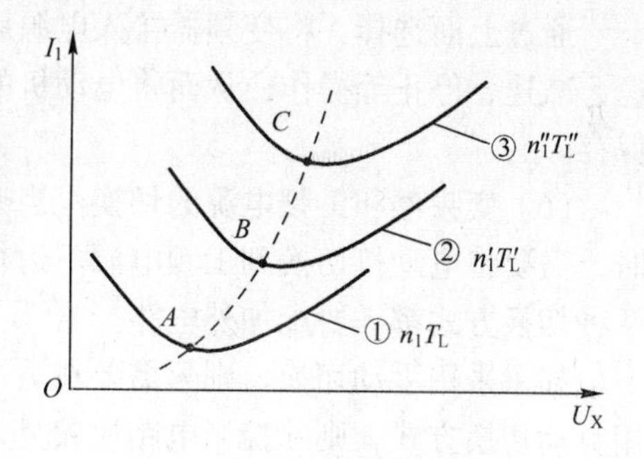

图1-63　不同负载时的最佳工作点

对于风机、水泵等二次方律负载在稳定运行时，其负载转矩及转速都基本不变。如果能使其工作在最佳的节能点，就可以达到最佳的节能效果。很多变频器都提供了自动节能功能，只需用户选择“用”，变频器就可以自动搜寻最佳工作点，以达到节能的目的。需要说明的是，节能运行功能只在 U/f 控制时起作用，如果变频器选择了矢量控制，则该功能将被自动取消，因为在所有的控制功能中，矢量控制的优先级最高。

（2）PID 控制特性　很多变频器都提供了 PID 控制特性功能，具体实现方法见学习情境2的任务2.4。

（3）自动电压调整特性　自动电压调整特性，很多变频器根据其英文缩写也称为 AVR 功能。变频器的输出电压会随着输入电压的变化而变化，如果输入电压下降，则会引起变频器的输出电压也下降，这会影响电动机的带负载能力，而这种影响是不可控制的。若选择了AVR 功能有效，遇到这种情况，变频器就会适当提高其输出电压，以保证电动机的带负载能力不变。

（4）瞬间停电再起动特性　该功能的作用是在发生瞬时停电又复电时，使变频器仍然能够根据原定的工作条件自动进入运行状态，从而避免进行复位、再起动等繁琐操作，保证整个系统的连续运行。该功能的具体实现是在发生瞬时停电时，利用变频器的自动跟踪功能，使变频器的输出频率能够自动跟踪与电动机实际转速相对应的频率，然后再升速，返回至预先给定的速度。

通常，当瞬时停电时间在 2 s 以内时，可以使用变频器的这个功能。大多数变频器在使用该功能时，只需选择“用”或“不用”。有的变频器还需输入一些其他的参数，如再起动缓冲时间等。

（5）电动机参数的自动调整　当变频器的配用电动机符合变频器说明书的使用要求时，用户只需要输入电动机的极数、额定电压等参数，变频器就可以在自己的存储器中找到该类电动机的相关参数。当选用的变频器和电动机不配套（如电动机型号不配套）时，变频器往往不能准确地得到电动机的参数。

在采用开环控制时，这种矛盾并不突出；而选择矢量控制时，系统的控制是以电动机参数为依据的，此时电动机参数的准确性就显得非常重要。为了提高矢量控制的效果，很多变频器都提供了电动机的自动调整功能，对电动机的参数进行测试。测试时，首先将变频器和配套电动机按要求接线，然后按以下步骤操作：

1）选择矢量控制。

2）输入电动机额定值，如额定电压、电流、频率等。

3）选择自动调整的方式为“用”或“不用”。

通过上面选择，将变频器接入电源后空转一会儿；也有的变频器需先后对电动机实施加速、减速、停止等操作，从而将电动机的定子电阻、转子电阻、电感等参数计算出来并自动保存。

（6）变频器和工频电源的切换　当变频器出现故障或电动机需要长期在工频频率下运行时，需要将电动机切换到工频电源下运行。变频器和工频电源的切换有手动和自动两种，这两种切换方式都需要配加外电路。

如果采用手动切换，则只需要在适当的时候用人工来完成，控制电路比较简单；如果采用自动切换方式，则除控制电路比较复杂外，还需要对变频器进行参数预置。大多数变频器常用下面两项选择：

1）报警时的工频电源/变频器切换选择。

2）自动变频器/工频电源切换选择。

只需要在上面两个选项中选择“用”，那么当变频器出现故障报警或由变频器起动的电动机运行达到工频频率后，变频器的控制电路会使电动机自动脱离变频器，改由工频电源供电。

2. 变频器的保护功能

（1）过电流保护　过电流是指变频器的输出电流的峰值超出了变频器的容许值。由于逆变器的过载能力很差，大多数变频器的过载能力都只有 150%，允许持续时间为 1min。因此变频器的过电流保护就显得尤为重要。

在大多数的拖动系统中，由于负载的变动，短时间的过电流是不可避免的。为了避免频繁跳闸给生产带来的不便，一般的变频器都设置了失速防止功能（防止跳闸功能），只有在该功能不能消除过电流或过电流峰值过大时，变频器才会跳闸，停止输出。

如果过电流发生在加、减速过程中，变频器暂停加、减速（维持不变），待过电流消失后再进行加、减速，如图 1-64 所示。

如果过电流发生在恒速运行时，变频器会适当降低其输出频率，待过电流消失后再使输出频率恢复为原来的值，如图 1-65 所示。

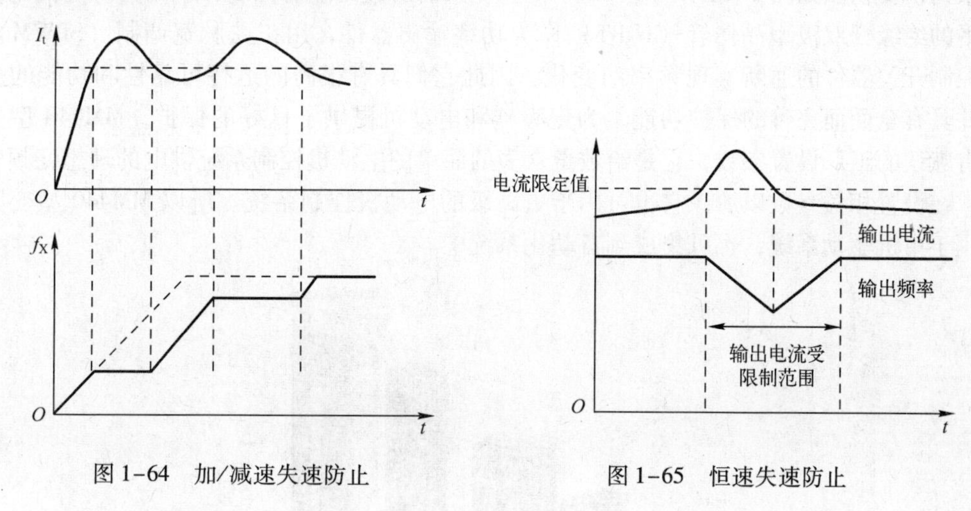

图 1-64　加/减速失速防止

图 1-65　恒速失速防止

（2）电动机过载保护　在传统的电力拖动系统中，通常采用热继电器对电动机进行过载保护。热继电器具有反时限特性，即电动机的过载电流越大，电动机的温升增加越快，容许电动机持续运行的时间就越短，继电器的跳闸也越快。

变频器中的电子热敏器，可以很方便地实现热继电器的反时限特性。它能检测变频器的输出电流，并和存储单元中的保护特性进行比较。当变频器的输出电流大于过载保护电流时，电子热敏器将按照反时限特性进行计算，算出允许电流持续的时间，如果在此时间内过载情况消失，则变频器工作依然是正常的，但若超过此时间过载电流仍然存在，则变频器将跳闸，停止输出。使用变频器的该功能，只适用于一个变频器带一台电动机的情况。如果一个变频器带有多台电动机，则由于电动机的容量比变频器小得多，变频器将无法对电动机的过载进行保护，通常要在每个电动机上再加装一个热继电器。

（3）过电压保护　产生过电压的原因，大致可分为两大类：一类是在减速制动的过程中，由于电动机处于再生制动状态，若减速时间设置得太短，因再生能量来不及释放，引起变频器中间电路的直流电压升高而产生过电压；另一类是由于电源系统的浪涌电压而引起的过电压。对于电源过电压的情况，变频器规定：电源电压的上限一般不能超过电源额定电压的 10%。如果超过该值，则变频器将会跳闸。

对于在减速过程中出现的过电压，也可以采用暂缓减速的方法来防止变频器跳闸。可以由用户给定一个电压的限值，在减速的过程中若出现直流电压超过，则暂停减速。

（4）欠电压保护和瞬间停电处理　当电网电压过低时，会引起变频器直流中间电路的电压下降，从而使变频器的输出电压过低并造成电动机输出转矩不足和过热现象。而欠电压保护的作用，就是在变频器的直流中间电路出现欠电压时，使变频器停止输出。

当电源出现瞬间停电时，直流中间电路的电压也将下降，并可能出现欠电压的现象。为了使系统在出现这种情况时，仍能继续正常工作而不停车，现代的变频器大部分都提供了瞬时停电再起动功能。

1.4.2 MM440 型变频器概述

MICROMASTER440 变频器简称 MM440 型变频器，是用于控制三相交流电动机速度的变频器系列，实物图如图 1-66 所示。MM440 型变频器由微处理器控制，采用具有现代先进技术水平的绝缘栅双极型晶体管（IGBT）作为功率输出器件，用正弦脉宽调制（SPWM）的方式控制开关器件的通断实现频率的变化，因此它们具有很高的运行可靠性和功能的多样性，并具有全面而完善的保护功能，为变频器和电动机提供了良好的保护。MM440 型变频器具有默认的工厂设置参数，它是给数量众多的简单的电动机控制系统供电的理想变频驱动装置。在设置相关参数以后，它也可用于更高级的电动机控制系统。所以 MM440 型变频器既可用于单机驱动系统，也可集成到自动化系统中。

图 1-66　MM440 型变频器系列实物图

1. MM440 型变频器的技术规格

MM440 型变频器有多种型号供用户选用，在恒定转矩（CT）控制方式下额定功率范围为 120 W ~ 200 kW，在可变转矩（VT）控制方式下额定功率可达到 250 kW，具体的技术规格见表 1-5。

表 1-5　MM440 型变频器的技术规格

特　　性	技 术 规 格
电源电压和功率范围	1 ~ （200 ~ 240）（1 ± 10%）V　恒定转矩时：0.12 ~ 3.0kW 3 ~ （200 ~ 240）（1 ± 10%）V　恒定转矩时：0.12 ~ 45.0kW　可变转矩时：5.5 ~ 45.0kW 3 ~ （380 ~ 480）（1 ± 10%）V　恒定转矩时：0.37 ~ 200kW　可变转矩时：7.5 ~ 250kW 3 ~ （500 ~ 600）（1 ± 10%）V　恒定转矩时：0.75 ~ 75.0kW　可变转矩时：1.50 ~ 90.0kW
输入频率	47 ~ 63 Hz
输出频率	0 ~ 650 Hz
功率因数	0.98

（续）

特性		技术规格
变频器的效率		外形尺寸 A ~ F：96% ~97% 外形尺寸 FX ~ GX：97% ~98%
过载能力	恒定转矩（CT）	外形尺寸 A ~ F：1.5 × 额定输出电流（150% 过载），持续时间 60 s，间隔 300 s 以及 2 × 额定输出电流（200% 过载），持续时间 3 s，间隔周期时间 300 s 外形尺寸 FX ~ GX：1.36 × 额定输出电流（136% 过载），持续时间 57 s，间隔 300 s 以及 1.6 × 额定输出电流（160% 过载），持续时间 3 s，间隔周期时间 300 s
	可变转矩（VT）	外形尺寸 A ~ F：1.1 × 额定输出电流（110% 过载），持续时间 60 s，间隔 300 s 以及 1.4 × 额定输出电流（140% 过载），持续时间 3 s，间隔周期时间 300 s 外形尺寸 FX ~ GX：1.1 × 额定输出电流（110% 过载），持续时间 59 s，间隔 300 s 以及 1.5 × 额定输出电流（150% 过载），持续时间 1 s，间隔周期时间 300 s
合闸冲击电流		小于额定输入电流
控制方法		线性 *U/f* 控制，带 FCC（磁通电流控制）功能的线性 *U/f* 控制，多点 *U/f* 控制，适用于纺织工业的 *U/f* 控制，带独立电压设定值的 *U/f* 控制，无传感器矢量控制，无传感器矢量转矩控制，带编码器反馈的速度控制，带编码器反馈的转矩控制
固定频率		15 个，可编程
跳转频率		4 个，可编程
设定值的分辨率		0.01 Hz 数字输入，0.01 Hz 串行通信输入，10 位二进制模拟量输入（电动电位计 0.1 Hz）
数字输入		6 个，可编程（带电位隔离），可切换高电平/低电平有效（PNP/NPN）
模拟输入		2 个，可编程，两个输入可作为第 7 和第 8 个数字输入进行参数化 0 ~ 10 V，0 ~ 20 mA 和 -10 ~ 10 V（AIN1） 0 ~ 10 V，0 ~ 20 mA（AIN2）
继电器输出		3 个，可编程直流 30 V/5 A（电阻性负载），~250 V/2 A（电感性负载）
模拟输出		2 个，可编程（0 ~ 20 mA）
串行接口		RS - 485，可选 RS - 232
制动		直流注入制动、复合制动、动力制动 外形尺寸 A ~ F，带内置制动单元 外形尺寸 FX 和 GX，带外接制动单元
防护等级		IP20
温度范围		外形尺寸 A ~ F：-10 ~ 50℃（CT）；-10 ~ 40℃（VT） 外形尺寸 FX 和 GX：0 ~ 55℃
存放温度		-410 ~ 70℃
相对湿度		<95%，无结露
工作地区的海拔		外形尺寸 A ~ F：海拔 1 000 m 以下不需要降低额定值运行 外形尺寸 FX 和 GX：海拔 2 000 m 以下不需要降低额定值运行
保护特征		欠电压，过电压，过负载，接地，短路，电动机失步保护，电动机锁定保护，电动机过温，参数连锁
标准		外形尺寸 A ~ F：UL，CUL，CE，C - tick 外形尺寸 FX 和 GX：UL，CUL，CE

注：NPN 是高电平有效，开关量电源用 9（+24 V），PNP 是负电平有效，开关量电源用 28（0 V）。AIN1 是第 1 路模拟量输入，AIN2 是第 2 路模拟量输入。A ~ F 和 FX ~ GX 表示 MM440 外形尺寸。IP20 表示防护等级。

2. MM440 型变频器的主要性能特征

1）具有矢量控制性能。两种矢量控制方式：无传感器矢量控制；带编码器的矢量控制。

2）具有 *U/f* 控制性能。磁通电流控制，改善了动态响应和电动机的控制特性；多点 *U/f* 控制特性。

3）具有快速电流限制功能，避免运行中不应有的跳闸。

4）具有复合制动功能，改善了制动特性；具有内置的制动单元（仅限外形尺寸为 A ~ F 型的 MM440 型变频器）。

5）加速/减速斜坡特性具有可编程的平滑功能；起始和结束段不带平滑圆弧。

6）具有比例、积分和微分（PID）控制功能的闭环控制。

1.4.3 MM440 型变频器的端子介绍

MM440 型变频器的电路分为两大部分：一部分是完成电能转换（整流、逆变）的主电路；另一部分是处理信息的收集、变换和传输的控制电路。MM440 变频器的接线图如图 1-67 所示。

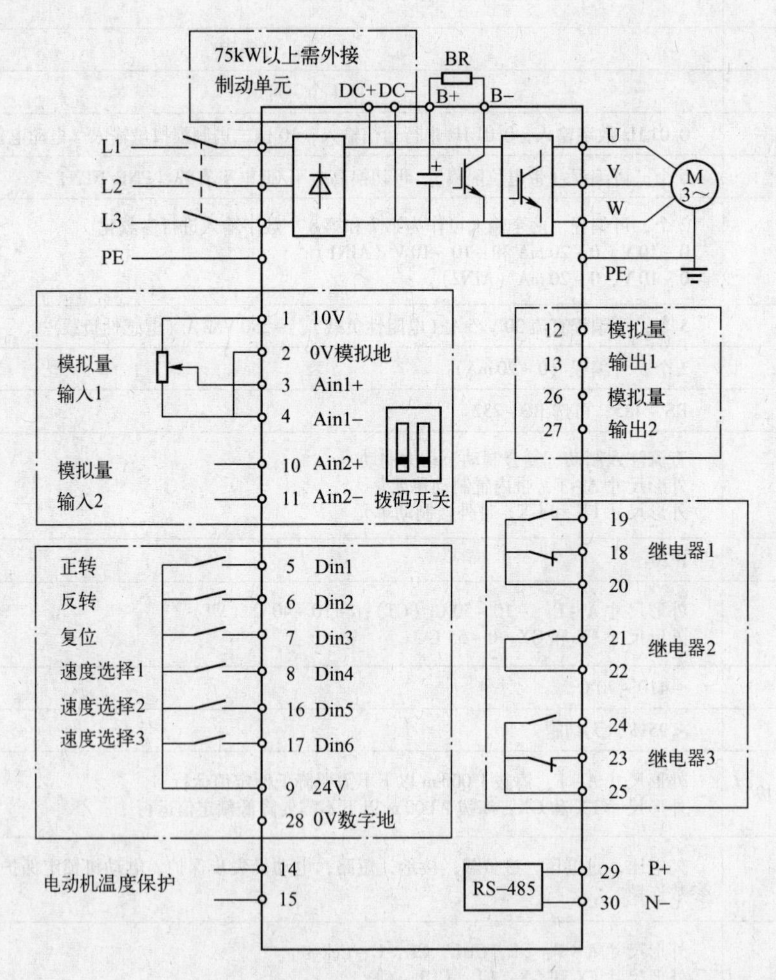

图 1-67 MM440 型变频器的接线图

（1）主电路　主电路是由电源输入单相或三相恒压恒频的正弦交流电压，经整流电路转换成恒定的直流电压，供给逆变电路。逆变电路在 CPU 的控制下，将恒定的直流电压逆变成电压和频率均可调的三相交流电供给电动机负载。由图 1-67 可知，MM440 型变频器直流环节采用电容滤波，属于电压型交-直-交变频器。

（2）控制电路　控制电路由 CPU、模拟量输入、模拟量输出、数字量输入、数字量输出、继电器触点、操作面板等组成，如图 1-67 所示。

端子 1、2 是变频器为用户提供的一个高精度的 10V 直流稳压电源。当采用模拟电压信号输入方式输入给定频率时，为了提高交流变频调速系统的控制精度，必须配备一个高精度的直流稳压电源作为模拟电压输入的直流电源。

模拟量输入端子 3、4 和 10、11 为用户提供了两对模拟电压给定输入端作为频率给定信号，经变频器内的模/数转换器，将模拟量转换成数字量，传输给 CPU 来控制系统。

数字量输入端子 5、6、7、8、16、17 为用户提供了 6 个完全可编程的数字输入端，数字输入信号经光耦合器隔离输入 CPU，对电动机进行正反转、正反向点动、固定频率设定值控制等。

输入端子 9、28 是 24 V 直流电源端，用来为变频器的控制电路提供 24 V 直流电源。

输出端子 12、13 和 26、27 为两对模拟输出端；输出端子 18、19、20、21、22、23、24、25 为输出继电器的触点；输入端子 14、15 为电动机过热保护输入端；输入端子 29、30 为 RS-485（USS 协议）端。

1.4.4 变频器的操作面板

MM 440 型变频器在标准供货方式时装有状态显示板（SDP），对于很多用户来说，利用 SDP 和制造厂的默认设置值，就可以使变频器成功地投入运行。如果工厂的默认设置值不适合所用的设备情况，则可以利用基本操作板（BOP）或高级操作板（AOP）修改参数，使之匹配。

1. 状态显示屏（SDP）的操作

状态显示屏（SDP）上有两个 LED 指示灯，用于指示变频器的运行状态，SDP 如图 1-68 所示。表 1-6 为变频器的运行状态指示情况。

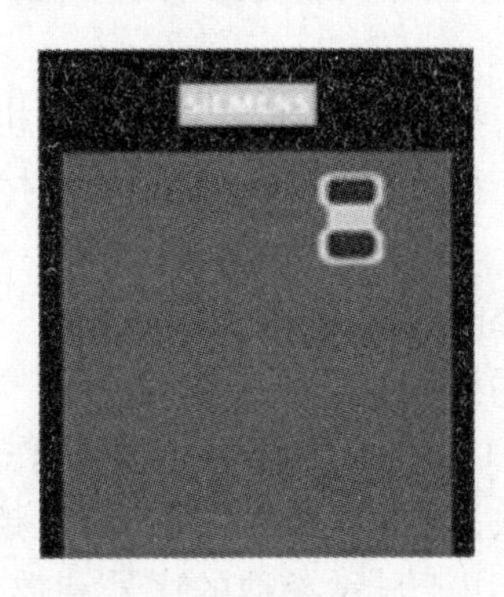

图 1-68　状态显示屏（SDP）

表 1-6　变频器的运行状态指示情况

LED 指示灯的状态		变频器的运行状态
绿色指示灯	黄色指示灯	
OFF	OFF	电源未接通
ON	ON	准备运行
ON	OFF	变频器正在运行

使用变频器上装设的 SDP 可进行以下操作：起动和停止电动机（数字输入 DIN1 由外接开关控制）、电动机反向（数字输入 DIN2 由外接开关控制）、故障复位（数字输入 DIN3 由外接开关控制）。按图 1-69 连接模拟输入信号，即可实现对电动机速度的控制。

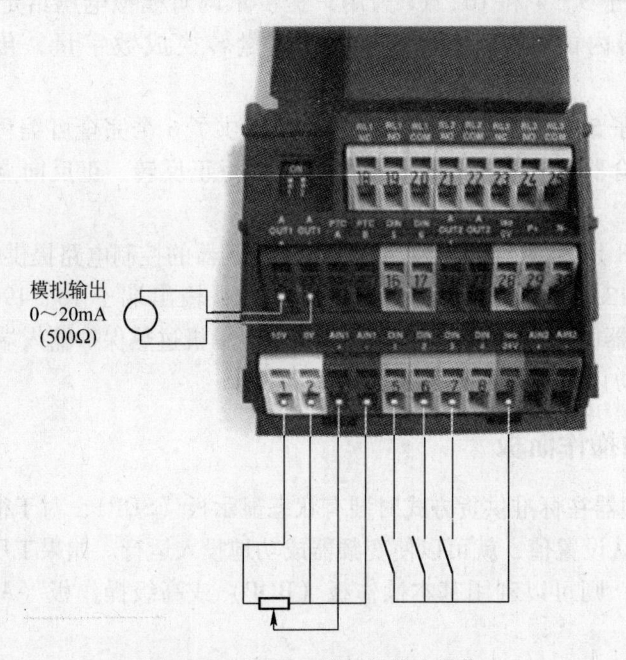

图 1-69　用 SDP 进行的基本操作

采用 SDP 进行操作时，变频器的预设定必须与以下的电动机数据兼容：额定功率、电压、额定电流、额定频率（建议采用西门子的标准电动机）。

此外，必须满足以下条件：

（1）按照线性 U/f 控制特性，由模拟电位计控制电动机速度。

（2）频率为 50 Hz 时最大速度为 3000 r/min（60 Hz 时为 3600 r/min），可通过变频器的模拟输入端用电位计控制。

（3）斜坡上升时间/斜坡下降时间 = 10 s。

2. 基本操作面板（BOP）的操作

基本操作面板（BOP）如图 1-70 所示。利用基本操作面板（BOP）可以更改变频器的各个参数。为了用 BOP 设置参数，首先必须将 SDP 从变频器上拆卸下来，然后装上 BOP。BOP 具有五位数字的七段显示，用于显示参数的序号和数值，报警和故障信息，以及该参数的设定值和实际值。BOP 不能存储参数的信息。基本操作面板（BOP）上的按键及其功能说明见表1–7。

图1–70　基本操作面板（BOP）

表1–7　基本操作面板（BOP）上的按键及其功能说明

显示/按钮	功　能	功能描述
r0000	状态显示	LCD显示变频器当前的设定值
(I)	起动电动机	按此键起动变频器。默认值运行时此键是被封锁的。为了使此键的操作有效，应设定P0700 = 1
(O)	停止电动机	OFF1：按此键，变频器将按选定的斜坡下降速率减速停车。默认值运行时此键被封锁；为了允许此键操作，应设定P0700 = 1 OFF2：按此键两次（或一次，但时间较长）电动机在惯性作用下自由停车。此功能总是"使能"的
(反转)	改变电动机的转动方向	按此键可以改变电动机的转动方向。电动机的反向用负号（–）表示或用闪烁的小数点表示。默认值运行时此键是被封锁的，为了使此键的操作有效，应设定P0700 = 1
(jog)	电动机点动	在变频器无输出的情况下按此键，将使电动机起动，并按预设定的点动频率运行。释放此键时，变频器停车。如果变频器/电动机正在运行，按此键将不起作用
(Fn)	功能	此键用于浏览辅助信息。变频器运行过程中，在显示任何一个参数时按下此键并保持2 s内不动，将显示以下参数值： 1. 直流回路电压（用d表示，单位：V） 2. 输出电流（A） 3. 输出频率（Hz） 4. 输出电压（用o表示，单位：V） 5. 由P0005选定的数值（如果P0005选择显示上述参数中的任何一个（3，4或5），这里将不再显示） 连续多次按下此键，将轮流显示以上参数 跳转功能：在显示任何一个参数（rXXXX或PXXXX）时短时间按下此键，将立即跳转到r0000，如果需要的话，您可以接着修改其他的参数。跳转到r0000后，按此键将返回原来的显示点 退出：在出现故障或报警的情况下，按(Fn)键可以将操作板上显示的故障或报警信息复位
(P)	访问参数	按此键即可访问参数
(▲)	增加数值	按此键即可增加面板上显示的参数数值
(▼)	减少数值	按此键即可减少面板上显示的参数数值

3. 高级操作面板（AOP）的操作

高级操作面板（AOP）如图1-71所示。高级操作面板（AOP）是可选件。它具有以下特点：

图1-71　高级操作面板（AOP）

1）清晰的多种语言文本显示。

2）多组参数组的上装和下载功能。

3）可以通过PC编程。

4）具有连接多个站点的能力，最多可以连接30台变频器。

1.4.5　变频器的参数介绍

变频器控制电动机运行，其各种性能和运行方式的实现均需要设定变频器参数，不同的参数都定义为某一具体功能，不同的变频器参数的多少也是不一样的。正确地理解并设置这些参数是应用变频器的基础。

1. MM440参数介绍

变频器的参数只能用基本操作面板（BOP）、高级操作面板（AOP）或者通过串行通信接口进行修改。MM440型变频器的参数格式包括参数号、参数名称、用户访问级、数据类型、单位、最大值、最小值、默认值、使能有效等。

(1) 参数号　参数号是指该参数的编号。参数号用4位数字0000～9999表示。在参数号的前面冠以一个小写字母“r”时，表示该参数是“只读”的参数，其他所有参数号的前面都冠以一个大写字母“P”。这些参数的设定值可以直接在标题栏的“最小值”和“最大值”范围内进行修改。[下标] 表示该参数是一个带下标的参数，并且指定了下标的有效序号。

(2) 参数名称　参数名称是指该参数的名称。有些参数名称的前面冠以缩写字母BI、BO、CI和CO，其意义如下：

1）BI =：二进制数据方式互连输入，表示该参数可以选择和定义输入的二进制数据信号源。

2）BO =：二进制数据方式互连输出，表示该参数可以选择输出的二进制数据功能，或作为用户定义的二进制信号输出。

3）CI =：模拟量互连输入，表示该参数可以选择和定义输入的模拟量数据信号源。

4）CO =：模拟量互连输出，表示该参数可以选择输出的模拟量数据功能，或作为用户定义的模拟量信号输出。

5）CO/BO =：模拟量/二进制数据互连输出，表示该参数可以作为模拟量信号或二进制数据信号输出，或由用户定义。

（3）Cstat：Cstat 是指参数的调试状态。可能有三种状态：调试 C、运行 U 和准备运行 T。它表示该参数在何时允许进行修改。对于一个参数，可以指定一种、两种或者全部三种状态。如果三种状态都指定了，就表示这一参数的设定值在变频器的上述三种状态下都可以进行修改。

（4）使能有效　表示该参数是否可以立即修改，或者通过按下操作面板上的 P 确认键以后才能使新输入的数据有效，即确认该参数。

（5）数据类型　数据类型包括 U16：16 位无符号数，U32：32 位无符号数，I16：16 位整数，I32：32 位整数，Float：浮点数。

（6）最小值　最小值是指该参数可以设置的最小数值。

（7）最大值　最大值是指该参数可以设置的最大数值。

（8）默认值（也称缺省值）默认值是指该参数的默认数据，如果用户不对该参数指定数值，变频器就采用出厂时设定的数值作为该参数的值。

（9）参数组　参数组是指具有特定功能的一组参数。参数 P0004（参数过滤器）的作用是根据所选定的一组功能，对参数进行过滤（或筛选），并集中对过滤出的一组参数进行访问。

（10）访问级别　用户访问级别是指允许用户访问参数的等级。变频器共有 4 个访问等级：标准级、扩展级、专家级和维修级。每个功能组中包含的参数取决于参数 P0003（用户访问等级）设定的访问等级。

2. 使用操作面板设置变频器的参数

（1）设置普通变频器参数　以更改参数 P0004 数值为例，说明变频器普通参数的设置方法。具体步骤见表 1-8。

表 1-8　更改参数 P0004 数值的步骤

操作步骤	显示结果
1. 按 P 访问参数	r0000
2. 按 ▲ 直到显示出 P0004	P0004
3. 按 P 进入参数数值访问级	0
4. 按 ▲ 或 ▼ 达到所需要的数值	7
5. 按 P 确认并存储参数的数值	P0004
6. 使用者只能看到数字量 I/O 的参数	

（2）设置变频器的下标参数　以更改参数 P0719 数值为例，说明变频器下标参数的设置方法。具体步骤见表 1-9。

表 1-9 更改参数 P0719 数值的步骤

操作步骤	显示结果
1. 按 P 访问参数	r0000
2. 按 ▲ 直到显示出 P0719	P0719
3. 按 P 进入参数数值访问级	in000
4. 按 P 显示参数的当前值	0
5. 按 ▲ 或 ▼ 达到所需要的数值	12
6. 按 P 确认并存储参数的数值	P0719
7. 按 ▼ 直到显示参数 r0000	r0000
8. 按 P 返回标准的变频器显示（由用户定义）	

修改变频器的参数值，有时变频器会出现 busy，表明变频器正在处理优先级别更高的任务。

（3）设置变频器参数数值中的某一位数字　在设置变频器的参数时，会遇到只需要修改参数中的某一位数字，为了快速修改参数中的一个数字，可以一个个逐一选中显示参数中的每一位数字，然后根据需要修改其中的各个数字。具体操作步骤是：首先进入到需要修改的参数数值访问级；接着按 Fn（功能键），最右边的一个数字闪烁，可以按 ▲或 ▼修改这位数字的数值；接着再按 Fn（功能键），相邻左边的一个数字闪烁，该位数字可以被修改；依此方法可以完成每一位数字的修改，直到显示出所需要的数值；最后按 P可以退出该参数数值访问级。

1.4.6 变频器的频率给定方式

要调节变频器的输出频率，必须首先向变频器提供改变频率的信号，这个信号称为给定信号。所谓给定方式，就是调节变频器输出频率的具体方法，也就是提供给定信号的方式。

1. 变频器的频率给定方式

（1）面板给定方式　通过面板上的键盘或电位器进行频率给定（调节频率）的方法，称为面板给定方式。面板给定又有两种情况：

1）键盘给定。频率的大小通过键盘上的增加键 ▲和减少键 ▼来进行给定。键盘给定属于数字量给定，精度较高。

2）电位器给定。部分变频器在面板上设置了电位器，频率大小也可以通过电位器来调节。电位器给定属于模拟量给定，精度稍低。

多数变频器在面板上并无电位器，故说明书中所说的“面板给定”，实际上就是键盘给定。

变频器的面板通常可以取下，通过延长线安置在用户操作方便的地方。同时变频器的操作面板的显示功能十分齐全，可直接显示运行过程中的各种参数以及故障代码等，故一般优先选择面板给定。

(2) 外部给定方式　从外部输入频率给定信号，来调节变频器输出频率的大小。主要的外部给定方式有：

1) 外接模拟量给定。通过外接给定端子从变频器外部输入模拟量信号（电压或电流）进行给定，并通过调节给定信号的大小来调节变频器的输出频率。模拟量可能是单极性或双极性的。模拟量给定信号的种类有：

① 电压信号。以电压大小作为给定信号。给定信号的范围有 0 ~ 10 V、2 ~ 10 V、0 ~ ±10 V、0 ~ 5 V、1 ~ 5 V、0 ~ ±5 V 等。

② 电流信号。以电流大小作为给定信号。给定信号的范围有 0 ~ 20 mA、4 ~ 10 mA 等。

为了消除干扰信号对频率给定信号的影响，在变频器接受模拟量给定信号时，通常先要进行数字滤波。

2) 外接数字量给定。通过外接开关量端子输入开关信号进行给定。这里也有两种方法：一是把开关做成频率的增大或减小键，开关闭合时给定频率不断增加或减小，开关断开时给定频率保持；二是用开关的组合选择设定好的固有频率，即多频段控制。

3) 外接脉冲给定。通过外接端子输入脉冲序列进行给定。

4) 通信给定。由 PLC 或计算机通过通信接口进行频率给定。

采用外接给定方式时，数字量给定时频率精度较高，数字量给定通常用按键操作，不易损坏，优先选择数字量给定。同时，电流信号在传输过程中，不受线路电压降、接触电阻及其压降、杂散的热电效应以及感应噪声等的影响，抗干扰能力较强，一般优先选择电流信号。但在距离不远的情况下，仍以选用电路简单的电压给定方式居多。

(3) 辅助给定方式　当变频器有两个或多个模拟量给定信号同时从不同的端子输入时，其中必有一个为主给定信号，其他为辅助给定信号。大多数变频器的辅助给定信号都是叠加到主给定信号（相加或相减）上去的。

变频器采用哪一种给定方式，须通过功能预置来事先决定。各种变频器的预置方法各不相同，MM440 变频器是通过参数 P1000（频率设定值的选择）、P0700（选择命令源）和 P0701 ~ P0704（数字输入 DIN1 ~ DIN4 功能）来设置的。

2. 频率给定线的设定及调整

(1) 频率给定线　由模拟量进行外接频率给定时，变频器的给定信号 x 与对应的给定频率 f_x 之间的关系曲线，称为频率给定线。这里的给定信号 x 既可以是电压信号 U_G，也可以是电流信号 I_G。

1) 基本频率给定线。在给定信号 x 从 0 增大至最大值 x_{max} 的过程中，给定频率 f_x 线性地从 0 增大到最大频率 f_{max} 的频率给定线称为基本频率给定线，其起点为（$x=0$；$f_x=0$）；终点为（$x=x_{max}$；$f_x=f_{max}$），如图 1-72 所示。

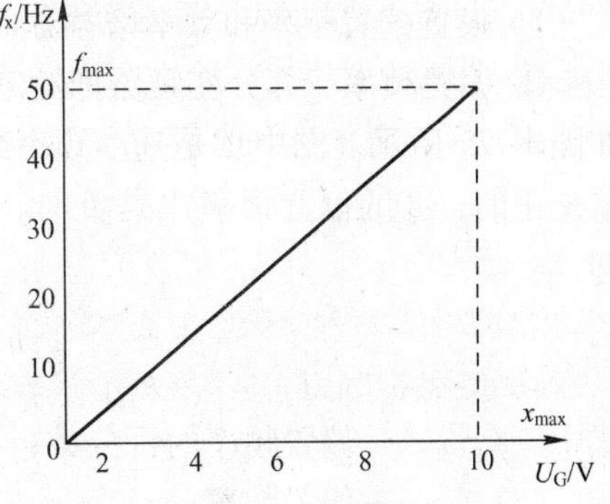

图 1-72　基本频率给定线

f_{max} 为最大频率，在数字量给定（包括键盘给定、外接升速/降速给定，外接多档转速给定等）时，是变频器允许输出的最高频率；在模拟量给定时，是与最大给定信号对应的频率。在基本频率给定线上，它是与终点对应的频率。

2）死区的设置。用模拟量给定信号进行正、反转控制时，“0”速控制很难稳定，在给定信号为“0”时，常常出现正转相序与反转相序的“反复切换”现象。为了防止这种“反复切换”现象，需要在“0”速附近设定一个死区，如图 1–73 所示。

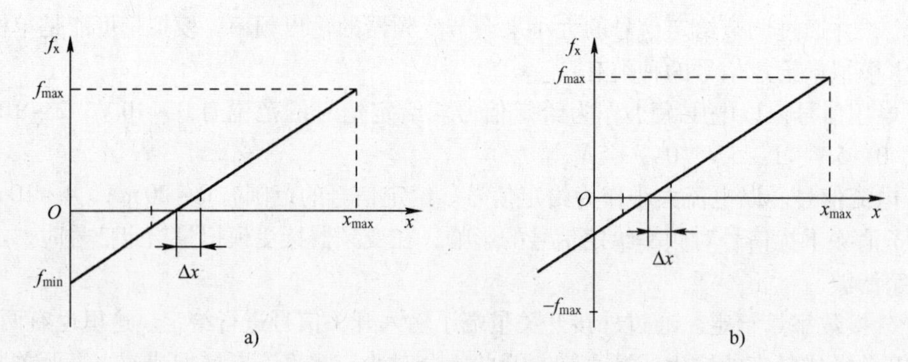

图 1–73　变频器的死区功能

a）给定信号为单极性　b）给定信号为双极性

MM440 型变频器通过参数 P0761 设置频率给定线死区的宽度。

3）有效“0”的设置。在给定信号为单极性的正、反转控制方式中，存在着一个特殊的问题，即万一给定信号因电路接触不良或其他原因而“丢失”，则变频器的给定输入端得到的信号为“0”，其输出频率将跳变为反转的最大频率，电动机将从正常工作状态转入高速反转状态。

在生产过程中，这种情况的出现是十分有害的，甚至有可能损坏生产机械。对此，变频器设置了一个有效“0”功能。也就是说，让变频器的实际最小给定信号不等于 0（$x_{min} \neq 0$），而当给定信号 $x=0$ 时，变频器将输出频率降至 0 Hz，如图 1–74 所示。

（2）频率给定线的调整方式　在生产实践中，常常遇到这样的情况：生产机械所要求的最低频率及最高频率常常不是 0Hz 和额定频率，或者说，实际要求的频率给定线与基本频率给定线并不一致。所以，需要对频率给定线进行适当的调整，使之符合生产实际的需要。

因为频率给定线是直线，所以调整的着眼点便是频率给定线的起点（当给定信号为最小值时对应的频率）和频率给定线的终点（当给定信号为最大值时对应的频率）。各种变频器的频率给定线的调整方式大致相同，一般有下面两种方式：

1）设置偏置频率和频率增益方式。

① 偏置频率。部分变频器把给定信号为“0”时的对应频率称为偏置频率，用 f_{BI} 表示，如图 1–75 所示。图中①是基本频率给定线，②和③是调整后的频率给定线，②的偏置频率 f_{BI} 是正的，③的偏置频率 f'_{BI} 是负的。偏置频率可直接用频率值 f_{BI} 表示或用百分数 $f_{BI}\%$ 表示，即

$$f_{BI}\% = \frac{f_{BI}}{f_{max}} \times 100\% \tag{1–17}$$

式中　$f_{BI}\%$——偏置频率的百分数；

f_{BI}——偏置频率；

f_{max}——变频器实际输出的最大频率。

② 频率增益。当给定信号为最大值 x_{max} 时，变频器的最大给定频率 f_{xm} 与实际最大输出频率 f_{max} 之比的百分数，用 $G\%$ 表示，即

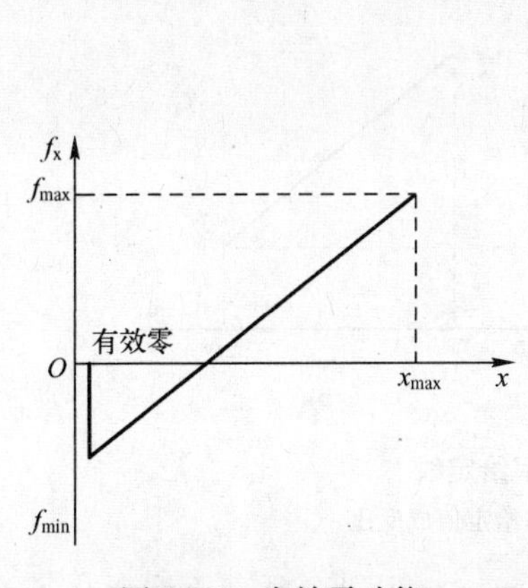

图 1-74　有效零功能

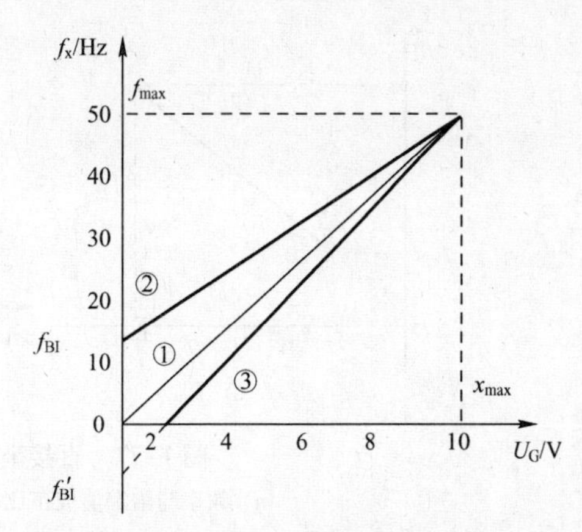

图 1-75　偏置频率曲线图

$$G\% = \frac{f_{xm}}{f_{max}} \times 100\% \tag{1-18}$$

式中　$G\%$——频率增益；

f_{max}——变频器预置的最大频率；

f_{xm}——虚拟的最大给定频率。

在这里，变频器的最大给定频率 f_{xm} 不一定与最大频率 f_{max} 相等。当 $G\% < 100\%$ 时，变频器实际输出的最大频率等于 f_{xm}，如图 1-76 中的曲线②所示（曲线①是基本频率给定线）；当 $G\% > 100\%$ 时，变频器实际输出的最大频率只能与 $G\% = 100\%$ 时相等，如图 1-76 中的曲线③所示。

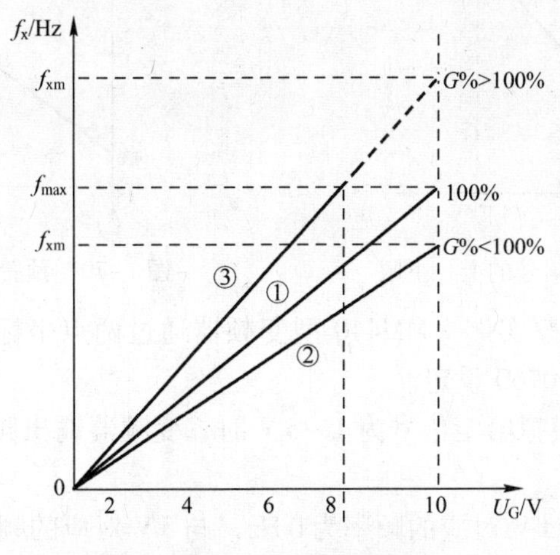

图 1-76　频率增益曲线图

2）设置坐标方式。部分变频器的频率给定线是通过预置其起点和终点的坐标来进行调整的。

① 直接坐标预置方式。如图 1-77 所示，通过直接预置起点坐标（x_{min}，f_{min}）与终点坐

标（x_{max}，f_{max}）来预置频率给定线，如图 1-77a 所示。如果要求频率与给定信号成反比，则起点坐标为（x_{min}，f_{max}）与终点坐标为（x_{max}，f_{min}），如图 1-77b 所示。

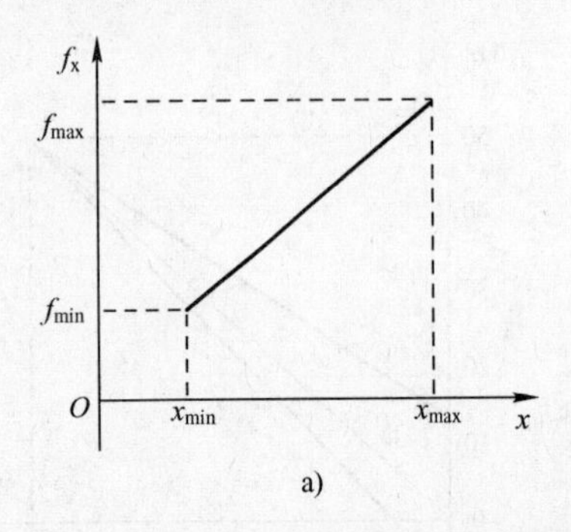

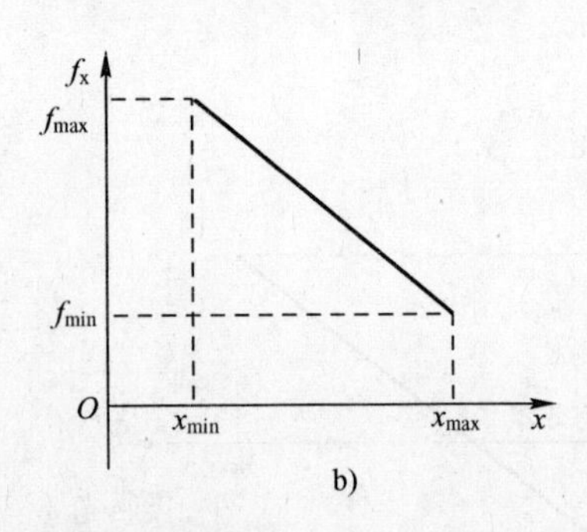

图 1-77　直接坐标预置频率给定线

a）频率与给定值成正比　b）频率与给定值成反比

② 预置上、下限值方式。有的变频器并不直接预置坐标点，而是通过预置给定信号或给定频率的上、下限值间接地进行坐标预置。具体来说，又有：

a）预置给定信号的上、下限值。

给定信号的最大值用 x_{max}（V 或 MA）表示；最小值用 x_{min}（V 或 MA）表示，也可以用百分数 $x_{min}\%$ 来表示。其中 $x_{min}\% = \frac{x_{min}}{x_{max}} \times 100\%$，如图 1-78 所示。

b）预置给定频率的上、下限值。

预置给定频率的上、下限值如图 1-79 所示。

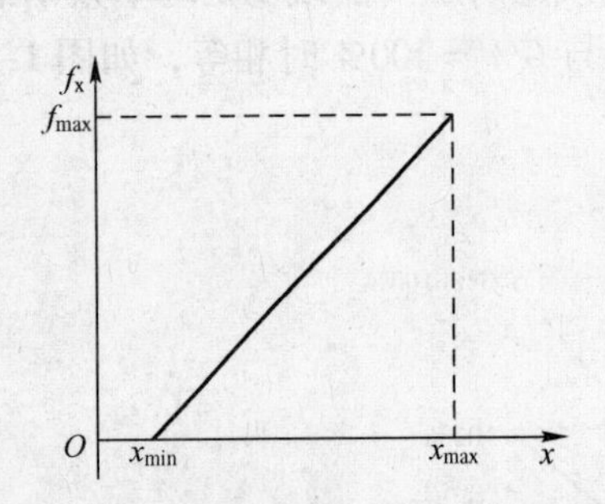

图 1-78　预置给定信号的上、下限

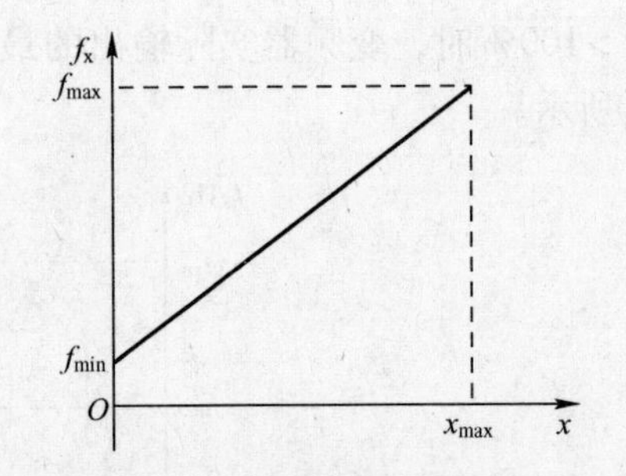

图 1-79　预置给定频率的上、下限

（3）频率给定线的调整实例　MM440 型变频器通过两点坐标调整频率给定线，由参数 P0757、P0758、P0759、P0760 设定。

1）某用户要求，当模拟给定信号为 1 ~ 5 V 时，变频器输出频率为 0 ~ 50 Hz。试确定频率给定线。

由控制要求可知，与 1 V 对应的频率为 0 Hz，与 5 V 对应的频率为 50 Hz，作出频率给定线如图 1-80 所示。

可直接得出：

起点坐标：P0757 = 1 V，P0758 = 0%。

终点坐标：P0759 = 5 V，P0760 = 100%。

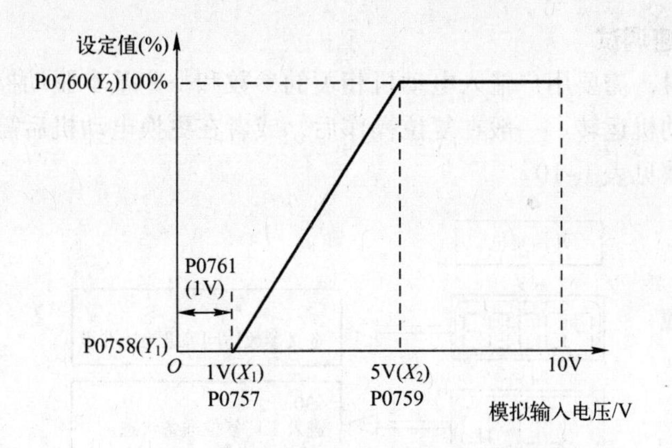

图 1-80 频率给定线的调整及参数设定 1

2）某用户要求，当模拟给定信号为 2 ~ 10 V 时，变频器输出频率为 -50 ~ 50 Hz。带有中心为“0”且宽度为 0.2 V 的死区。试确定频率给定线。

可见与 2 V 对应的频率为 -50 Hz，与 10 V 对应的频率为 50 Hz，作出频率给定线，如图 1-81 所示。

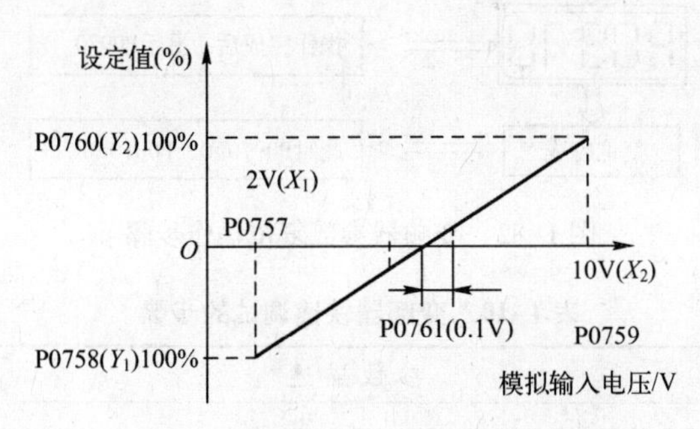

图 1-81 频率给定线的调整及参数设定 2

可直接得出：

起点坐标：P0757 = 2 V，P0758 = -100%。

终点坐标：P0759 = 10 V，P0760 = 100%。

死区电压：P0761 = 0.1 V。

1.4.7 MM440 型变频器的调试

通常一台新的 MM440 型变频器一般需要经过如下三个步骤调试：参数复位、快速调试和功能调试。

1. 变频器的参数复位

参数复位，是将变频器的参数恢复到出厂时的参数默认值。一般在变频器初次调试或者参数设置混乱时，需要执行该操作，以便于将变频器的参数值恢复到一个确定的默认状态。具体的操作步骤如图 1-82 所示。

在参数复位完成后，需要进行快速调试的过程。根据电动机和负载具体特性，在变频器的控制方式等信息进行必要的设置之后，变频器就可以驱动电动机工作了。

2. 变频器的快速调试

快速调试状态时，需要用户输入电动机相关的参数和一些基本驱动控制参数，使变频器可以良好地驱动电动机运转。一般在复位操作后，或者在更换电动机后需要进行此操作。变频器快速调试的步骤见表 1-10。

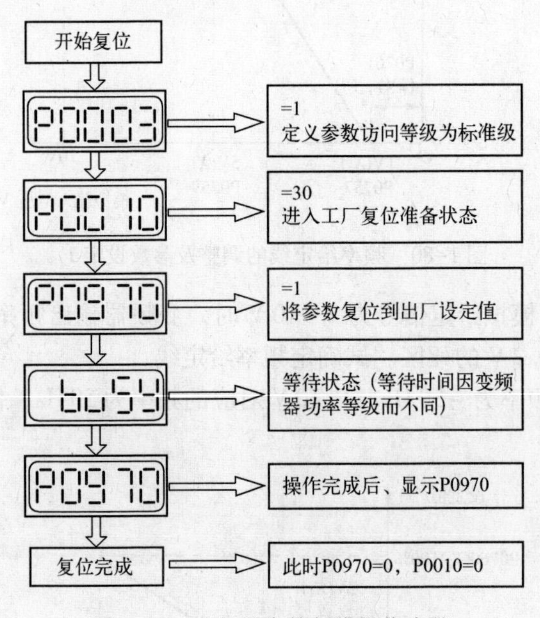

图 1-82 变频器参数复位操作步骤

表 1-10 变频器快速调试的步骤

参 数 号	参 数 描 述	推 荐 设 置
P0003	设置参数访问等级 =1 标准级（只需要设置最基本的参数） =2 扩展级 =3 专家级 =4 维修级	3
P0010	=1 快速开始调试 注意： 1. 只有在 P0010 = 1 的情况下，电动机的主要参数才能被修改，如：P0304、P0305 等 2. 只有在 P0010 = 0 的情况下，变频器才能运行	1
P0100	选择电动机的功率单位和电网频率 =0 单位 kW，频率 50 Hz =1 单位 HP(1HP = 0.75 kW)，频率 60 Hz =2 单位 kW，频率 60 Hz	0
P0205	变频器应用对象 =0 恒转矩（压缩机、传送带等） =1 变转矩（风机、泵类等）	0
P0300[0]	选择电动机类型 =1 异步电动机 =2 同步电动机	1
P0304[0]	电动机额定电压： 注意电动机实际接线（Y/△）	根据电动机铭牌

（续）

参 数 号	参数描述	推荐设置
P0305［0］	电动机额定电流： 注意电动机实际接线（Y/△） 如果驱动多台电动机，P0305的值要大于电流总和	根据电动机铭牌
P0307[0]	电动机额定功率： 如果P0100=0或2，单位是kW 如果P0100=1，单位是hp	根据电动机铭牌
P0308[0]	电动机功率因数	根据电动机铭牌
P0309[0]	电动机的额定效率 注意： 如果P0309设置为0，则变频器自动计算电动机效率 如果P0100设置为0，看不到此参数	根据电动机铭牌
P1000[0]	设置频率给定源 =1 BOP电动电位计给定（面板） =2 模拟量输入1通道（端子3、4） =3 固定频率 =4 BOP链路的USS控制 =5 COM链路的USS（端子29、30） =6 Profibus（CB通信板） =7 模拟输入2通道（端子10、11）	2
P1080[0]	限制电动机运行的最小频率	0
P1082[0]	限制电动机运行的最大频率	50
P1120[0]	电动机从静止状态加速到最大频率所需时间	10
P1121[0]	电动机从最大频率降速到静止状态所需时间	10
P1300[0]	控制方式选择 =0 线性 U/f，要求电动机的压频比准确 =2 平方曲线 U/f 控制 =20 无传感器矢量控制 =21 带传感器的矢量控制	0
P3900	结束快速调试 =1 电动机数据计算，并将除快速调试以外的参数恢复到出厂设定 =2 电动机数据计算，并将I/O设定恢复到工厂设定 =3 电动机数据计算，其他参数不进行工厂复位	3

3. 变频器的功能调试

功能调试，指用户按照具体生产工艺的需要进行的设置操作。这一部分的调试工作比较复杂，常常需要在现场进行多次调试。

学习情境2　变频器基本调速电路的装调

任务2.1　单向运行调速电路的装调

电动机单向运行调速电路在生产过程中是最常见、也是最简单的。采用变频器的操作面板实现电动机的单向运行调速是最直接的控制方法。为了电动机变频调速运行的性能满足生产机械的要求，还需要合理地设置变频器的相关参数。

2.1.1　面板控制单向调速电路的装调

利用变频器的操作面板实现电动机的单向运行，是通过 MM440 变频器的面板操作，完成电动机的起动、停止和调速功能。本任务需要学生将电动机与变频器连接起来，通过按键实现电动机的起动、频率的增加、减少和停止，并观察、记录变频器的运行参数。

一、任务目标

1. 熟悉 MM440 型变频器操作面板各按键的功能。
2. 掌握 MM440 型变频器参数设置的方法。
3. 学会 MM440 型变频器的基本接线方法。
4. 会观察 MM440 型变频器的运行参数。

二、任务基础

1. 变频器的硬件接线

变频器面板控制电动机的单向调速，硬件接线只需要将变频器的主电路接线端子分别与电源和电动机连接起来，不需要其他的外部接线。变频器的交流电源的输入端子 L1、L2、L3 一般是通过低压断路器与三相交流电源相连，变频器的输出端子 U、V、W 接到电动机的三个端子上，变频器的接地线与电动机的接地线连接在一起。变频器的硬件接线如图 2-1 所示。

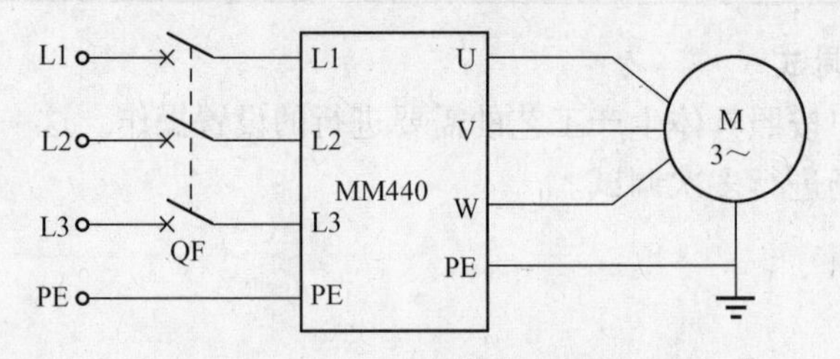

图 2-1　变频器的硬件接线

2. 相关的变频器参数介绍

（1）参数 P0003（用户的参数访问级）　P0003 用来定义用户访问参数的等级，分为 0～4级，设定值越大，用户能访问的参数越多，默认值是 1。P0003 具体定义见表 2-1。

表 2-1 **P0003 具体定义**

参数设定值	参数功能
P0003 = 0	用户定义的参数表
P0003 = 1	标准级
P0003 = 2	扩展级
P0003 = 3	专家级
P0003 = 4	维修级

（2）参数 P0004（参数过滤器） P0004 用来根据选定的功能，对参数进行过滤，并集中对过滤出的参数进行访问。P0004 具体定义见表 2-2。

表 2-2 **P0004 具体定义**

参数设定值	参数功能
P0004 = 0	全部参数
P0004 = 2	变频器参数
P0004 = 3	电动机参数
P0004 = 4	速度传感器参数
P0004 = 5	工艺应用对象/装置
P0004 = 7	命令、二进制 I/O
P0004 = 8	模拟量 I/O
P0004 = 10	设定值通道和斜坡函数发生器参数
P0004 = 12	驱动装置的特征
P0004 = 13	电动机的控制参数
P0004 = 20	通信
P0004 = 21	报警、警告和监控参数
P0004 = 22	PI 控制器参数

（3）参数 P0010（调试用的参数过滤器） P0010 设定值用来对与调试相关的参数进行过滤，只筛选出那些与特定功能组相关的参数，具体定义见表 2-3。

表 2-3 **P0010 具体定义**

参数设定值	参数功能
P0010 = 0	准备
P0010 = 1	快速调试
P0010 = 2	变频器
P0010 = 29	下载
P0010 = 30	工厂设定值

（4）电动机参数 为了使电动机与变频器相匹配，需设置电动机参数。常用的电动机参数见表 2-4。P0300 默认值是 1，设定电动机是异步电动机，P0304 设定电动机的额定电压，单位 V；P0305 设定电动机的额定电流，单位 A；P0307 设定电动机的额定功率，单位默认

为 kW；P0310 设定电动机的额定频率，默认为 50 Hz；P0311 设定电动机的额定转速，单位为 r/min。设置电动机参数前，需设置参数 P0010 = 1 时才能修改电动机参数，参数设定值可由电动铭铭牌获得。

表 2-4　常用的电动机参数

参数设定值	参 数 功 能
P0300 = 1	电动机的类型是异步电动机
P0304 = 220	设定电动机的额定电压
P0305 = 1.93	设定电动机的额定电流
P0307 = 0.37	设定电动机的额定功率
P0308 = 0.85	设置电动机的额定功率因数
P0309 = 80	设置电动机的额定效率
P0310 = 50	设定电动机的额定频率
P0311 = 1400	设定电动机的额定转速

（5）参数 P0700　P0700 用来选择变频器控制信号源，具体定义见表 2-5。

表 2-5　P0700 具体定义

参数设定值	参 数 功 能
P0700 = 0	工厂的默认设置
P0700 = 1	BOP 面板设置
P0700 = 2	由端子排输入
P0700 = 4	BOP 链路的 USS 设置
P0700 = 5	COM 链路的 USS 设置
P0700 = 6	COM 链路通信板 CB 设置

（6）参数 P0970　P0970 用来进行工厂复位设置，具体定义见表 2-6。

表 2-6　P0970 具体定义

参数设定值	参 数 功 能
P0970 = 0	禁止复位
P0970 = 1	参数复位

工厂复位前，必须设置 P0010 = 30。

（7）参数 P1000　P1000 用来选择设定频率的信号源，主设定值由个位数字选择，附加设定值由十位数字选择。P1000 具体定义见表 2-7。

表 2-7　P1000 具体定义

参数设定值	参 数 功 能
P1000 = 0	无主设定值
P1000 = 1	MOP（电动电位计）设定值
P1000 = 2	模拟设定值

（续）

参数设定值	参数功能
P1000 = 3	固定频率
P1000 = 4	通过 BOP 链路的 USS 设定
P1000 = 5	通过 COM 链路的 USS 设定
P1000 = 6	通过 COM 链路的 CB 设定
P1000 = 7	模拟设定值 2
P1000 = 12	模拟设定值 + MOP 设定值

（8）参数 P0005　P0005 用来选择参数 r0000 的显示，访问等级为 2，具体定义见表 2-8。

表 2-8　P0005 具体定义

参数设定值	参数功能
P0005 = 20	变频器的实际设定频率
P0005 = 21	变频器的实际频率
P0005 = 22	电动机的实际转速
P0005 = 25	变频器的输出电压
P0005 = 26	直流回路电压实际值
P0005 = 27	变频器输出电流实际值

按住 Fn 持续 2 s，可以轮流显示变频器实际频率、电动机的转速、直流中间电路电压、输出电压、输出电流以及所选择 r0000 设定的值。

三、任务实施

1）按图 2-1 将电源、电动机、变频器连接好。

2）接通变频器电源，观察变频器显示；若已经有显示，设置变频器的相关参数，具体过程如下：

① 变频器的参数复位，相关的参数设置见表 2-9。

表 2-9　变频器参数复位的参数设置

序　号	参数设定值	参数功能
1	P0003 = 1	设置用户参数访问等级为标准级
2	P0010 = 30	工厂设定值
3	P0970 = 1	开始参数复位

② 设置电动机参数，相关的参数设置见表 2-10。

表 2-10　电动机参数设置

序　号	参数设定值	参数功能
1	P0010 = 1	开始快速调试
2	P0304 = 220	设定电动机的额定电压
3	P0305 = 1.93	设定电动机的额定电流
4	P0307 = 0.37	设定电动机的额定功率

（续）

序　　号	参数设定值	参 数 功 能
5	P0310 = 50	设定电动机的额定频率
6	P0311 = 1400	设定电动机的额定转速
7	P3900 = 1	结束快速调试

③ 设置其他功能参数，变频器的起动、停止和频率给定信号参数见表 2-11。

表 2-11　变频器的控制和频率给定信号参数设置

序　　号	参数设定值	参 数 功 能
1	P0700 = 1	用面板控制变频器起停
2	P1000 = 1	用面板设置变频器频率

3）变频器控制电动机运行的调试与数据记录。

① 相关参数设置完毕，按下变频器操作面板上的按键，观察电动机是否转动。若电动机已经运转，再按下变频器操作面板上的和按键，观察电动机是否能加减速运行。若电动机不能运行或者运行速度没有变化，请检查前面的操作是否有误。在电动机正常运行的情况下，通过改变参数 P0005，分别观察变频器的运行参数和电动机的转速，然后按表 2-12记录变频器和电动机的运行数据（显示转速 P0005 = 22）。

表 2-12　单向调速变频器运行参数数据记录

f/Hz	10	20	30	40	50
I/A					
U/V					
n/（r/min）					

② 数据记录完毕，按下变频器操作面板上的按键，让电动机停止。

四、任务检测

1. 预期成果

1）能正确连接电源、变频器和电动机的接线。

2）能将变频器的参数恢复到出厂值。

3）能根据电动机的铭牌数据设置变频器中电动机的相关参数。

4）能操作基本操作面板，实现电动机的起动、调速和停止。

5）能根据调速情况，观察、记录变频器和电动机的运行参数。

2. 检测要素

1）电源、变频器与电动机硬件接线的正确性。

2）变频器的面板操作及参数设置的熟练程度和正确性。

3）变频器显示数据的读取方法和正确性。

4）文明施工、纪律安全、团队合作、设备工具管理等。

3. 评价要素

面板控制电动机单向调速评价要素见表 2-13。

表 2-13 面板控制电动机单向调速评价要素

评价内容	权重（%）	学习情况记录
正确连接电源、变频器与电动机的硬件接线	10	
能完成变频器的参数复位、会合理设置变频器的相关参数	30	
熟练使用变频器的基本操作面板	30	
会正确读变频器的运行参数	10	
施工合理、操作规范，在规定时间内正确完成任务象	10	
安全施工、质量、文明、团队意识强（工具保管、使用、收回情况；设备摆放、场地整理情况），无旷课、迟到现象	10	
总得分		

2.1.2 变频器设置电动机的运行性能

变频器起动和制动时，若频率上升或下降过快，可能会造成加速中的过电流故障和减速过程中的过电压故障；相反，若频率上升或下降的速度过慢，会延长拖动系统的过渡过程，对某些频繁起停的机械来说，将会降低生产效率。因此，在工艺允许的条件下，可从保护设备的目的出发，合理设置变频器和电动机运行参数，使设备可以平滑起停，实现高效节能运行。本任务主要完成变频器的各种频率参数和电动机运行性能相关的参数设置以及运行调试。

一、任务目标

1. 掌握各种频率的含义和参数设置的方法。
2. 掌握电动机运行性能相关的参数以及设置的方法。
3. 能通过变频器的参数合理设置电动机的运行性能。
4. 能根据负载的特点，合理设置变频器的相关参数。

二、任务基础

1. 变频器的频率参数

（1）变频器的基本频率参数

1）给定频率。

给定频率即用户根据生产工艺的需求所设定的变频器输出频率。例如：原来工频供电的风机电动机现改为变频调速供电，就可设置给定频率为50Hz，其设置方法有两种：一种是用变频器的基本操作面板来输入设定频率的数值；另一种是从控制接线端上用外部给定（电压或电流）信号进行调节，最常见的形式就是通过外接电位器来调节。

MM440 型变频器给定频率的参数是 P1040；若用外部信号设定给定频率，需要先设定给定频率的信号源参数 P1000 是外部信号。

2）输出频率。

输出频率即变频器实际输出的频率。当电动机所带的负载变化时，为使拖动系统稳定，此时变频器的输出频率会根据系统情况不断地调整，因此输出频率是在给定频率附近经常变化的。从另一个角度来说，变频器的输出频率就是整个拖动系统的运行频率。

3）基准频率。

基准频率也叫基本频率，用f_b表示。一般以电动机的额定频率f_N作为基准频率f_b的给定值。基准电压是指输出频率到达基准频率时变频器的输出电压，基准电压通常取电动机的额定电压 U_N。基准电压和基准频率的关系如图 2-2 所示。

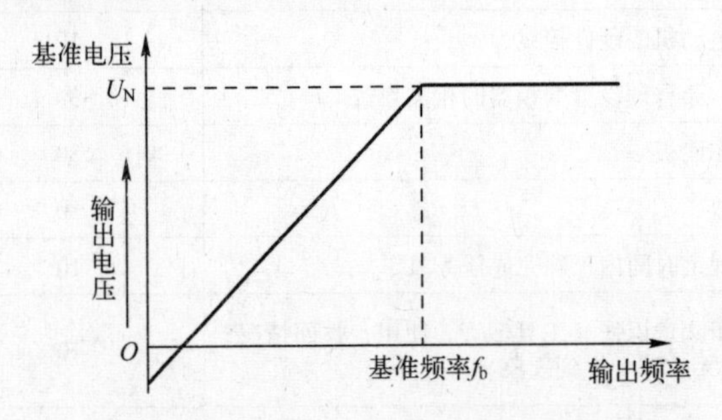

图 2-2　基准电压与基准频率的关系

MM440 型变频器基准频率的参数是 P2000。

4）上限频率和下限频率。

上限频率和下限频率是指变频器输出的最高、最低频率，常用f_H和f_L来表示。根据拖动系统所带的负载不同，有时要对电动机的最高、最低转速给予限制，以保证拖动系统的安全和产品的质量。另外，操作面板的误操作及外部指令信号的误动作会引起频率过高或过低，设置上限频率和下限频率可起到保护作用。常用的方法就是给变频器的上限频率和下限频率赋值。一般的变频器均可通过参数来预设其上限频率f_H和下限频率f_L。当变频器的给定频率高于上限频率f_H和低于下限频率f_L时，变频器的输出频率将被限制在f_H和f_L，如图 2-3 所示。

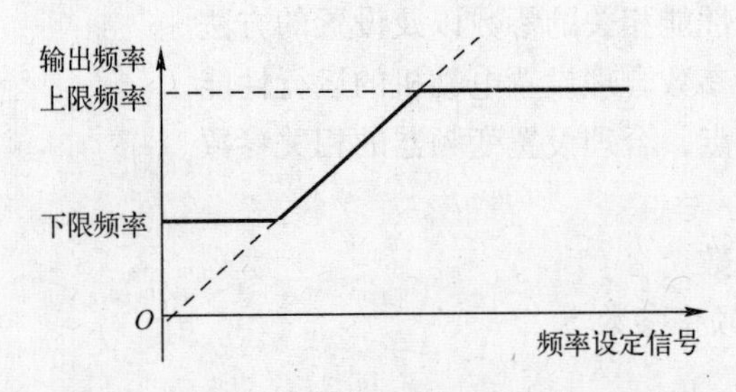

图 2-3　设定上、下限频率的输出频率曲线

例如：预置f_H=60Hz，f_L=10 Hz，若给定频率为 50 Hz 或 20 Hz，则变频器的输出频率与给定频率一致；若给定频率为 70 Hz 或 5 Hz，则输出频率被限制在 60 Hz 或 10 Hz。

MM440 型变频器上限频率和下限频率的参数是 P1082 和 P1080。

5）跳跃频率。

跳跃频率也叫回避频率，是指不允许变频器连续输出的频率，常用f_J表示。由于生产机械运转时的振动是和转速有关系的，当电动机调到某一转速（变频器输出某一频率）时，机械振动的频率和它的固有频率一致时就会发生谐振，这对机械设备的损害是非常大的。为了避免机械谐振的发生，应当让拖动系统跳过谐振所对应的转速，所以变频器的输出频率就要跳过谐振转速所对应的频率。

变频器在预置跳跃频率时通常要预置一个跳跃区间，为了方便用户使用，大部分变频器都提供了 2～4 个跳跃区间。MM440 型变频器最多可设置 4 个跳跃区间，分别由 P1091、

P1092、P1093、P1094 设置跳跃区间的中心点频率，由 P1101 设定跳跃的频带宽度，如图 2-4 所示。

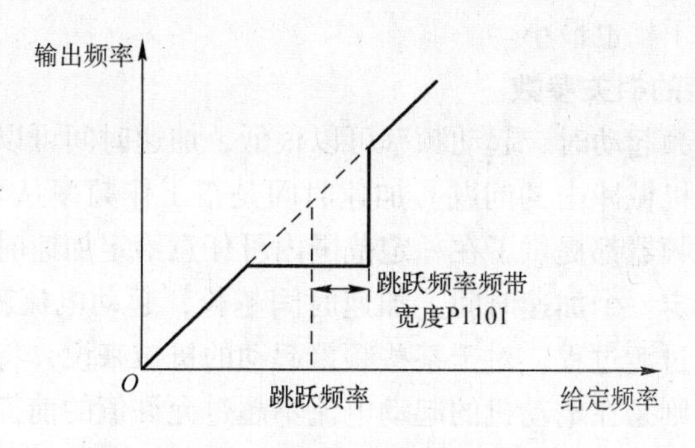

图 2-4　跳跃频率与频带宽度

（2）变频器的其他频率参数

1）点动频率。

点动频率是指变频器在点动时的给定频率。生产机械在调试以及每次新的加工过程开始之前常需进行点动，以观察整个拖动系统各部分的运转是否良好。为了防止意外的发生，大多数点动运转的频率都很低。如果每次点动前都需要将给定频率修改成点动频率，这将会很麻烦，所以一般变频器都提供了预置点动频率的功能。

MM440 型变频器正转点动频率和反转点动频率的参数是 P1058 和 P1059。

2）起动频率。

起动频率是指电动机开始起动时的频率，常用f_s表示；这个频率可以从 0 开始，但是对于惯性比较大或者摩擦转矩较大的负载，需加大起动转矩。此时可使起动频率加大至f_s，起动电流也比较大。一般变频器都可以预置起动频率，一旦该频率被设置了，变频器对于小于起动频率的运行频率将不予理睬。给定起动频率的原则是：在起动电流不超过允许值的前提下，以拖动系统能够顺利起动为宜。

3）直流制动起始频率。

在减速的过程中，当频率降至很低时，电动机的制动转矩也随之减小。对于惯性较大的拖动系统，由于制动转矩不足，常在低速时出现停不住的爬行现象。针对这种情况，当频率降低到一定程度时，向电动机绕组中通入直流电，以使电动机迅速停止，这种方法叫直流制动。设定直流制动功能时主要考虑三个参数：

① 直流制动电压U_{DB}：施加于定子绕组上的直流电压，其大小决定了制动转矩的大小。拖动系统惯性越大，U_{DB}的设定值也应该越大。

② 直流制动时间t_{DB}：向定子绕组通入直流电流的时间。

③ 直流制动的起始频率f_{DB}：当变频器的工作频率下降至f_{DB}时，通入直流电，如果对制动时间没有要求，f_{DB}可尽量设定得小一些。

4）载波频率。

PWM 变频器的输出电压是一系列脉冲，脉冲的宽度和间隔均不相等，其大小取决于调制波（基波）和载波（三角波）的交点。载波频率越高，一个周期内脉冲的个数越多，也就是说脉冲的频率越高，电流波形的平滑性就越好，但是对其他设备的干扰也越大。载波频率如果设置不合适，还会引起电动机铁心的振动而发出噪声，因此一般的变频器都提供了PWM频率调整的功能，使用户在一定的范围内可以调整该频率，从而使得系统的噪声最小，波形平滑性最好，同时干扰也最小。

2. 电动机运行性能的相关参数

（1）加速时间　变频起动时，起动频率可以很低，加速时间可以自行给定，这样就能有效地解决起动电流大和机械冲击的问题。加速时间是指工作频率从0 Hz上升至基本频率f_b所需要的时间，各种变频器都提供了在一定范围内可任意给定加速时间的功能。用户可根据拖动系统的情况自行给定一个加速时间。加速时间越长，起动电流就越小，起动也越平缓，但却延长了拖动系统的过渡过程，对于某些频繁起动的机械来说，将会降低生产效率。因此给定加速时间的基本原则是在电动机的起动电流不超过允许值的前提下，尽量地缩短加速时间。由于影响加速过程的因素是拖动系统的惯性，故系统的惯性越大，加速难度就越大，加速时间也应该长一些。但在具体的操作过程中，由于计算非常复杂，可以将加速时间先设置得长一些，观察起动电流的大小，然后再慢慢缩短加速时间。

（2）加速模式　不同的生产机械对加速过程的要求是不同的。根据各种负载的不同要求，变频器给出了各种不同的加速曲线（模式）供用户选择。常见的曲线形式有线性方式、S形方式和半S形方式等，如图2-5所示。

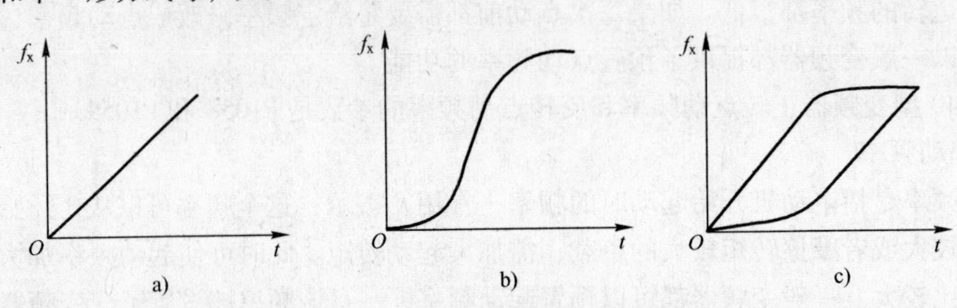

图2-5　变频器的加速曲线

a）线性方式　b）S形方式　c）半S形方式

1）线性方式。

在加速过程中，频率与时间呈线性关系，如图2-5a所示，如果没有什么特殊要求，一般的负载大多选用线性方式。

2）S形方式。

此方式初始阶段加速较缓慢，中间阶段为线性加速，尾段加速逐渐减为零，如图2-5b所示。这种曲线适用于带式输送机一类的负载。这类负载往往满载起动，传送带上的物体静摩擦力较小，刚起动时加速较慢，以防止输送带上的物体滑倒，到尾段加速减慢也是这个原因。

3）半S形方式。

加速时一半为S形方式，另一半为线性方式，如图2-5c所示。对于风机和泵类负载，低速时负载较轻，加速过程可以快一些。随着转速的升高，其阻转矩迅速增加，加速过程应适当减慢。反映在图上，就是加速的前半段为线性方式，后半段为S形方式。而对于一些惯性较大的负载，加速初期加速过程较慢，到加速的后期可适当加快其加速过程。反映在图上，就是加速的前半段为S形方式，后半段为线性方式。

（3）起动前直流制动　如果电动机在起动前，拖动系统的转速不为0，而变频器的输出频率从0Hz开始上升，刚在起动瞬间，将引起电动机的过电流。常见于拖动系统以自由制动的方式停机，在尚未停住前又重新起动；风机在停机状态下，叶片由于自然通风而自行运转（通常是反转）。因此，可于起动前先在电动机的定子绕组内通入直流电流，以保证电动机在零速的状态下开始起动。

MM440型变频器用参数P1120（斜坡上升时间）设定加速时间，由参数P1130（斜坡上升曲线的起始段圆弧时间）和P1131（斜坡上升曲线的结束段圆弧时间）直接设置加速模式曲线。

（4）减速时间　变频调速时，减速是通过逐步降低给定频率来实现的。在频率下降的过程中，电动机将处于再生制动状态。如果拖动系统的惯性较大，频率下降又很快，电动机将处于强烈的再生制动状态，从而产生过电流和过电压，使变频器跳闸。为避免上述情况的发生，可以在减速时间和减速方式上进行合理的选择。

减速时间是指变频器的输出频率从基本频率f_b减至0 Hz所需的时间。减速时间的给定方法与加速时间一样，其值的大小主要考虑系统的惯性。惯性越大，减速时间就越长。一般情况下，加、减速选择同样的时间。

（5）减速模式　减速模式设置与加速模式相似，也要根据负载情况而定，减速曲线也有线性和S形、半S形等几种方式。

（6）变频停机方式　在变频调试系统中，电动机可以设定的停机方式有：

1）减速停机。

即按预置的减速时间和减速方式停机。在减速过程中，电动机容易处于再生制动状态。

2）自由停机。

变频器通过停止输出来停机。这时，电动机的电源被切断，拖动系统处于自由制动状态，停机时间的长短将由拖动系统的惯性决定，故称为惯性停机。

3）在低频状态下短暂运行后停机。

当频率下降到接近于0 Hz时，先在低速下运行一个短时间，然后再将频率下降为0 Hz。在负载的惯性大时，可使用这种方式以消除滑行现象；对于附有机械制动装置的电磁制动电动机，采用这种方式可减小磁制动的磨损。

MM440型变频器的停机方式有三种，即01（按斜坡函数曲线停车）、02（按惯性自由停车）、03（按斜坡函数曲线快速停车），也有由P0700～P0708设置实现的。用01方式停车，需要用外部的端子控制电动机的停止，如端子1接通高电平电动机运行，断开电动机停止。同时需要设置参数P1121（斜坡下降时间）设定减速时间，由参数P1132（斜坡下降曲线的起始段圆弧时间）和P1133（斜坡下降曲线的结束段圆弧时间）直接设置减速模式曲线。用02方式停车，一般是用基本操作面板的停车按键控制，按下◎按键（持续2 s）或者连续按2次◎按键即可。使用默认设定值时，没有基本操作面板或者高级操作面板是不能使用这种方式停车的。用03方式停车，必须专门设置一个停止的开关量端子。这个端子低电平时电动机不能起动，高电平有效，停止方式可以由外部端子控制也可以由面板控制。03方式可以同时具有直流制动和复合制动功能。与直流制动功能相关的参数有："使能"直流制动参数可由P0701～P0708中的任一个参数设置，直流制动的时间参数P1233，直流制动的电流参数P1232，直流制动的开始频率参数P1234。与复合制动功能相关的参数是复合制动电流参数 P1236。

三、任务实施

本任务是在变频器基本操作面板控制电动机运行的基础上，完成变频器和电动机运行参数的设定。

1）按图 2-1 完成电源、外部开关量、电动机和变频器的硬件接线。

2）参数设置。

① 参数复位。变频器参数复位设置见表 2-14。

表 2-14　变频器参数复位设置

序　号	参数及设定值	参 数 功 能
1	P0003 = 1	设置用户参数访问等级为 1 级
2	P0010 = 30	工厂设定值
3	P0970 = 1	开始参数复位

② 设置电动机参数。电动机参数设置见表 2-15。

表 2-15　电动机参数设置

序　号	参数设定值	参 数 功 能
1	P0010 = 1	开始快速调试
2	P0304 = 220	设定电动机的额定电压
3	P0305 = 1. 93	设定电动机的额定电流
4	P0307 = 0. 37	设定电动机的额定功率
5	P0310 = 50	设定电动机的额定频率
6	P0311 = 1400	设定电动机的额定转速
7	P3900 = 1	结束快速调试

③ 设置其他参数。其他参数设置见表 2-16。

表 2-16　其他参数设置

序　号	参数及设定值	参 数 功 能
1	P0003 = 3	设置用户参数访问等级为 3 级
2	P0700 = 1	用面板控制变频器起停
3	P1000 = 1	用面板设置变频器频率

3. 变频器控制电动机运行的调试与数据记录

变频器参数设置完毕，按下列要求设置参数，并记录变频器相关的运行数据。

1）按表 2-17 所列参数设置变频器的频率参数，然后将变频器的给定频率 P1040 分别设置为 5、20、29、31、35、50 和 70，观察电动机的运行情况，并将变频器的输出频率和电动机的转速记录到表 2-18。

表 2-17　设置变频器频率参数

序　号	参数设定值	说　明
1	P1080 = 10	下限频率设定值
2	P1082 = 60	上限频率设定值
3	P1091 = 30	跳跃频率设定值
4	P1101 = 2	跳跃频率的频带宽度设定值

表 2-18　设置变频器运行参数数据记录

给定频率/Hz	5	20	29	30	32	35	50	70
输出频率/Hz								
n/（r/min）								

2）按表 2-19 所列参数设置变频器的电动机的加、减速参数，然后按下 ◎按键，观察电动机的运行情况，并记录电动机的起动时间。运行一段时间后，按下 ◎按键，观察电动机的运行情况，并记录电动机的停止时间。

表 2-19　设置电动机起、制动参数表 1

序　号	参数设定值	说　明
1	P1120 = 5.0	加速时间设定值
2	P1121 = 8.0	减速时间设定值
3	P1130 = 3.0	斜坡上升曲线的起始段圆弧时间
4	P1131 = 3.0	斜坡上升曲线的结束段圆弧时间
5	P1132 = 3.0	斜坡下降曲线的起始段圆弧时间
6	P1133 = 3.0	斜坡下降曲线的结束段圆弧时间

3）按表 2-20 所列参数设置变频器的电动机的加、减速参数，然后按下 ◎按键，观察电动机的运行情况，并记录电动机的起动时间。运行一段时间后，按下 ◎按键，观察电动机的运行情况，并记录电动机的停止时间。

表 2-20　设置电动机起、制动参数表 2

序　号	参数设定值	说　明
1	P1120 = 3.0	加速时间设定值
2	P1121 = 3.0	减速时间设定值
3	P1130 = 3.0	斜坡上升曲线的起始段圆弧时间
4	P1133 = 3.0	斜坡下降曲线的结束段圆弧时间

4）按下 ◎按键让变频器运行一段时间后，按下 ◎按键（持续 2 s）或者连续按 2 次 ◎按键，观察电动机的运行情况，并记录电动机的停止时间。

四、任务检测

1. 预期成果

1）能熟悉变频器的各种频率的含义和参数的设置方法。

2）能知道与电动机运行相关的参数及设置的方法。

3）能根据负载特点合理设置变频器的相关参数。

4）根据参数的设置情况，会观察、记录变频器和电动机的运行参数。

2. 检测要素

1）变频器的各种频率的含义和参数的设置的熟练程度和正确性。

2）电动机起动、停止时间、模式参数设置的熟练程度和正确性。

3）根据负载特点，会合理设置电动机运行特性的相关参数。

4）根据参数的设置情况，会观察、记录变频器和电动机的运行参数。

5）文明施工、纪律安全、团队合作、设备工具管理等。

3. 评价要素

评价要素见表2-21。

表2-21　变频器设置电动机运行性能评价表

评 价 内 容	权重（%）	学习情况记录
正确理解变频器的各种频率的含义和参数设置的方法	15	
正确设置电动机起动、停止时间和模式参数	15	
能根据负载的特点，合理设置电动机的运行参数	30	
根据参数的设置情况，会观察、记录变频器和电动机的运行参数	20	
施工合理、操作规范，在规定时间内正确完成任务	10	
安全施工、质量、文明、团队意识强（工具保管、使用、收回情况；设备摆放、场地整理情况），无旷课、迟到现象	10	
总得分		

任务2.2　电动机可逆运行调速电路的装调

在工厂、企业中，生产设备的往返运行随处可见，变频器控制电动机可逆运行也属于变频器的基本控制功能之一。变频器控制可逆运行调速需要完成电动机的正反转和点动控制以及正、反转的调速控制。电动机的正反转和点动控制可以通过基本操作面板的相应按键控制，也可以通过外部的开关量控制；电动机的正反转调速可以通过基本操作面板的升、降键控制，也可以通过外部的电位器控制。本节分四个任务完成电动机可逆调速控制的各种方法的安装、调试和运行。

2.2.1　面板控制的可逆运行调速电路的装调

基本操作面板控制电动机的可逆运行调速是通过操作面板的对应按键实现电动机的正反转、停止和点动以及正反转调速的控制。变频器面板给定方式不需要外部接线，只需要操作面板的升降按键，就可以实现频率的设定，该方法操作方便、简单，频率设置的精度高。

一、任务目标

1. 进一步掌握使用基本操作面板控制变频器的操作方法。
2. 熟练掌握变频器参数输入的方法。
3. 进一步掌握变频器的基本接线方法。

4. 进一步熟练操作变频器的运行和参数的观察、记录。

二、任务基础

1. 硬件接线

本任务中电动机和变频器的硬件接线与单向运行相同，如图2-6所示。

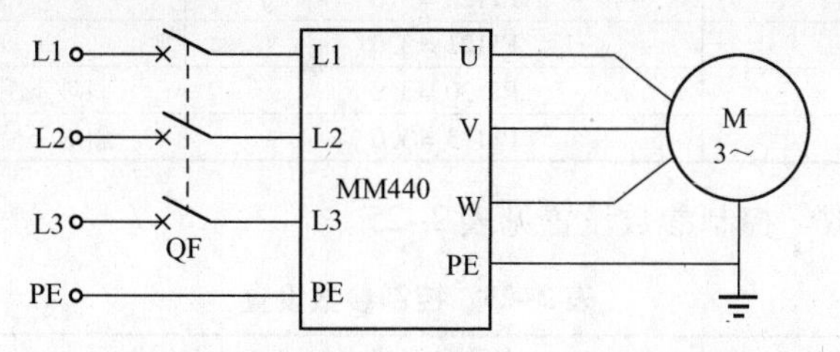

图2-6 操作面板控制电动机的可逆运行调速的硬件接线图

2. 参数设置

完整的变频器参数设置包括：变频器参数复位、设置电动机参数、设置电动机运行参数和设置控制参数。其中参数复位和设置电动机参数不是每次都需要操作。只有当变频器的参数可能会影响变频器的本次功能时，才需要将变频器的参数恢复到出厂值。电动机只要没有变换，电动机的相关参数可以不重复修改。

*（1）参数复位　变频器参数复位参数设置见表2-22。

表2-22　变频器参数复位参数设置

序　　号	参数设定值	参 数 功 能
1	P0003 = 1	设置用户参数访问等级为1级
2	P0010 = 30	工厂设定值
3	P0970 = 1	开始参数复位

*（2）设置电动机参数　电动机参数设置见表2-23。

表2-23　电动机参数设置

序　　号	参数设定值	参 数 功 能
1	P0010 = 1	开始快速调试
2	P0304 = 220	设定电动机的额定电压
3	P0305 = 1.93	设定电动机的额定电流
4	P0307 = 0.37	设定电动机的额定功率
5	P0310 = 50	设定电动机的额定频率
6	P0311 = 1400	设定电动机的额定转速
7	P3900 = 1	结束快速调试

备注：参数（1）、（2）可以不重复做。

（3）设置电动机运行参数　电动机运行参数设置见表2-24。

表2-24　电动机运行参数设置

序　　号	参数设定值	说　　明
1	P1080 = 10	下限频率设定值
2	P1082 = 60	上限频率设定值

（续）

序　　号	参数设定值	说　　明
3	P1091 = 30	跳跃频率设定值
4	P1101 = 2	跳跃频率的频带宽度设定值
5	P1120 = 3.0	加速时间设定值
6	P1121 = 3.0	减速时间设定值
7	P1130 = 3.0	斜坡上升曲线的起始段圆弧时间
8	P1133 = 3.0	斜坡下降曲线的结束段圆弧时间

（4）设置控制参数　控制参数设置见表2-25。

表2-25　控制参数设置

序　　号	参数设定值	参 数 功 能
1	P0003 = 1	设置用户参数访问等级为3级
2	P0700 = 1	用面板控制变频器起停
3	P1000 = 1	用面板设置变频器频率

三、任务实施

1）按图2-6连接电源、电动机、变频器的硬件接线，接通变频器电源，观察变频器显示。

2）结合实际情况，可按表2-26所列参数设置变频器的相关参数。

表2-26　设置变频器参数

序　　号	参数设定值	参 数 功 能
1	P0003 = 3	用户访问级为标准级
2	P0010 = 1	开始快速调试
3	P0304 = 220	设定电动机的额定电压
4	P0305 = 1.93	设定电动机的额定电流
5	P0307 = 0.37	设定电动机的额定功率
6	P0310 = 50	设定电动机的额定频率
7	P0311 = 1400	设定电动机的额定转速
8	P0700 = 1	用面板控制变频器起停
9	P1000 = 1	用面板设置变频器频率
10	P1080 = 10	下限频率设定值
11	P1082 = 60	上限频率设定值
12	P1091 = 30	跳跃频率设定值
13	P1101 = 2	跳跃频率的频带宽度设定值
14	P1121 = 3.0	减速时间设定值
15	P3900 = 1	结束快速调试

3）按下变频器起动键 ，观察电动机是否运转。通过面板上的增加键 和减少键 增减变频器频率，观察电动机转速的变化，并按表2-27记录变频器和电动机的运行参数。

表2-27　变频器正转调速数据记录

f(Hz)	10	20	30	40	50
I(A)					
U(V)					
n(r/min)					

4）按下反转键，观察电动机旋转方向是否变化；通过面板上的增加键和减少键增减变频器频率，观察电动机转速的变化，并按表 2-28 记录变频器和电动机的运行参数。

表 2-28　变频器反转调速数据记录

f(Hz)	-10	-20	-30	-40	-50
I(A)					
U(V)					
n(r/min)					

5）按下停止键，停止变频器。

6）通过修改参数 P1058 将电动机点动频率分别修改为 7 Hz。按下点动键，观察电动机运转情况，观察并记录电动机的点动频率。

7）断开变频器电源，拆除导线，整理实验场所。

四、任务检测

1. 预期成果

1）能熟练操作变频器基本操作面板的各个按键。

2）能熟练设置、修改变频器的参数。

3）能熟练将变频器的参数恢复到出厂设置。

4）能根据需要合理设置电动机运行相关的参数及设置的方法，完成变频器的快速调试。

5）根据参数的设置情况，熟练观察、记录变频器和电动机的运行参数。

2. 检测要素

1）能正确、熟练操作变频器基本操作面板的各个按键。

2）能熟练设置、修改变频器的参数。

3）能熟练将变频器的参数恢复到出厂设置。

4）能正确完成变频器的快速调试。

5）会熟练观察、记录变频器和电动机的运行参数。

6）文明施工、纪律安全、团队合作、设备工具管理等。

3. 评价要素

评价要素见表 2-29。

表 2-29　面板控制电动机可逆调速运行评价表

评 价 内 容	权重（%）	学习情况记录
电源、电动机、变频器的硬件接线	10	
能根据需要，合理设置变频器的参数	30	
变频器的运行操作	20	
根据参数的设置情况，会观察、记录变频器和电动机的运行参数	20	
施工合理、操作规范，在规定时间内正确完成任务	10	
安全施工、质量、文明、团队意识强（工具保管、使用、收回情况；设备摆放、场地整理情况），无旷课、迟到现象	10	
总得分		

2.2.2　外部开关控制的可逆运行电路的装调

本任务采用外部开关量控制变频器完成电动机的正、反转和正、反转的点动，调速仍采用面板上的加、减按键实现。在本任务中不仅要完成外部开关量与变频器的硬件连接，还需要设置对应的开关量端子的参数，才能实现外部开关量控制电动机的可逆运行调速。

一、任务目标

1. 熟悉外部开关量（数字量）输入端子的功能和参数的含义。
2. 会连接外部开关控制变频器的硬件接线。
3. 掌握外部开关控制变频器的操作方法。
4. 进一步熟悉变频器的参数设置和观察运行参数。

二、任务基础

1. 开关量输入端子介绍

MM440 型变频器的开关量输入端子 5、6、7、8、16、17 为用户提供了 6 个完全可编程的数字输入端子，数字输入端子的信号可以来自外部的开关量，也可来自晶体管、继电器的输出信号。端子 9、28 是一个 24V 的直流电源，给用户提供了数字量的输入所需要的直流电源。数字量信号来自外部的开关端子接线的方法如图 2-7 所示。若数字量信号来自晶体管输出，对 PNP 型晶体管的公共端应接端子 9（24 V），对 NPN 型晶体管的公共端应接端子 28（0 V）。若数字量信号来自继电器输出，继电器的公共端应接 9（24 V）。

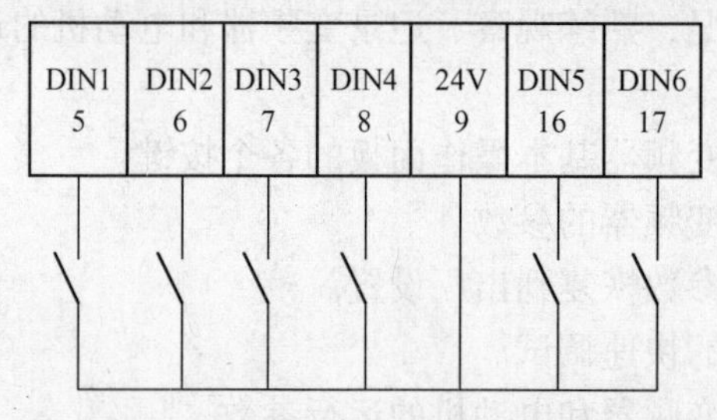

图 2-7　外部开关量与数字输入端子的接线图

若 MM440 提供的 6 个数字量输入不够，可通过图 2-8 的方法增加两个数字量输入 DIN7 和 DIN8 。

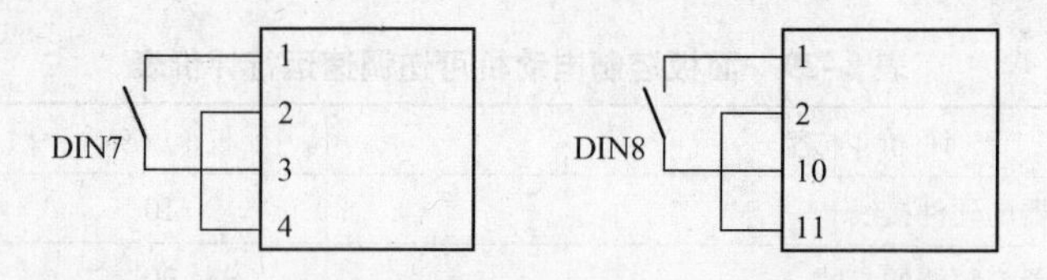

图 2-8　DIN7 和 DIN8 的端子接线图

2. 开关量端子功能及参数介绍

MM440 型变频器的数字量输入端子，可以完成电动机的正反转控制、正反转的点动控制以及固定频率设定值的控制。数字量的端子具体完成什么功能，需要通过变频器的参数设定来定义。MM440 型变频器的每个端子都有一个对应的参数用来设定该端子的功能。开关量端子功能与对应的参数设置见表 2-30。

表 2-30　开关量端子功能与对应的参数设置

数字输入端子	端子编号	参数编号	出厂设置	出厂功能
DIN1	5	P0701	1	正转控制
DIN2	6	P0702	12	反转控制
DIN3	7	P0703	9	故障复位
DIN4	8	P0704	15	固定频率直接选择
DIN5	16	P0705	15	固定频率直接选择
DIN6	17	P0706	15	固定频率直接选择

可以看出，参数 P0701 ~ P0706 分别用来控制端子 DIN1 ~ DIN6 的功能，每个参数的设定值定义是相同的，表 2-31 以 P0701 为例介绍设定值对 DIN1 的功能选择。

表 2-31　P0701 设定值的含义

序号	参数设定值	参数功能
1	P0701 = 0	禁止数字输入
2	P0701 = 1	接通正转断开停车
3	P0701 = 2	接通反转断开停车
4	P0701 = 3	按惯性自由停车
5	P0701 = 4	快速停车
6	P0701 = 9	故障确认
7	P0701 = 10	正向点动
8	P0701 = 11	反向点动
9	P0701 = 12	反转
10	P0701 = 13	电动电位计升速
11	P0701 = 14	电动电位计降速
12	P0701 = 15	固定频率直接选择
13	P0701 = 16	固定频率选择 + 1 命令
14	P0701 = 17	固定频率编码选择 + 1 命令
15	P0701 = 25	直流注入制动
16	P0701 = 29	由外部信号触发跳闸
17	P0701 = 33	禁止附加频率设定值
18	P0701 = 99	使能 BICO 参数化（仅供专家使用）

开关量的输入逻辑可以通过 P0725 改变，P0725 = 0 低电平有效，P0725 = 1 高电平有效，默认高电平有效。开关量输入状态可由参数 r0722 监控。

3. 外部开关控制变频器可逆运行的硬件接线

外部开关控制变频器可逆运行的硬件接线图如图 2-9 所示。采用 2 个开关和 2 个按钮分别控制电动机的正、反转和正、反转的点动四个功能，开关、按钮的一端分别与开关量的输入端子 5（DIN1）、6（DIN2）、7（DIN3）、8（DIN4）连接，另一端并联在一起接到开关量输入端子 9（24 V）。

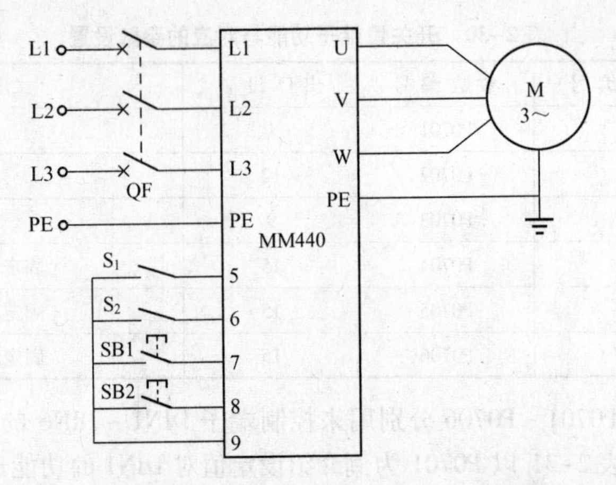

图 2-9　外部端子控制电动机可逆运行的硬件接线图

三、任务实施

1）按图 2-9 连接电源、电动机、变频器、外部控制开关和按钮。

2）接通变频器电源，观察变频器显示是否正常，然后设置变频器的参数。其中需要设置的控制参数见表 2-32。

表 2-32　设置变频器的控制参数

序　号	参数设定值	参 数 功 能
1	P0003 = 3	设置用户参数访问等级为 3 级
2	P0700 = 2	用外部端子控制变频器起停
3	P0701 = 1	用 DIN1 控制正转起停
4	P0702 = 2	用 DIN2 控制反转起停
5	P0703 = 10	用 DIN3 控制正转点动
6	P0704 = 11	用 DIN4 控制反转点动
7	P1000 = 1	用面板设置变频器频率

3）合上开关 S_1，观察电动机运转情况。通过面板上的增加键 ⊙和减少键 ⊙增减变频器频率，观察电动机转速的变化。然后断开 S_1，观察电动机运转情况。

4）合上开关 S_2，观察电动机运转情况。通过面板上的增加键 ⊙和减少键 ⊙增减变频器频率，观察电动机转速的变化。然后断开 S_2，观察电动机运转情况。

5）同时合上 S_1、S_2 两个开关，观察电动机运转情况，断开两个开关。

6）按下按钮 SB1，观察电动机运转情况。然后松开 SB1，观察电动机运转情况。

7）按下按钮 SB2，观察电动机运转情况。然后松开 SB2，观察电动机运转情况。

8）按表 2-33 依次操作各个开关、按钮，观察电动机的转向，并记录变频器的运行频率和电动机的转速。请读者思考表中变频器的运行频率和哪些参数有关。

四、任务检测

1. 预期成果

1）能正确连接变频器的开关量端子的接线。

2）会设置开关量对应的参数及参数的含义。

3）能根据负载特点合理设置变频器的相关参数。

4）根据参数的设置情况，会观察、记录变频器和电动机的运行参数。

表 2-33　外部开关控制电动机可逆运行调速数据记录

序号	数字输入状态				变频器频率	电动机转速	电动机转向
	S_1	S_2	SB1	SB2			
1	1	0	0	0			
2	0	1	0	0			
3	1	1	0	0			
4	0	0	0	0			
5	0	0	1	0			
6	0	0	0	1			

2. 检测要素

1）变频器的开关量端子的接线正确。

2）知道开关量对应的参数含义并能正确设置开关量对应的参数。

3）合理设置变频器的相关参数。

4）会观察、记录变频器和电动机的运行参数。

5）文明施工、纪律安全、团队合作、设备工具管理等。

3. 评价要

评价要素见表 2-34。

表 2-34　外部开关量控制电动机可逆运行评价表

评 价 内 容	权重（%）	学习情况记录
正确连接变频器的开关量端子的接线	25	
合理设置变频器的相关参数	25	
正确操作外部开关实现电动机可逆调速运行	20	
根据参数的设置情况，会观察、记录变频器和电动机的运行参数	10	
施工合理、操作规范，在规定时间内正确完成任务	10	
安全施工、质量、文明、团队意识强（工具保管、使用、收回情况；设备摆放、场地整理情况），无旷课、迟到现象	10	
总得分		

2.2.3　外部电位器控制电动机调速电路的装调

模拟量控制的可逆运行调速电路是通过变频器的模拟量端子外接电位器实现电动机的调速，电动机的正转、反转、点动和停止由变频器的基本操作面板实现。本任务中硬件接线需要完成变频器的模拟量端子和外部电位器连接，并通过合理设置参数，才能实现模拟量控制电动机的可逆运行调速。

一、任务目标

1. 熟悉模拟量端子的接线方法和模拟量的信号选择。

2. 会连接模拟量控制变频器的硬件接线。

3. 掌握模拟量控制电动机调速的操作方法。

4. 进一步熟悉变频器的参数设置和观察运行参数。

二、任务基础

1. 模拟量输入端子介绍

当采用模拟电压信号输入方式输入给定频率时，为了提高交流变频器调速系统的控制精度，必须配备一个高精度的直流稳压电源作为模拟电压输入的直流电源。西门子 MM440 型变频器端子 1、2 是变频器为用户提供的一个高精度 10 V 直流稳压源，同时还提供了两路模拟电压给定输入端子，通道 1 使用端子 3（AIN1 +）、4（AIN1 -），通道 2 使用端子 10（AIN2 +）、11（AIN2 -）。通过外部电位器的电压信号作为变频器的模拟输入的硬件接线如图 2-10 所示。

2. 模拟量输入的相关参数介绍

两路模拟量输入相关参数以 in000 和 in001 区分，可以分别通过 P0756[0]和 P0756[1]设置两路模拟通道的信号属性，具体见表 2-35。模拟信号是电压信号还是电流信号，只设置 P0756 参数是不行的。若使用电压模拟输入，变频器上配置的相应通道的 DIP 开关必须处于 0 位置，若使用电流模拟输入，相应的 DIP 开关必须处于 1 位置。“带监控”是指模拟通道具有监控功能，当断线或信号超限时，报故障 F0080。

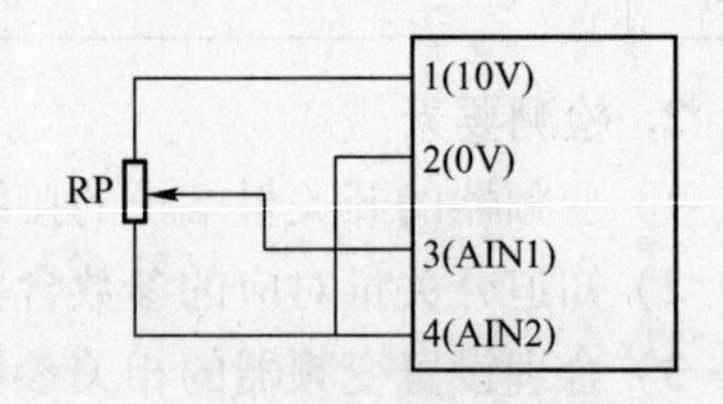

图 2-10 电压信号作为变频器的模拟输入的硬件接线图

表 2-35 P0756 参数的功能说明

设 定 值	参 数 功 能
P0756 = 0	单极性电压输入(0 ~ +10 V)
P0756 = 1	带监控的单极性电压输入(0 ~ +10 V)
P0756 = 2	单极性电流输入(0 ~ 20 mA)
P0756 = 3	带监控的单极性电流输入(0 ~ 20 mA)
P0756 = 4	双极性电压输入(-10 V ~ +10 V)

下面以通道 1 使用单极性电压输入来说明模拟量输入功能的使用方法。端子 1(10 V)和 2(0 V)可以作为单极性电压输入的电源。除了需要将变频器上配 DIP1 开关处于 0 位置外，还需要设置 P0756 = 0(P0003 访问等级为 2)。除此之外，还需完成参数 P0757 ~ P0761 的设置。表中设定值均为默认值。若模拟电压为 2 ~ 10 V，则 P0757 = 2，P0761 = 2。变频器模拟输入参数设置见表 2-36。

表 2-36 变频器模拟输入参数设置

参 数	设 定 值	参 数 功 能
P0757	0	0 V 对应 0% 的标度，即 0 Hz。
P0758	0%	
P0759	10	10 V 对应 100% 的标度，即 50 Hz
P0760	100%	
P0761	0	死区宽度为 0 V

3. 外部电位器控制变频器调速的硬件接线

外部电位器控制变频器调速的硬件接线图如图 2-11 所示。

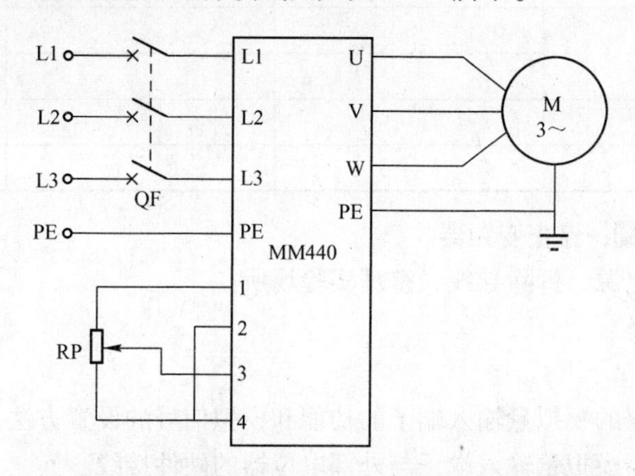

图 2-11　外部电位器控制变频器调速的硬件接线图

三、任务实施

1）按图 2-11 连接电源、电动机、变频器和外部电位器的硬件接线。接通变频器电源，观察变频器显示是否正常。

2）按表 2-37 设置变频器的参数。

表 2-37　设置参数

序　　号	参数设定值	参 数 功 能
1	P0003 = 3	设置用户参数访问等级为 3 级
2	P0700 = 1	用面板控制变频器起停
3	P1000 = 2	模拟设定值
4	P0756 = 0	单极性电压输入
5	P0757 = 0	0V 对应 0 Hz
6	P0758 = 0	0V 对应 0% 的标度
7	P0759 = 10	10V 对应 50 Hz
8	P0760 = 100	10V 对应 100% 的标度
9	P0761 = 0	死区宽度为 0 V

3）按下变频器起动键 ，观察电动机是否运转。然后旋转电位器，观察电动机的转速变化，并按表 2-38 记录变频器的运行数据。

表 2-38　外部电位器调节电动机转速数据记录

序号	模拟输入电压(V)	输出频率(Hz)	输出电压(V)	输出电流(A)
1	0			
2	1			
3	3			
4	5			

（续）

序号	模拟输入电压(V)	输出频率(Hz)	输出电压(V)	输出电流(A)
5	7.5			
6	8			
7	9.5			
8	10			

4）按下停止键 ◎，停止变频器。

5）断开变频器电源，拆除导线，整理实验场所。

四、任务检测

1. 预期成果

1）能掌握变频器的模拟量输入端子的功能和模拟信号的设置方法。

2）会连接变频器模拟量输入端子与外部电位器的硬件接线。

3）能根据需要，合理设置变频器的相关参数。

4）会通过外部电位器调节电动机的转速，并记录变频器和电动机的运行参数。

2. 检测要素

1）知道模拟量输入端子的功能、接线和模拟信号的设置方法。

2）正确连接变频器的模拟量输入端子和外部电位器的硬件接线。

3）合理设置模拟量输入相关参数。

4）根据参数的设置情况，会观察、记录变频器和电动机的运行参数。

5）文明施工、纪律安全、团队合作、设备工具管理等。

3. 评价要素

评价要素见表2-39。

表2-39　外部电位器控制电动机调速的评价表

评 价 内 容	权重（%）	学习情况记录
掌握模拟输入端子的功能、接线和信号设置	20	
会电位器控制变频器调速的硬件接线连接	20	
合理设置变频器的运行参数	20	
根据参数的设置情况，会观察、记录变频器和电动机的运行参数	20	
施工合理、操作规范，在规定时间内正确完成任务	10	
安全施工、质量、文明、团队意识强（工具保管、使用、收回情况；设备摆放、场地整理情况），无旷课、迟到现象	10	
总得分		

2.2.4　外部端子控制电动机可逆运行调速电路的装调

在工业生产中，变频器基本都安装在生产现场，操作人员一般是在操作室控制生产设备的运行，这就需要远距离控制变频器的运行。本任务是采用外部开关量控制电动机的正转、反转、点动，采用外部的电位器控制电动机的转速。任务中同时用到了开关量端子和模拟量端子，硬件接线相对复杂一些。

一、任务目标

1. 进一步熟悉开关量和模拟量输入端子的功能和参数含义。

2. 进一步掌握变频器与外部开关量、模拟量的硬件接线。

3. 进一步熟悉变频器参数的设置。

4. 熟悉外部开关量和外部电位器控制变频器运行的操作方法。

二、任务基础

1. 硬件接线

变频器的外部端子控制电动机的可逆运行调速，是采用外部开关量控制电动机的正、反转，采用外部电位器调节电动机的转速。变频器的硬件不仅需要接开关量端子，也需要接模拟量端子，具体的接线图如图 2-12 所示。

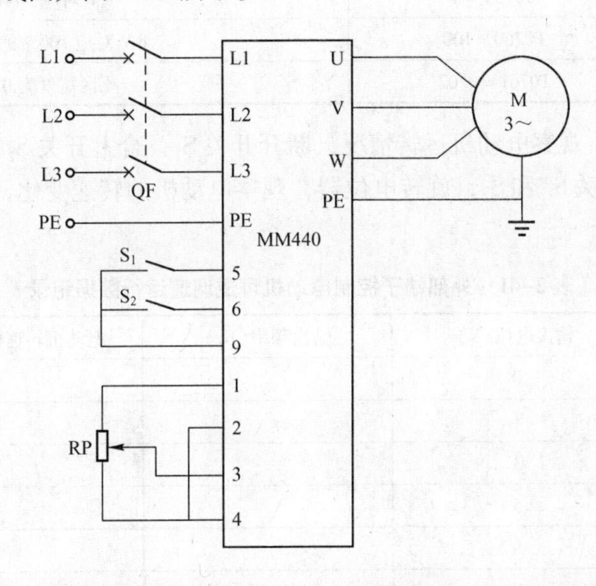

图 2-12　变频器外部端子控制电动机可逆运行调速电路的硬件接线图

2. 控制方式的选择

电动机的可逆调速运行包括电动机的正、反转控制和电动机转速的控制，这两个控制是相互独立的。根据控制的信号源不同，正、反转控制可以分为操作面板控制和外部开关量控制，调速也可以分为操作面板控制和外部模拟量控制。控制方式的选择取决于变频器命令源（P0700）和设定频率的信号源（P1000）两个参数的设定。根据实际需要，这两个参数的设置可以组成四种不同的控制方法，即 P0700 = 1、P1000 = 1（完全由操作面板控制）；P0700 = 1、P1000 = 2（面板控制电动机的起、停、正反转，外部模拟量控制电动机的调速）；P0700 = 2、P1000 = 1（外部开关量控制电动机的起、停、正反转，面板控制电动机的调速）；P0700 = 2、P1000 = 2（完全由外部端子控制）。

三、任务实施

1）按图 2-12 连接电源、电动机、变频器、外部开关和外部电位器的硬件接线。接通变频器电源，观察变频器显示是否正常。

2）按表 2-40 设置变频器的相关参数。

表 2-40　设置参数

序　　号	参数及设定值	参 数 功 能
1	P0003 = 3	设置用户参数访问等级为 3 级
2	P0700 = 2	用外部开关量控制变频器起停
3	P0701 = 1	用 DIN1 控制正转起停
4	P0702 = 2	用 DIN2 控制反转起停
5	P1000 = 2	模拟设定值
6	P0756 = 0	单极性电压输入
7	P0757 = 1	1 V 对应 0 Hz
8	P0758 = 0	1 V 对应 0% 的标度
9	P0759 = 8	8 V 对应 50 Hz
10	P0760 = 100	8 V 对应 100% 的标度
11	P0761 = 0.02	死区宽度为 0 V

3）合上开关 S_1，观察电动机运转情况，断开开关 S_1，合上开关 S_2，观察电动机运转情况。然后分别合上开关 S_1 和 S_2，旋转电位器，观察电动机的转速变化，并按表 2-41 记录变频器的运行数据。

表 2-41　外部端子控制电动机可逆调速运行数据记录

开 关 状 态	输入电压(V)	输出频率(Hz)	电动机转速(r/min)	电动机转向
合上开关 S_1	0			
	1			
	3			
	5			
	8			
合上开关 S_2	0			
	1			
	3			
	5			
	8			

4）断开所有的开关，停止变频器。

5）断开变频器电源，拆除导线，整理实验场所。

四、任务检测

1. 预期成果

1）掌握外部端子控制电动机可逆运行调速的方法。

2）会正确连接变频器与外部开关量、模拟量的硬件接线。

3）进一步熟悉与开关量、模拟量相关的参数及设置的方法。

4）能根据需要，合理设置变频器的相关参数。

5）根据参数的设置情况，会观察、记录变频器和电动机的运行参数。

2. 检测要素

1）变频器与外部开关量、模拟量的硬件接线的熟练程度和正确性。

2）熟悉与开关量输入、模拟量输入相关的变频器参数及设置的方法。

3）根据电路需要，会合理设置变频器的相关参数。

4）根据参数的设置情况，会观察、记录变频器和电动机的运行参数。

5）文明施工、纪律安全、团队合作、设备工具管理等。

3. 评价要素

评价要素见表2-42。

表2-42 外部端子控制电动机可逆调速运行评价表

评 价 内 容	权重（%）	学习情况记录
外部端子控制电动机可逆调速的方法	15	
正确连接变频器与外部开关量、模拟量的硬件接线	25	
合理设置变频器的运行参数	20	
根据参数的设置情况，会观察、记录变频器和电动机的运行参数	20	
施工合理、操作规范，在规定时间内正确完成任务	10	
安全施工、质量、文明、团队意识强（工具保管、使用、收回情况；设备摆放、场地整理情况），无旷课、迟到现象	10	
总得分		

任务2.3 变频器的多段速运行电路的装调

变频器的多段速功能，也称为固定频率，是利用变频器开关量端子选择固定频率的组合，实现电动机多段速度运行。用户可以任意定义MM440型变频器的六个开关量端子的用途，一旦开关量端子用途确定了，变频器的输出频率就由相应的参数控制。根据参数的设定方法不同，变频器的多段速运行可以分为直接选择频率和开关状态组合（二进制编码）选择频率两种方法。

2.3.1 直接选择频率的电动机多段速运行电路的装调

本任务是利用变频器的外部开关量端子实现电动机的3段速运行控制，具体的要求是变频器的输出频率分别为15 Hz、30 Hz和45 Hz三种，使电动机能工作在三个不同转速。

一、任务目标

1. 掌握变频器直接选择多段速频率的参数设置方法。

2. 掌握变频器多段速运行的硬件电路的接线。

3. 掌握变频器相关参数的设置。

二、任务基础

1. 直接选择频率控制多段速的方法

变频器的多段速运行直接选择频率的方法有两种：一种是外部单独设置变频器的起动、停止开关；一种是外部不单独设置变频器的起动、停止开关。若变频器的P0701～P0706参数设置为 15，就需要一个单独的外部开关来控制变频器的起动和停止。若变频器的 P0701 ~ P0706 参数设置为 16，就不需要一个单独的开关来控制变频器的起动和停止。如果电动机需要反转，可以采用将频率设置为负值，也可以采用两个单独的外部开关分别控制电动机的正、反转，频率的设置就不再考虑电动机的转向，数值全是正的。

一个开关量控制一个频率，开关量输入端子与对应的频率设置参数见表 2-43。

表 2-43　开关量输入端子与频率设置参数对应关系

端子编号	对应参数	对应频率设置
5	P0701	P1001
6	P0702	P1002
7	P0703	P1003
8	P0704	P1004
16	P0705	P1005
17	P0706	P1006

使用此种方法，必须注意两点：一是频率给定源 P1000 必须设置为 3；二是当多个选择开关同时闭合时，选定的频率是它们的总和，当频率超出变频器上限频率范围时，变频器的输出频率被限制在最高频率。

2. 电动机 3 段速运行的硬件接线

直接选择频率控制电动机 3 段速运行的硬件接线图如图 2-13 所示。其中三个开关控制固定频率运行，一个开关控制变频器的起停。

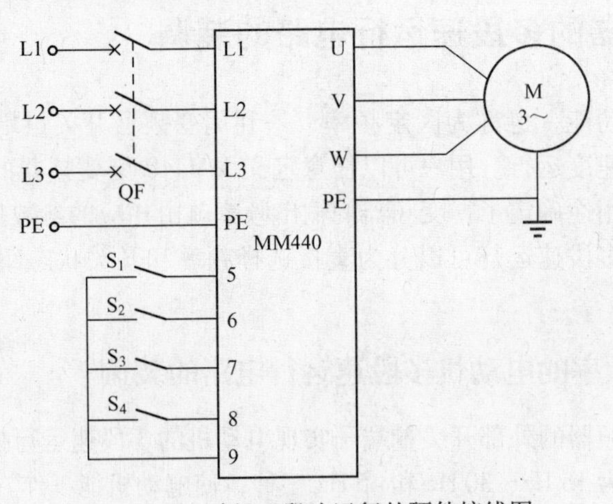

图 2-13　电动机 3 段速运行的硬件接线图

三、任务实施

1）按图 2-13 连接电源、电动机、变频器和外部控制开关。接通变频器电源，观察变频器显示是否正常。

2）设置变频器的参数。根据需要可以先将变频器的参数复位，然后设置电动机相关的参数和控制参数。其中需要设置的变频器参数见表 2-44。

3）按表 2-45 操作开关量端子，观察电动机的运转情况，并把变频器的运行数据记录在表 2-45 中。

表 2-44　参数设置

序　　号	参数及设定值	参 数 功 能
1	P1000 = 3	指定数字端子输入为固定频率
2	P0700 = 2	外部开关量控制变频器起停
3	P0701 = 15	端子 5 使用固定频率
4	P0702 = 15	端子 6 使用固定频率
5	P0703 = 15	端子 7 使用固定频率
6	P0704 = 1	端子 8 控制变频器的起、停
7	P1001 = 15	设置段速 1 频率
8	P1002 = 30	设置段速 2 频率
9	P1003 = 45	设置段速 3 频率
10	P1082 = 50	上限频率设定为 50 Hz

表 2-45　电动机 3 段速运行数据记录表 1

序号	端子输入状态				变频器输出	
	S_4	S_3	S_2	S_1	变频器频率/Hz	电动机的转速/(r/min)
1	0	0	0	1		
2	0	0	1	0		
3	0	1	0	0		
4	1	0	0	1		
5	1	0	1	0		
6	1	1	0	0		
7	1	0	1	1		
8	1	1	1	1		

4）将 P0701 ~ P0703 的参数设置成 16，其余参数不变，重复上面的操作，将数据记录到表 2-46。

表 2-46　电动机 3 段速运行数据记录表 2

序号	端子输入状态				变频器输出	
	S_4	S_3	S_2	S_1	变频器频率/Hz	电动机的转速/(r/min)
1	0	0	0	1		
2	0	0	1	0		
3	0	1	0	0		
4	1	0	0	0		
5	0	0	1	1		
6	0	1	1	0		
7	1	0	1	1		
8	1	1	1	1		

5）将变频器的参数P1001、P1002、P1003分别设置为－15 Hz、30 Hz和－45 Hz，其余参数不变，重复上面的操作，观察电动机的运行情况。

6）断开变频器电源，拆除导线，整理实验场所。

四、任务检测

1. 预期成果

1）掌握开关量直接选择频率的参数设置方法。

2）会正确连接电动机3段速运行的硬件接线。

3）能完成电动机3段速运行变频器相关参数的设置。

4）能正确操作开关，实现电动机的3段速运行。

5）会观察、记录变频器和电动机的运行参数。

2. 检测要素

1）正确连接电动机3段速运行的硬件接线。

2）会合理设置变频器的相关参数。

3）能正确操作实现电动机的3段速运行。

4）根据参数的设置情况，会观察、记录变频器和电动机的运行参数。

5）文明施工、纪律安全、团队合作、设备工具管理等。

3. 评价要素

评价要素见表2-47。

表2-47　直接选择频率的电动机多段速运行电路的评分表

评价内容	权重（%）	学习情况记录
开关量直接选择频率的参数设置方法	25	
电动机3段速运行的硬件接线	15	
合理设置变频器的运行参数	20	
操作、观察并记录变频器和电动机的运行参数	20	
施工合理、操作规范，在规定时间内正确完成任务	10	
安全施工、质量、文明、团队意识强（工具保管、使用、收回情况；设备摆放、场地整理情况），无旷课、迟到现象	10	
总得分		

2.3.2　开关状态组合选择频率的电动机多段速运行电路的装调

本任务是利用变频器的外部开关量端子实现电动机的7段速运行控制，具体的要求是变频器的输出频率分别为10 Hz、20 Hz、25 Hz、30 Hz、35 Hz、40 Hz、45 Hz七种，使电动机能工作在7个不同转速。

一、任务目标

1. 掌握变频器开关状态组合选择多段速频率的参数设置方法。
2. 掌握变频器多段速运行的硬件电路的接线。
3. 掌握变频器相关参数的设置。

二、任务基础

1. 开关状态组合选择频率控制多段速的方法

开关状态组合选择变频器的频率是使用变频器的开关量输入端子5~8的二进制组合选择由P1001~P1015指定的多段速中的某个固定频率运行，最多可以选择15个固定频率，这种控制方法需要把变频器的参数P0701~P0704设置为17，不需要设置单独的外部开关控制变频器的起停。开关状态与各个固定频率的对应关系见表2-48。

表2-48 开关状态与固定频率的对应参数关系

序号	开关状态				对应参数	参数功能
	端子8	端子7	端子6	端子5		
1	0	0	0	1	P1001	设置段速1频率
2	0	0	1	0	P1002	设置段速2频率
3	0	0	1	1	P1003	设置段速3频率
4	0	1	0	0	P1004	设置段速4频率
5	0	1	0	1	P1005	设置段速5频率
6	0	1	1	0	P1006	设置段速6频率
7	0	1	1	1	P1007	设置段速7频率
8	1	0	0	0	P1008	设置段速8频率
9	1	0	0	1	P1009	设置段速9频率
10	1	0	1	0	P1010	设置段速10频率
11	1	0	1	1	P1011	设置段速11频率
12	1	1	0	0	P1012	设置段速12频率
13	1	1	0	1	P1013	设置段速13频率
14	1	1	1	0	P1014	设置段速14频率
15	1	1	1	1	P1015	设置段速15频率

2. 电动机7段速运行的硬件接线

根据开关状态组合选择频率控制多段速的方法，7段速由3个开关的状态组合就可以实现，硬件接线图如图2-14所示。

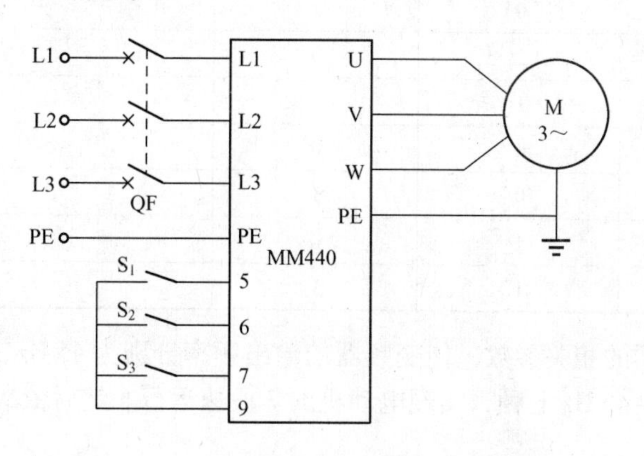

图2-14 电动机7段速运行的硬件接线图

三、任务实施

1）按图 2-14 连接电源、电动机、变频器和外部控制开关。接通变频器电源，观察变频器显示是否正常。

2）设置变频器的参数。根据需要可以先将变频器的参数复位，然后设置电动机相关的参数和控制参数。其中需要设置的变频器参数见表 2-49。

表 2-49 设置变频器的参数

序号	参数及设定值	参数功能
1	P1000 = 3	指定数字端子输入为固定频率
2	P0700 = 2	外部开关量控制变频器起停
3	P0701 = 17	端子 5 使用固定频率
4	P0702 = 17	端子 6 使用固定频率
5	P0703 = 17	端子 7 使用固定频率
6	P0704 = 17	端子 8 使用固定频率
7	P1001 = 10	设置段速 1 频率
8	P1002 = 20	设置段速 2 频率
9	P1003 = 25	设置段速 3 频率
10	P1004 = 30	设置段速 4 频率
11	P1005 = 35	设置段速 5 频率
12	P1006 = 40	设置段速 6 频率
13	P1007 = 45	设置段速 7 频率

3）按表 2-50 操作开关量端子，观察电动机的运转情况，并把变频器的运行数据记录在表 2-50 中。

表 2-50 电动机 7 段速运行数据记录表

序号	端子输入状态			变频器输出	
	7	6	5	变频器频率 /Hz	电动机的转速 /(r/min)
1	0	0	1		
2	0	1	0		
3	0	1	1		
4	1	0	0		
5	1	0	1		
6	1	1	0		
7	1	1	1		

4）试修改变频器的相关参数，使变频器的输出频率分别为 45 Hz、30 Hz、15 Hz、5 Hz、-15 Hz、-30 Hz、-45 Hz 七种，实现电动机的 7 段速运行。然后依次操作开关，验证频率设置是否符合要求。

5）断开变频器电源，拆除导线，整理实验场所。

四、任务检测

1. 预期成果

1）掌握开关状态组合选择频率的参数设置方法。

2）会正确连接电动机 7 段速运行的硬件接线。

3）能完成电动机 7 段速运行变频器相关参数的设置。

4）能正确操作开关，实现电动机的 7 段速运行。

5）会观察、记录变频器和电动机的运行参数。

2. 检测要素

1）正确连接电动机 7 段速运行的硬件接线。

2）会合理设置变频器的相关参数。

3）能正确操作实现电动机的 7 段速运行。

4）根据参数的设置情况，会观察、记录变频器和电动机的运行参数。

5）文明施工、纪律安全、团队合作、设备工具管理等。

3. 评价要素

评价要素见表 2-51。

表 2-51 开关状态组合选择频率的电动机多段速运行电路评价表

评 价 内 容	权重（%）	学习情况记录
开关状态组合选择频率的参数设置方法	20	
电动机 7 段速运行的硬件接线	10	
合理设置变频器的运行参数	20	
操作、观察并记录变频器和电动机的运行参数	30	
施工合理、操作规范，在规定时间内正确完成任务	10	
安全施工、质量、文明、团队意识强（工具保管、使用、收回情况；设备摆放、场地整理情况），无旷课、迟到现象	10	
总得分		

任务 2.4 恒压供水 PID 控制系统的装调

PID 就是比例（P）、积分（I）、微分（D）控制，PID 控制属于闭环控制，是使控制系统的被控量在各种情况下都能够迅速而准确地无限接近控制目标的一种手段。具体地说，随时将传感器测得的实际信号（称为反馈信号）与被控量的目标信号相比较，以判断是否已经达到预定的控制目标；如尚未达到，则根据两者的差值进行调整，直至达到预定的控制目标为止。通过变频器实现 PID 控制有两种情况：一是变频器内置的 PID 控制功能，给定信号通过变频器的端子输入，反馈信号也反馈给变频器的控制端，在变频器内部进行 PID 调节以改变输出频率；二是外部的 PID 调节器将给定量与反馈量比较后输出给变频器，加到控制端子作为控制信号。变频器本身没有 PID 调节功能的情况下，有必要配用外部的 PID 调节器实现 PID 功能。目前，大多数变频器都已经配置了 PID 控制功能。

2.4.1 恒压供水 PID 系统的硬件接线

PID 闭环控制需要有一个具体的被控对象，根据系统的输出能及时调节系统的控制，使输出的结果快速接近预期的目标值。本任务是以恒压供水系统为控制对象，完成系统的硬件接线。

一、任务目标

1. 掌握 PID 闭环控制的系统组成和工作原理。

2. 掌握变频器实现 PID 控制给定和反馈信号获取和接线的方法。

3. 会连接 PID 控制系统的硬件接线。

二、任务基础

1. PID 控制系统的构成

恒压供水 PID 控制系统示意图如图 2-15 所示。供水系统的反馈信号是水泵管网的实际压力，该信号通过压力传感器转换成电量（电压或电流），反馈到 PID 调节器的输入端。系统的给定值是系统预期的目标信号。目标信号的大小总是和所选用的压力传感器的量程相联系的。例如，若要求管网水压保持在 0.6 MPa，如果压力传感器的量程选为 0 ~ 1 MPa，则目标值为 60%，如果压力传感器的量程为 0 ~ 2 MPa，则目标值为 30%。因为目标信号是一个固定的百分数，所以在多数情况下，目标信号是通过键盘来给定的。但有时由于有特别的需要，也可以通过频率给定信号进行给定。

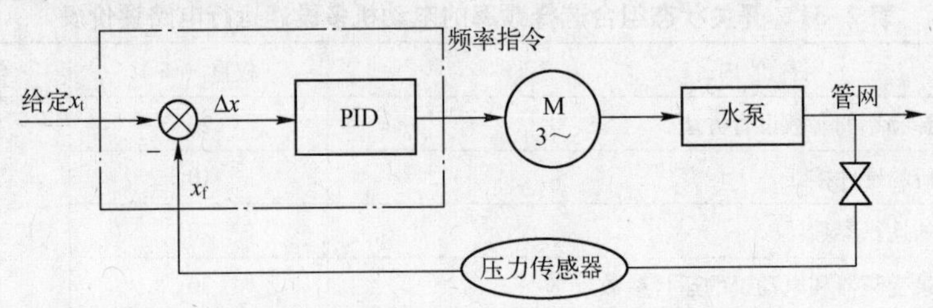

图 2-15　恒压供水 PID 控制系统示意图

2. 恒压供水 PID 控制系统的硬件接线

恒压供水 PID 控制中，变频器需要接受反馈信号和目标给定信号，系统的硬件接线图如图 2-16 所示。

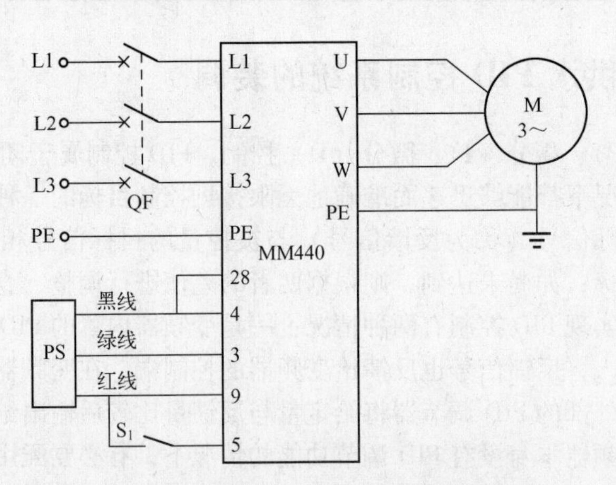

图 2-16　恒压供水 PID 控制系统硬件接线图

（1）反馈信号的接入　恒压供水中反馈信号是管网的压力，直接从压力传感器获取。图 2-16 中，PS 是压力传感器。将红线（24 V）和黑线（GND）分别接到变频器的数字输入端子9(24 V)和28(GND)，则在绿线与黑线之间即可得到与被测压力成正比的电压信号，把绿线和黑线分别接到变频器的模拟输入端子3和4，变频器就得到了压力反馈的电流信号。

(2) 目标信号的接入　PID控制中目标给定信号有三种给定方法：

1）键盘给定法。由于目标信号是一个百分数，所以可由键盘直接给定。

2）电位器给定法。目标信号从变频器的频率给定端输入。但这时，由于变频器已经预置为PID运行方式，所以，在通过调节电位器来调节目标值时，显示屏上显示的仍是百分数。

3）变量目标值给定法。在生产过程中，有时要求目标值能够根据具体情况进行适当调整。例如中央空调的循环冷却水进行变频调速时，其目标值是变化的。

MM440型变频器的模拟输入有两个通道，3(AIN1＋)、4(AIN1－)和10(AIN2＋)、11(AIN2－)，反馈信号使用了输入端子3，目标信号可以用10和11提供的模拟信号。为了操作方便，图中采用变频器的操作面板直接设定目标值。

图2-16中，接到数字输入端子5的开关信号是控制系统的起动、停止的控制信号。

三、任务实施

1）在模拟恒压供水系统上安装压力传感器。

2）将电源、变频器、水泵和压力传感器按图2-16接线。

3）如系统的目标给定值采用的是模拟输入，系统的接线如何变化。

四、任务检测

1. 预期成果

1）掌握PID闭环控制系统的组成和工作原理。

2）知道变频器实现PID控制的信号输入的方法。

3）能完成恒压供水PID控制系统的硬件接线。

2. 检测要素

1）正确理解PID闭环控制系统的组成和工作原理。

2）懂得变频器实现PID控制的信号输入的方法。

3）能正确完成恒压供水PID控制系统的硬件接线。

4）文明施工、纪律安全、团队合作、设备工具管理等。

3. 评价要素

评价要素见表2-52。

表2-52　恒压供水PID系统硬件接线评价表

评价内容	权重（%）	学习情况记录
PID系统组成和工作原理	20	
变频器中PID信号的输入方法	20	
恒压供水PID系统的硬件接线	30	
施工合理、操作规范，在规定时间内正确完成任务	20	
安全施工、质量、文明、团队意识强（工具保管、使用、收回情况；设备摆放、场地整理情况），无旷课、迟到现象	10	
总得分		

2.4.2 恒压供水PID系统变频器的参数设定

使用变频器的PID控制功能，除了需要完成系统的硬件接线外，还需要合理设置变频器的相关参数，才能实现PID的闭环控制。本任务就是在学习PID中P、I、D各个环节的用途以及控制效果的基础上，介绍PID功能的相关参数的含义和设置方法。

一、任务目标

1. 掌握PID控制的工作过程及各个控制环节的作用。
2. 掌握PID功能中相关参数的功能及设置方法。
3. 会合理设置恒压供水PID控制的参数。

二、任务基础

1. PID控制的工作过程

（1）比较与判断　首先为PID调节器给定一个电信号 x_t，该给定电信号对应着系统的给定压力 p_p，当压力传感器将恒压供水系统的实际压力 p_x 变成电信号即 x_f，并送回PID调节器输入端时，调节器首先将其与压力给定信号相比较，得到的偏差信号为 Δx，即 $\Delta x = x_t - x_f$。当 $\Delta x > 0$，表示目标给定值大于供水的实际值，在这种情况下，变频器的输出频率 f_x 应增加，电动机的转速也增加，水泵会升速，直到实际水压与目标给定压力相符（$x_t \approx x_f$）为止。若 $\Delta x < 0$，表示目标给定值小于供水的实际值，在这种情况下，变频器的输出频率 f_x 应减少，电动机的转速也降低，水泵会降速，直到实际水压与目标给定压力相符（$x_t \approx x_f$）为止。$|\Delta x|$ 越大，水泵的速度变化也越大，$|\Delta x|$ 的值越小，则反应就可能越不灵敏。另外，不管控制系统的动态响应多么好也不可能完全消除静差。这里的静差是指 Δx 的值不可能完全降到0，而始终有一个很小的静差存在，从而使控制系统出现了误差。

（2）问题的提出　上述工作过程明显地存在着一个矛盾：一方面，要求管网的实际压力（其大小由反馈信号来体现）应无限接近于目标压力，也就是说，要求 $x_t - x_f \approx 0$；另一方面，变频器的输出频率 f_x，又是由 x_t 和 x_f 相减的结果来决定的。可以想象，如果 $x_t - x_f = 0$，f_x 也必然等于0，变频器就不可能维持一定的输出频率，网管的实际水压就无法维持，系统将达不到预想的目的。

也就是说，为了维持网管有一定的压力，变频器必须维持一定的输出频率 f_x，这就要求有一个与此相对应的给定信号 x_g，这个给定信号既需要有一定的值，又要和 $x_t - x_f$ 相联系，这就是矛盾所在。

（3）PID调节功能

1）比例增益环节。

解决上述问题的方法是将 $x_t - x_f$ 进行放大后再作为频率给定信号 x_g，如图2-17所示，即引入比例增益环节（P），P的功能就是将 Δx 的值按比例进行放大（放大 K_P 倍），这样尽管 Δx 的值很小，但是经放大后再来调整水泵的转速也会比较准确、迅速。放大后，Δx 的值大大增加，静差在 Δx 中占的比例也相对减小，从而使控制的灵敏度增大，误差减小，如图2-18a所示。但是，如果 K_P 值设得过大，Δx 的值变得很大，系统的实际压力调整到给定值的速度必定很快。但由于拖动系统的惯性原因，很容易引起超调。于是控制又必须反方向调节，这样就会使系统

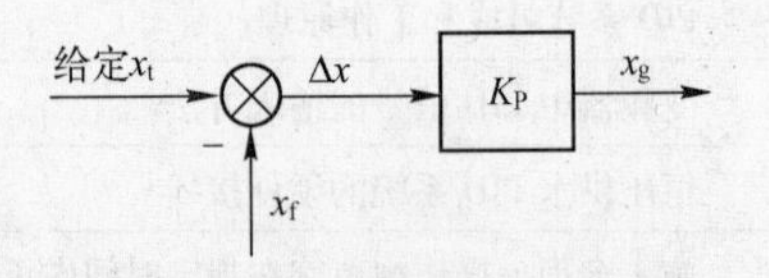

图2-17　比例增益环节（P）

的实际压力在给定值（恒压值）附近来回振荡，如图 2-18b 所示。

产生振荡现象的原因主要是加、减过程都太快，为了缓解因比例功能给定过大而引起的超调振荡，可以引入积分功能。

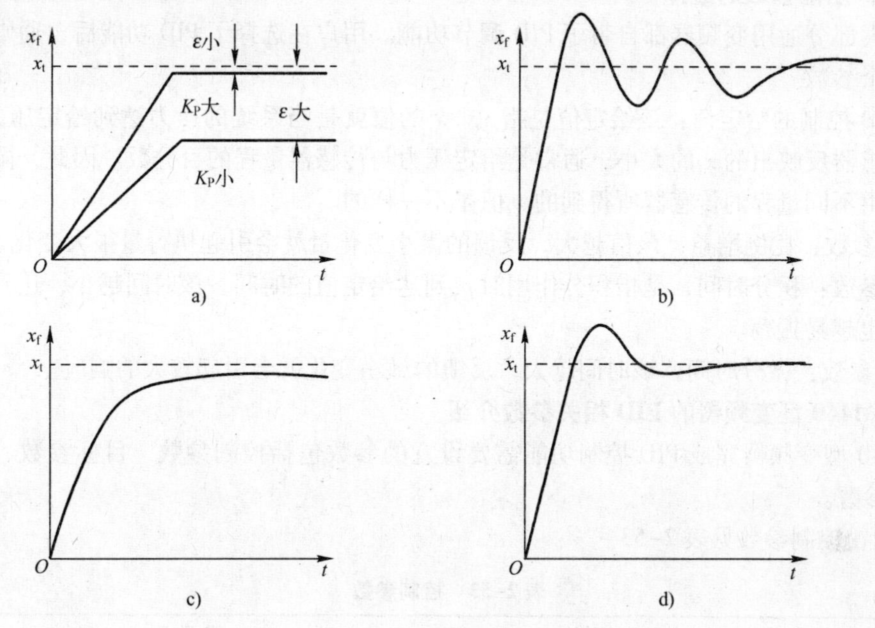

图 2-18　PID 调节功能图

a）P 调节　b）振荡　c）PI 调节　d）PID 调节

2）积分环节。

积分环节就是对偏差信号 Δx 取积分后输出，其作用是延长加速和减速的时间，以缓解因为 P（比例）功能设置过大而引起的超调。P 功能与 I 功能结合，就是 PI 功能，如图 2-18c 就是经 PI 调节后系统实际压力的变化波形。

从图中看，尽管增加积分功能后使得超调减小，避免了系统的压力振荡，但是也延长了压力重新回到给定值的时间。为了克服上述缺陷，又增加了微分功能。

3）微分环节。

微分环节（D）就是对偏差信号 Δx 取微分后再输出。也就是说当实际压力刚开始下降时，$\mathrm{d}p/\mathrm{d}t$ 最大，此时 Δx 的变化率最大，D 输出也就最大。随着水泵转速的逐渐升高，管网压力会逐渐恢复，$\mathrm{d}p/\mathrm{d}t$ 会逐渐减小，D 输出也会迅速衰减，系统又呈现 PI 调节。图 2-18d 即为 PID 调节后，管网水压的变化情况。

可以看到，经 PID 调节后的管网水压，既保证了系统的动态响应速度，又避免了在调节过程中的振荡，因此 PID 调节功能在恒压供水系统中得到了广泛应用。

2. PID 控制的特点

PID 功能预置即预置变频器的 PID 功能有效。当变频器完全按 P、I、D 调节的规律运行时，其工作特点如下：

1）变频器的输出频率只根据管网的实际压力与目标压力比较的结果进行调整，所以，频率的大小与被控量（压力）之间并无对应关系。

2）变频器的加、减速过程将完全取决于由 P、I、D 数据所决定的动态响应过程，而原来预置的“加速时间”和“减速时间”将不再起作用。

3）变频器的输出频率始终处于调整状态，因此，其显示的频率常不稳定。

3. PID 功能参数的选择

现代大部分通用变频器都自带了 PID 调节功能。用户在选择了 PID 功能后，通常需要输入下面几个参数。

1）PID 控制的给定值：该给定值是指 x_t。x_t的值就是当系统的压力达到给定压力 p_p时，由压力传感器反映出的 x_f的大小，通常是给定压力与传感器量程的百分数。因此，同样的给定压力，由不同量程的传感器所得到的 x_t值是不一样的。

2）P 参数：比例增益，该值越大，反馈的微小变化量就会引起执行量很大变化。

3）I 参数：积分时间，是指积分作用时 p_x到达给定值的时间。该时间越小，达到给定值就越快，也越易振荡。

4）D 参数：微分时间，该时间越大，反馈的微小变化就会引起较大的响应。

4. MM440 型变频器的 PID 相关参数介绍

MM440 型变频器完成 PID 控制功能需要设置的参数包括控制参数、目标参数、反馈参数、PID 参数。

1）设置控制参数见表 2-53。

表 2-53　控制参数

序　号	参数及设定值	功 能 说 明
1	P0003 = 2	设置用户访问等级为扩展级
2	P0004 = 0	参数过滤显示全部参数
3	P0700 = 2	由外部端子输入
4	P0701 = 1	端子 DIN1 功能为正转起、停控制
5	P0702 = 0	端子 DIN2 禁用
6	P0703 = 0	端子 DIN2 禁用
7	P0704 = 0	端子 DIN2 禁用
8	* P0725 = 1	端子 DIN 输入为高电平有效
9	P1000 = 1	频率设定由 BOP 设置
10	P0004 = 7	命令，二进制 I/O
11	P1080 = 10	下限频率设置为 10 Hz
12	* P1082 = 50	上限频率设置为 50 Hz
13	* P2200 = 1	PID 控制功能使能

注：带“*”的参数是变频器出厂默认值。

2）设置目标参数见表 2-54。

表 2-54　目标参数

序　号	参数及设定值	功 能 说 明
1	P0003 = 3	设置用户访问等级为专家级
2	P0004 = 0	参数过滤显示全部参数
3	P2240 = 60	由 BOP 设定的目标值为 60%

（续）

序　　号	参数及设定值	功 能 说 明
4	P2253 = 2250	已激活的 PID 设定值
5	* P2254 = 0	为 PID 微调信号源
6	* P2255 = 100	PID 设定值的增益系数
7	P2256 = 0	PID 微调信号的增益系数
8	* P2257 = 1	PID 设定值斜坡上升时间
9	* P2258 = 1	PID 设定值斜坡下降时间
10	* P2261 = 0	PID 设定值为滤波

注：带“*”的参数是变频器出厂默认值。

3）设置反馈参数见表 2-55。

表 2-55　反馈参数

序　　号	参数及设定值	功 能 说 明
1	P0003 = 3	设置用户访问等级为专家级
2	P0004 = 0	参数过滤显示全部参数
3	* P2264 = 755. 0	PID 反馈信号由 AIN + 设定
4	* P2265 = 0	PID 反馈信号无滤波
5	* P2267 = 100	PID 反馈信号的上限值为 100%
6	* P2268 = 0	PID 反馈信号的下限值为 0%
7	* P2269 = 100	PID 反馈信号的增益为 100%
8	* P2270 = 0	不用 PID 反馈器的数学模型
9	* P2271 = 0	PID 传感器的反馈形式为正常

注：带“*”的参数是变频器出厂默认值。

4）设置 PID 参数见表 2-56。

表 2-56　PID 参数设置

序　　号	参数及设定值	功 能 说 明
1	P0003 = 3	设置用户访问等级为专家级
2	P0004 = 0	参数过滤显示全部参数
3	P2280 = 25	PID 比例增益系数设置为 25%
4	P2285 = 5	PID 积分时间设置为 5 s
5	* P2291 = 100	PID 输出上限值设置为 100%
6	* P2292 = 0	PID 输出下限值设置为 0%
7	* P2293 = 1	PID 限幅的斜坡上升/下降时间 1 s

注：带“*”的参数是变频器出厂默认值。

三、任务实施

1）在硬件接线的基础上，给变频器通电，观察变频器的显示是否正常。

2）根据 PID 功能的需要设置变频器的参数，变频器必须设置的参数见表 2-57。

表 2-57 **PID 控制参数设置**

序　号	参数及设定值	功能说明
1	P0003 = 2	设置用户访问等级为扩展级
2	P0004 = 0	参数过滤显示全部参数
3	P0700 = 2	由外部端子输入
4	P0701 = 1	端子 DIN1 功能为正转起、停控制
5	P1000 = 1	频率设定由 BOP 设置
6	P1080 = 10	下限频率设置为 10 Hz
7	P1082 = 50	上限频率设置为 50 Hz
8	P2200 = 1	PID 控制功能使能
9	P2240 = 60	由 BOP 设定的目标值为 60%
10	P2253 = 2250	已激活的 PID 设定值
11	P2255 = 0	PID 设定值的增益系数
12	P2280 = 25	PID 比例增益系数设置为 25%
13	P2285 = 5	PID 积分时间设置为 5 s

四、任务检测

1. 预期成果

1）掌握 PID 控制的工作过程及各个控制环节的作用。

2）掌握 PID 控制中参数的功能及设置方法。

3）会合理设置恒压供水 PID 控制的参数。

2. 检测要素

1）掌握 PID 控制的工作过程及各个控制环节的作用。

2）了解 PID 控制中参数的功能及设置方法。

3）会合理设置恒压供水 PID 控制的参数。

4）文明施工、纪律安全、团队合作、设备工具管理等。

3. 评价要素

评价要素见表 2-58。

表 2-58 **恒压供水 PID 系统参数设定评价表**

评价内容	权重（%）	学习情况记录
PID 控制的工作过程及各个控制环节的作用	20	
PID 控制参数功能及设置方法	30	
恒压供水 PID 系统的参数设定	20	
施工合理、操作规范，在规定时间内正确完成任务	20	
安全施工、质量、文明、团队意识强（工具保管、使用、收回情况；设备摆放、场地整理情况），无旷课、迟到现象	10	
总得分		

2.4.3 恒压供水 PID 控制系统的功能调试

在完成系统硬件接线和参数设置后，系统的 PID 控制不一定能达到预期的控制效果，还需要通过 PID 参数的不断修改和调试，被控量才能在最快的时间达到给定值。本任务就是完成模拟恒压供水系统 PID 功能的调试，使系统工作在最佳状态。

一、任务目标

1. 掌握 PID 控制系统的调试方法和步骤。

2. 会根据控制对象的要求，完成恒压供水系统 PID 控制的调试。

二、任务基础

1. 逻辑关系的预置

在自动控制系统中，电动机的转速与被控量的变化趋势有时是相反的，称为负反馈，恒压供水或空气压缩机的恒压控制中，压力越高，要求电动机的转速越低。若电动机的转速与被控量的变化趋势是相同的，则称为正反馈。例如在空调机中，温度越高，要求电动机转速也越高。用户应根据具体情况进行预置，调试过程都是以恒压供水（负反馈）为例的正逻辑。逻辑关系由参数 P2271 决定，当 P2271 = 0（默认值）时是正逻辑（负反馈），当 P2271 = 1 时是负逻辑（正反馈）。

2. 比例增益与积分时间的调试

1）手动模拟调试。

在系统运行之前，可以先用手动模拟的方法对 PID 功能进行初步调试。首先，将目标值预置到实际需要的数值；将一个手控的电压或电流信号接至变频器的反馈信号输入端。缓慢地调节目标信号，正常的情况是：当目标信号超过反馈信号时，变频器的输入频率将不断地上升，直至最高频率；反之，当反馈信号高于目标信号时，变频器的输入频率将不断下降，直至频率为 0 Hz。上升或下降的快慢，反映了积分时间的大小。

2）系统调试。

由于 P、I、D 的取值与系统的惯性大小有很大的关系，因此，很难一次调定。首先将微分功能 D 调为 0。在许多要求不高的控制系统中，微分功能 D 可以不用，在初次调试时，P 可按中间偏大值来预置；保持变频器的出厂设定值不变，使系统运行起来，观察其工作情况：如果在压力下降或上升后难以恢复，说明反应太慢，则应加大比例增益 K_P，在增大 K_P 后，虽然反应快了，但却容易在目标值附近波动，说明应加大积分时间 T_S，直至基本不振荡为止。

总之，在反应太慢时，就调大 K_P，或减小积分时间 T_S，在发生振荡时，应调小 K_P，或加大积分时间 K_P。在有些对反应速度较高的系统中，可考虑加微分环节 D。

三、任务实施

1）在系统硬件接线基础上，接通电源，完成 2.4.2 中的参数设置。

2）将模拟输入端子 3、4 并联一个可调的电流信号，进行手动调试，首先是合上与端子 5 连接的开关 S_1，起动变频器，观察电动机的运行情况，变频器的输出频率是多少。然后通过外加电流调节反馈信号，先观察电流在 16 mA 时，看变频器的输出频率如何变化以及变化速度的快慢；然后将电流调到 8 mA，看变频器的输出频率如何变化，变化速度的快慢。然后将电压调到 9 V，看变频器的输出频率如何变化以及变化速度的快慢。

若变频器的频率能按期望上升/下降，说明控制逻辑是正确的，否则需要设置参数P2271修改控制逻辑。如果上升/下降的速度慢，可以将参数P2280增加，反之，上升/下降速度过快，可将参数P2280减小。同时可以适当调整参数P2285，当P2280增加时，可以将P2285减小，反之，当P2280减小时，可以将P2285增加。直到变频器的输出频率变化速度合适为止。

3）将模拟输入端子3、4并联的一个可调的电流信号去掉，启动模拟恒压供水模型，通过阀门调节水流量，观察水流量变大/小时，电动机的转速是否升高/降低，变频器的输出频率是否增大/减小以及变化的速度，根据变化情况，调整P2280、P2285和P2293，直到不管阀门如何调节，变频器最终能快速调节并能稳定在某一固定值。

4）将变频器的参数P2240修改为80或40，然后调节阀门，观察电动机的转速和变频器的输出频率的变化情况，系统的PID调节效果是否满意，不满意重新调节PID参数使系统处于最佳工作状态。

四、任务检测

1. 预期成果

1）掌握PID控制系统调试的方法和步骤。

2）根据系统的工作情况，会手动调试PID控制。

3）根据系统的工作情况，完成自动调试PID控制，使系统处于最佳工作状态。

2. 检测要素

1）知道PID控制系统调试的方法和步骤。

2）能根据系统的工作情况，正确完成恒压供水系统PID控制的手动调试。

3）能根据系统的工作情况，正确完成恒压供水系统PID控制的自动调试，使系统处于最佳工作状态。

4）文明施工、纪律安全、团队合作、设备工具管理等。

3. 评价要素

评价要素见表2-59。

表2-59　恒压供水PID系统功能调试评价表

评价内容	权重（%）	学习情况记录
PID控制系统调试的方法	20	
恒压供水系统PID控制的手动调试	20	
恒压供水系统PID控制的自动调试	30	
施工合理、操作规范，在规定时间内正确完成任务	20	
安全施工、质量、文明、团队意识强（工具保管、使用、收回情况；设备摆放、场地整理情况），无旷课、迟到现象	10	
总得分		

学习情境 3　基于 PLC 的变频调速系统的装调

任务 3.1　PLC 控制的可逆运行调速系统的装调

3.1.1　PLC 与变频器的连接

PLC 是一种数字运算和操作的电子控制装置。PLC 取代继电器，执行顺序控制功能，已广泛用于工业控制的各个领域。由于它可通过软件来改变控制过程，且具有体积小、组装灵活、编程简单、抗干扰能力强及可靠性高等优点，故非常适合于恶劣工作环境下运行，因而深受欢迎。

当利用变频器构成自动控制系统进行控制时，许多情况是采用和 PLC 配合使用。即采用 PLC 控制变频器，进而变频器再控制电动机的运行，以适应生产自动化的要求。

本次项目的主要任务是利用 S7－200 PLC 和 MM440 型变频器实现 PLC 对变频器的通信控制；S7－200 PLC 与站号为 1 的变频器通信控制电动机的转速。

一、任务目标

1. 掌握 PLC 与变频器的连接。
2. 熟悉 PLC 与变频器相连接的触点与接口。
3. 了解通用变频器的通信协议：USS 协议、Profibus－DP 协议。

一个 PLC 系统由三部分组成：中央单元、输入/输出模块和编程单元。在一个由 PLC 和变频器组成的调速系统中，PLC 可提供控制信号（如速度）和指令通断信号（起动、停止、反向）给变频器。

二、任务基础

1. PLC 与变频器的三种连接方法

（1）开关指令信号的输入　变频器的输入信号中包括对运行/停止、正转/反转、点动等运行状态进行操作的开关型指令信号（数字输入信号）。PLC 通常利用继电器触点或具有继电器触点开关特性的元器件（如晶体管）与变频器连接，获取运行状态指令，如图 3-1 所示。

使用继电器触点进行连接时，如图 3-1a 所示，常因接触不良而带来误动作；使用晶体管进行连接时，如图 3-1b 所示，则需要考虑晶体管本身的电压、电流容量等因素，保证系统的可靠性。

在设计变频器的输入信号电路时还应该注意到，当输入信号电路连接不当时有时也会造成变频器的误动作。例如：当输入信号电路采用继电器等感性负载，则在继电器开闭时，产生的浪涌电流带来的噪声有可能引起变频器的误动作。

（2）数值信号的输入　变频器中也存在一些数值型（频率、电压等）指令信号的输入，

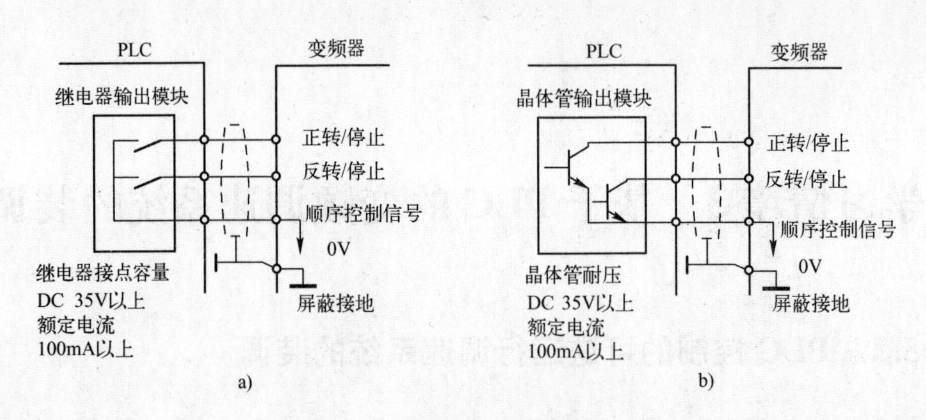

图 3-1　PLC 与变频器的连接

a）PLC 利用继电器触点与变频器的连接　b）PLC 利用晶体管与变频器的连接

可分为数字输入和模拟输入两种：数字输入多采用变频器面板上的键盘操作和串行口来设定；模拟输入则通过接线端子由外部给定，通常是通过 0～10 V 的电压信号或者 0（或 4）～20 mA 的电流信号输入。由于接口电路因输入信号而异，故必须根据变频器的输入阻抗选择 PLC 的输出模块。图 3-2 为 PLC 与变频器之间的信号连接。

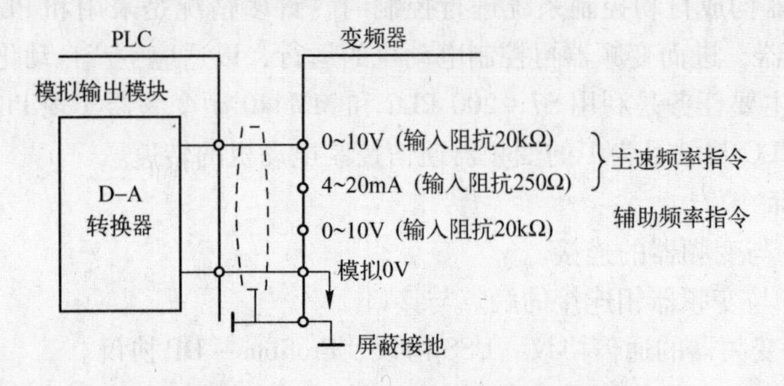

图 3-2　PLC 与变频器之间的信号连接

当变频器和 PLC 的电压信号范围不同时，例如：变频器的输入信号范围为 0～10 V 而 PLC 的输出电压信号范围为 0～5 V 时，或 PLC 一侧的输出电压信号范围为 0～10 V，而变频器的输入信号为 0～5 V 时，由于变频器和晶体管的允许电压、电流等因素的限制，需用串联电阻分压，以保证进行开关时不超过 PLC 和变频器相应部分的容量。此外，在连接时还应该将布线分开，保证主电路一侧的噪声不传至控制电路。

通常变频器也通过接线端子向外部输出相应的监测模拟信号，电信号范围通常为 0～5 V（或 10 V）及 0（或 4）～20 mA 电流信号。无论哪种情况，都必须注意 PLC 一侧输入阻抗的大小以保证电路中的电压和电流不超过电路的容许值，从而提高系统的可靠性，减少误差。

由于变频器在运行过程中会产生较强的电磁干扰，为了保证 PLC 不因变频器主电路的断路及开关器件等产生的噪声而出现故障，在将变频器和 PLC 等上位机配合使用时还必须注意：

1）由于 PLC 本体按照规定的标准和接地条件进行接地，此时应避免和变频器使用共同的接地线，并在接地时尽可能使两者分开。

2）当电源条件不太好时，应在 PLC 的电源模块以及输入/输出模块的电源线上接入噪声滤波器和降低噪声用的变压器等。此外，如有必要在变频器一侧也应采取相应措施。

3）当把变频器和 PLC 安装在同一操作柜中时，应尽可能使与变频器和 PLC 有关的电线分开。

4）通过使用屏蔽线和双绞线达到提高抗噪声水平的目的。

（3）PLC 通过 485 通信接口控制变频器　这种控制方式的硬件接线简单，但需要增加通信的接口模块，且要求熟悉通信模块的使用方法和通信程序的设计。

2. 西门子通用变频器与 PLC 的通信

西门子通用变频器有两种通信协议：USS 协议和通过 RS－485 接口的 Profibus－DP 协议。如果使用 Profibus－DP 协议通信，必须使用 Profibus－DP 模块 CB15；如果使用 USS 协议通信，可通过一个 SUB－D 插座连接，采用两线制的 RS－485 接口，以 USS 通信协议作为现场监控和调试协议，最多可连接 31 台通用变频器，最大数据传输速率为 19.2 kbit/s，然后可用一个主站，如工业计算机或 PLC 进行控制。USS 总线上的每一台通用变频器都有一个从站号（在参数中设定），各站点由唯一的标识码识别，主站依靠它来识别每一台通用变频器。

三、任务实施

1. 硬件接线

S7－200 PLC 和 MM440 型变频器的接线如图 3-3 所示。使用一根标准的 Profibus 电缆接在 S7－200CPU 通信口的 1、3、8 端上，电缆另一端是无插头的，对应的三根线分别接到变频器的 PE、29、30 端子上。S7－200 的 CPU 最多可以接 31 个变频器，每个变频器要有唯一的站址，通过变频器的参数进行设置。

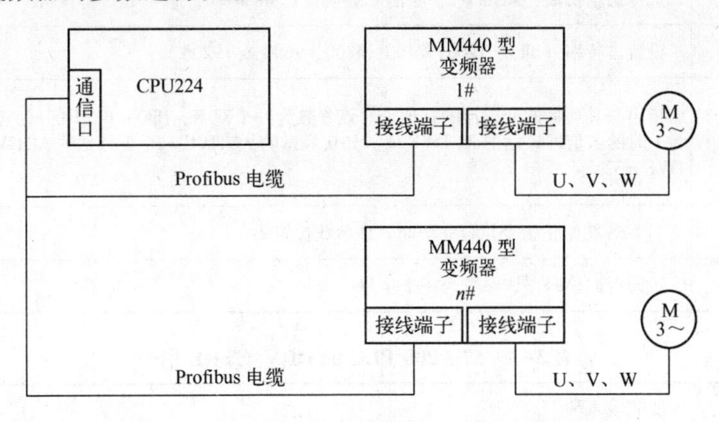

图 3-3　S7－200 PLC 和 MM440 型变频器的接线

2. 确立通信方案

西门子自动化产品的小型变频器与 S7－200 的 PLC 之间的通信只能采用 USS 方式。USS 协议是传动产品（变频器等）通信的一种协议，为主－从总线结构。总线上的每个传动装置有一个从站号（在参数中设定），主站（PC、西门子 PLC）依靠它识别每个传动装置。S7－200PLC 可以作为主站，用户使用指令可以方便地实现对变频器的控制，包括变频器的起动、频率设定、参数修改等操作。PLC 提供的 USS 协议指令为 USS INIT 和 DRV_CTRL。这两条指令的梯形图格式见表 3-1，USS INIT 指令参数的含义见表 3-2，DRV_CTRL 指令参数的含义见表3-3。

表3-1　S7-200 PLC 的 USS 协议指令

	USS 初始化指令	驱动控制
梯形图格式	USS_INIT EN 1-Mode　Done-M0.0 19200-Baud　Error-VB107 2-Active	EN RUN OFF2 OFF3 F_ACK DIR 1-Drive　Resp_R-M0.6 VB200-Type　Error-VB107 MD20-Speed~　Status-VW113 Speed-VD117 Run_EN-M0.7 D_Dir-M1.1 Inhibit-M1.0 Fault-M1.2

表3-2　S7-200 PLC 的 USS INIT 指令

EN	使能输入端
Mode	选择通信协议：Mode=1，激活 USS 协议；Mode=0，禁止 USS 协议
Baud	设置波特率（bit）：1200，2400，4800，9600 或 19200
Active	指出与其通信的变频器的站地址。该参数为一个双字，Bit0~Bit31 的每一位对应一个站，该位为 1 时的数值即该站的 ACTIVE 值。如 0 号站的 ACTIVE=1，3 号站的 ACTIVE=8，5 号站的 ACTIVE=32
Done	当 USS 初始化指令执行完毕时，该参数被置为 1
Error	错误返回代码，该参数为一个字节

表3-3　S7-200 PLC 的 DRV_CTRL 指令

EN	使能输入端
RUN	RUN=1，起动；RUN=0，关闭
OFF2	该参数对应自由停车
OFF3	该参数对应快速停车
F_ ACK	错误应答位，当该参数从 0 变为 1 时，变频器清除错误
DIR	运行方向位：DIR=1，顺时针旋转；DIR=0，逆时针旋转
DRIVE	指出与其通信的变频器的站地址。该参数的有效值为 0~31
SPD_SP	调速设置（-200%~200%），该参数为一个百分数

（续）

RSP_R	刷新位
ERR	错误返回代码，该参数为一个字节
STATUS	变频器返回的状态字的原始值
SPEED	速度值（-200%~200%）
RUN_EN	指出变频器运行或停止的状态：RUN_EN=1，运行；RUN_EN=0，停止
DIR_CW	运行方向：DIR_CW=1，顺时针旋转；DIR_CW=0，逆时针旋转
INHIBIT	指出变频器阻止位的状态：INHIBIT=1，阻止；INHIBIT=0，未阻止
FAULT	指出错误位的状态：FAULT=0，无错误；FAULT=1，有错误

3. 参数组态及编程

S7-200 CPU应用USS协议与变频器通信时，首先要对变频器参数进行设置。其次，在S7-200 CPU的符号表中，已经定义了一个USS内部变量的符号表，占400字节，用户需给出USS内部变量的起始地址。最后，编写程序，通过变频器控制电动机的运行。

（1）设置变频器参数　通过变频器基本操作面板BOP设置变频器参数，见表3-4，其中波特率设置值与波特率对应关系见表3-5。

表3-4　变频器参数设置

参　　数	设 置 值	说　　明	参　　数	设 置 值	说　　明
P2010	7	将波特率设置为19200	P0700	5	对应来自USS的控制字
P2011	1	变频器站地址为1	P1000	5	对应来自USS的设定值

表3-5　波特率设置值与波特率的对应关系

波特率设置值	波特率/bit	波特率设置值	波特率/bit
3	1200	6	9600
4	2400	7	19200
5	4800		

（2）定义USS内部变量　起动STEP7-Micro/WIN32编程软件，在项目的符号表中，双击USS协议，打开USS协议符号表，按照第一行注释的提示，对应符号USS_LOW_V输入USS协议的起始地址，如MW200，其他符号的地址则自动生成。

（3）编写程序　编写程序并装到S7-200 PLC的CPU中，程序如下：变频器驱动控制，当I0.0=1时，起动变频器；当I0.1=1时，为自由停车；当I0.2=1时，为快速停车；I0.3为故障应答信号；I0.4控制方向，0为逆时针转动，1为顺时针转动；对站号为1的变频器进行通信控制；由MD20设置控制速度。程序如图3-4所示。

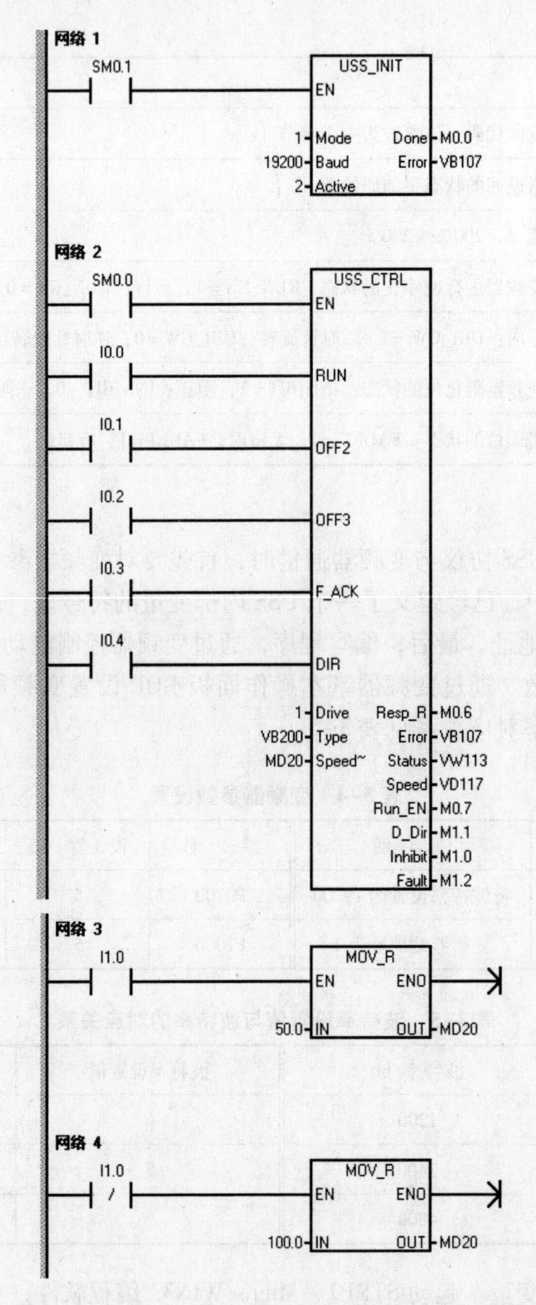

图 3-4　S7-200 PLC 与站号为 1 的变频器通信控制梯形图

4. 功能调试

1）按图 3-3 将 PLC、变频器、电动机正确接线。

2）输入程序，按图 3-4 所示正确输入程序。

3）按下 P 键，恢复变频器工厂默认值。

4）设置电动机参数，然后设 P0010 = 0，变频器当前处于准备状态，可正常运行。

5）按表 3-4 设置变频器参数。

6）按要求进行联机通信，观察电动机运行变化。

四、任务检测

1. 预期成果

1）PLC、变频器联机通信的硬件接线图。

2）PLC、变频器联机通信的软件程序。

3）PLC、变频器联机通信的任务单。

4）PLC、变频器联机通信的控制电路。

2. 检测要素

1）硬件电路的制作：PLC 梯形图设计、变频器参数设定。

2）软件的设计：根据要求实现 PLC 与变频器的联机通信。

3）文明施工、纪律安全、团队合作、设备工具管理等。

4）成果展示：学生分组展示并汇报自己的设计作品。

3. 评价要素（见表 3–6）

表 3–6　PLC、变频器联机通信任务评价表

评价内容	权重（%）	学习情况记录
根据学习任务搜集相关信息，并进行记录与整理。能合理制订各工作计划	10	
施工合理、操作规范，在规定时间内正确完成任务，实现 PLC 与变频器的通信功能	30	
硬件接线正确、软件设计合理、变频器参数设置合理、任务单填写合理	30	
安全施工、质量、文明、团队意识强（工具保管、使用、收回情况；设备摆放、场地整理情况），无旷课、迟到现象	20	
自评与互评（考核自主学习能力、协作学习过程中做出的贡献及完成工作任务的质量）	10	
总得分		

3.1.2　可逆运行调速系统的安装与调试

电动机的正、反转可实现生产机械的正、反两个方向运行，如机床工作台的前进与后退，主轴的正转与反转，小型升降机、起重机吊钩的上升与下降。实现正、反转可以通过变频器外部端子实现，也可以通过继电器控制电路或 PLC 控制实现。由于 PLC 控制具有可靠性高、在线编程方便、维护简单等优点，它将逐渐代替继电器控制电路，成为变频调速系统控制器的主流。

本任务的主要内容是利用 S7－200 PLC 和 MM440 型变频器设计该电动机可逆运行的控制电路，并通过参数设置来改变变频器的正转、反转连续运行输出频率。异步电动机参数为功率 60 W，额定电流 0.33 A，额定电压 220 V。

控制要求如下：

1）通过 PLC 的正确编程、变频器参数的正确设置，实现电动机的正反转运行。当电动机正向运行时，正向起动时间为 8 s，电动机正向运行速度为 840 r/min，对应频率30 Hz。当电动机反向运行时，反向起动时间为 8 s，电动机反向运行速度为 840 r/min，对应频率 30 Hz。当电动机停止时，发出停止指令 8 s 内电动机停止。

2）通过 PLC 的正确编程、变频器参数的正确设置，实现电动机的正反向点动运行。电动机正反向点动转速为560 r/min，对应频率为20 Hz。点动斜坡上升或下降时间为6 s。

一、任务目标

1. 能够进行PLC与变频器的正确接线。
2. 能根据要求设置正反转运行时MM440的有关参数。
3. 能进行可逆运行调速系统的调试。

二、任务基础

1. PLC控制硬件设计

通过S7－200 PLC和MM440型变频器联机，实现MM440控制端口的开关操作，完成对电动机正反向运行、正反向点动运行的控制。由上述控制要求，可确定PLC需要5个输入点，4个输出点，其I/O分配及与变频器的接口关系见表3-7，PLC与MM440的接线如图3-5所示。

表3-7 I/O分配表

输入			输出		
输入继电器	输入元件	作用	输出继电器	MM440接口	作用
I0.1	SB1	正向起动按钮	Q0.1	5	正转/停止
I0.2	SB2	停止按钮	Q0.2	6	反转/停止
I0.3	SB3	反向起动按钮	Q0.3	7	正向点动
I0.4	SB4	正向点动按钮	Q0.4	8	反向点动
I0.5	SB5	反向点动按钮			

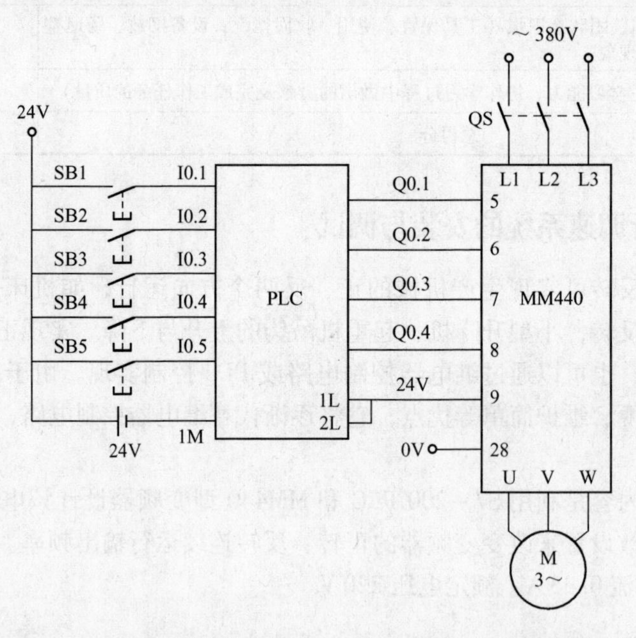

图3-5 PLC和变频器联机实现电动机可逆运行调速的控制电路

2. PLC程序设计

按照电动机正反向运行与正反向点动运行控制要求及对MM440型变频器数字输入接口、S7－200数字输入/输出接口所做的变量约定，PLC程序应实现下列控制：

1）当按下正转起动按钮SB1时，电动机正转；当按下停止按钮SB2时，电动机停止。

2）当按下反转起动按钮 SB3 时，电动机反转；当按下停止按钮 SB2 时，电动机停止。

3）当按下正向点动按钮 SB4 时，电动机正向点动运行；放开按钮 SB4 时，电动机停止。

4）当按下反向点动按钮 SB5 时，电动机反向点动运行；放开按钮 SB5 时，电动机停止。

S7-200PLC 和 MM440 型变频器联机实现 MM440 控制接口的开关操作，梯形图程序如图 3-6 所示。

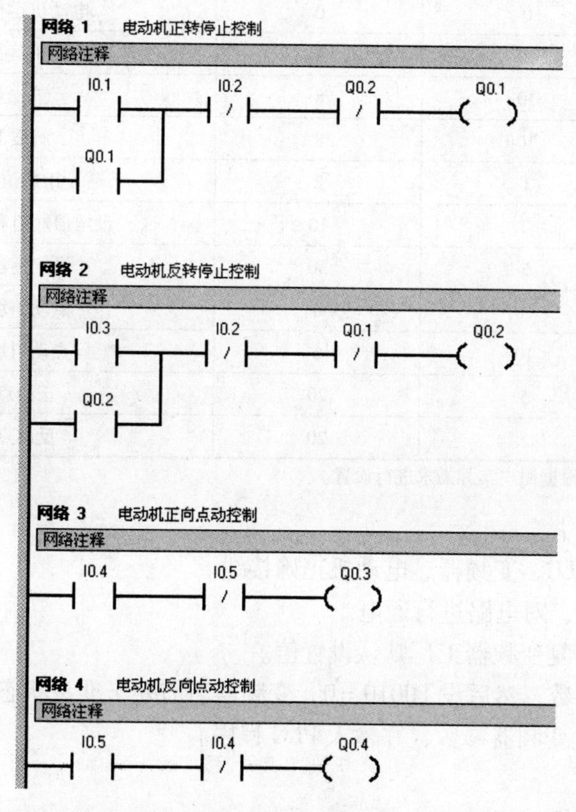

图 3-6 PLC 和变频器联机实现电动机可逆运行调速的控制梯形图

3. 变频器的参数设置（表 3-8）

表 3-8 变频器的参数设置

参　数	出 厂 值	设 置 值	说　明
P0003	1	1	设置用户访问等级为标准级
P0004	0	7	命令，二进制 I/O
P0700	2	2	由端子排输入
P0003	1	2	设用户访问级为扩展级
P0004	0	7	命令，二进制 I/O
*P0701	1	1	ON/OFF1
*P0702	1	2	ON/OFF1
*P0703	9	10	正向点动
*P0704	15	11	反向点动

（续）

参　数	出 厂 值	设 置 值	说　明
P0003	1	1	设置用户访问等级为标准级
P0004	0	10	设定值通道和斜坡函数发生器
P1000	2	1	频率设定值为键盘（MOP）设定值
P1080	0	0	电动机运行最低频率/Hz
P1082	50	50	电动机运行最高频率/Hz
* P1120	10	8	斜坡上升时间/s
* P1121	10	8	斜坡下降时间/s
P0003	1	2	设用户访问级为扩展级
P0004	0	10	设定值通道和斜坡函数发生器
* P1040	5	30	设定键盘控制的频率
* P1060	10	6	点动斜坡上升时间/s
* P1061	10	6	点动斜坡下降时间/s
* P1058	5	20	正向点动频率/Hz
* P1059	5	20	反向点动频率/Hz

注：标“*”的参数可根据用户实际需求进行设置。

三、任务实施

1）按图 3-5 将 PLC、变频器、电动机正确接线。

2）合上电源开关，对电路进行通电。

3）按下 P 键，恢复变频器工厂默认设置值。

4）设置电动机参数，然后设 P0010 = 0，变频器当前处于准备状态，可正常运行。

5）按表 3-8 设置变频器参数，并输入 PLC 程序。

6）功能调试：

① 电动机正向运行。

当按下正转按钮 SB1 时，PLC 输出触点 Q0.1 接通，MM440 的端口 5 为“ON”，电动机按 P1120 所设置的 8 s 斜坡上升时间正向起动，经 8 s 后电动机正向稳定运行在 P1040 所设置的 30 Hz 对应的 840 r/min 的转速上。同时，Q0.1 常开触点闭合后实现自锁。

② 电动机反向运行。

操作运行情况与正向运行类似。为了保证正转和反转不同时进行，即 MM440 的端口 5 和 6 不同时为“ON”，在程序设计中利用输出继电器 Q0.1 和 Q0.2 的常闭触点实现互锁。

③ 电动机停车。

无论电动机当前处于正向还是处于反向工作状态，当按下停止按钮 SB2 时，输出继电器 Q0.1（或 Q0.2）失电，MM440 的端口 5（或 6）为“OFF”，电动机按 P1121 所设置的 8 s斜坡下降时间正向（或反向）停车，经 8 s 后电动机停止运行。

④ 电动机正向点动运行。

当按下正向点动按钮 SB4 时，PLC 输出继电器 Q0.3 得电，MM440 的数字端口 7 为“ON”，电动机按 P1060 所设置的 6 s 点动斜坡上升时间正向点动运行，经 6 s 后电动机运行在由 P1058 所设置的 20 Hz 正向点动频率对应的 560 r/min 转速上。

当放开正向点动按钮 SB4 时，输出继电器 Q0.3 失电，MM440 的数字端口 7 为“OFF”，电动机按 P1061 所设置的 6s 点动斜坡下降时间停车。

⑤ 电动机反向点动运行。

操作情况同正向点动运行类似。

四、任务检测

1. 预期成果

1）符合工艺要求的 PLC 控制的可逆运行调速系统的硬件实物电路。

2）符合规范的 PLC 控制的可逆运行调速系统的任务单。

2. 检测要素

1）硬件电路的制作：PLC I/O 分配、元器件选用、接线工艺。

2）软件的设计：PLC 梯形图设计、变频器参数设定。

3）系统运行与调试：实现了 PLC 控制的电动机可逆运行变频调速功能。

4）文明施工、纪律安全、团队合作、设备工具管理等。

5）成果展示。学生分组展示并汇报自己的设计作品。

3. 评价要素（见表 3-9）

表 3-9 可逆运行调速系统任务评价表

评价内容	权重（%）	学习情况记录
根据学习任务搜集相关信息，并进行记录与整理。能合理制订各工作计划	10	
施工合理、操作规范，在规定时间内正确完成任务，实现 PLC 控制的电动机可逆运行变频调速功能	30	
硬件设计、软件设计合理，变频器参数设置正确，任务单填写合理	30	
安全施工、质量、文明、团队意识强（工具保管、使用、收回情况；设备摆放、场地整理情况），无旷课、迟到现象	20	
自评与互评（考核自主学习能力、协作学习过程中做出的贡献及完成工作任务的质量）	10	
总得分		

任务 3.2 PLC 控制的变频多档调速系统的装调

3.2.1 基于 PLC 的 3 段速固定频率的控制

在工业生产中，由于工艺的要求，很多生产机械在不同的转速下运行，如某精密机床，其主轴转速共分 7 档，分别为 75 r/min、280 r/min、560 r/min、700 r/min、840 r/min、1200 r/min、1400 r/min。通过前面学习可知，变频器的调速可以连续进行，也可以分段进行。很显然此生产机械只需要分段调速即可。那么变频器的分段频率给定可以通过 PLC 结合变频器的多段速功能来实现，即用程序控制来实现电动机的多段速运行控制。

本任务的主要内容是利用 S7-200PLC 的正确编程和 MM440 型变频器参数的正确设置，实现如下控制要求：

S7-200 PLC 和 MM440 型变频器联机实现 3 段速固定频率控制。按下起动运行按钮，电动机起动并运行在 10 Hz 频率所对应的 280 r/min 的转速上；延时 10 s 后电动机升速，运行在 25 Hz 所对应的 700 r /min 转速上；再延时 10 s 后电动机继续升速，运行在 50 Hz 所对应的 1400 r/min 转速上，按下停车按钮，电动机停止运行。

一、任务目标

1. 能够进行 PLC 与变频器的正确接线。
2. 掌握实现 3 段速调速的方法。
3. 能够根据要求设置 MM440 有关参数。
4. 能够正确进行系统调试。

二、任务基础

1. 3 段速固定频率控制曲线

控制曲线如图 3-7 所示。

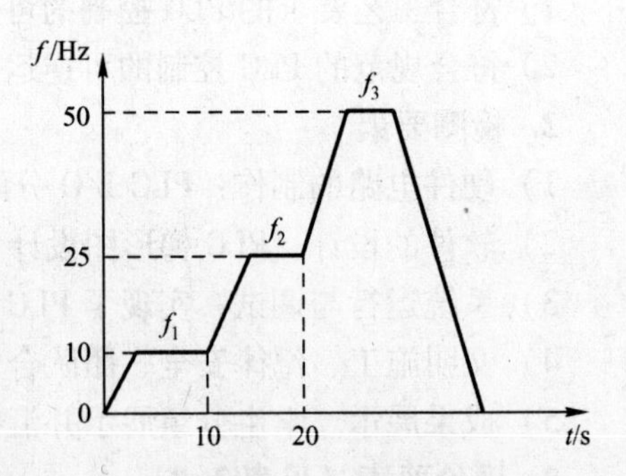

图 3-7　3 段速固定频率控制曲线

2. PLC 与变频器接线图

通过 S7 - 200 PLC 和 MM440 型变频器联机，按控制要求完成对电动机的控制。由上述控制要求可确定 PLC 需要 2 个输入点，3 个输出点，其 I/O 分配及与变频器的接口关系见表 3-10，PLC 与 MM440 型接线如图 3-8 所示。

表 3-10　I/O 分配表

输入			输出		
输入继电器	输入元件	作用	输出继电器	MM440 接口	作用
I0. 1	SB1	起动按钮	Q0. 1	5	固定频率设置
I0. 2	SB2	停止按钮	Q0. 2	6	固定频率设置
			Q0. 3	7	运行/停止控制

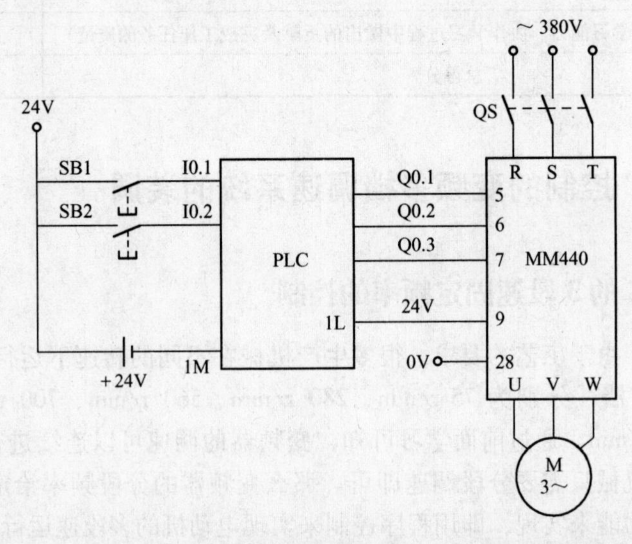

图 3-8　PLC 和 MM440 型变频器联机实现 3 段速固定频率控制电路

3. PLC 程序设计

按照电动机控制要求及对 MM440 型变频器数字输入端口、S7 - 200 PLC 数字输入/输出端口所做的变量约定，S7 - 200 PLC 和 MM440 联机实现 3 段速控制梯形图如图 3-9 所示。

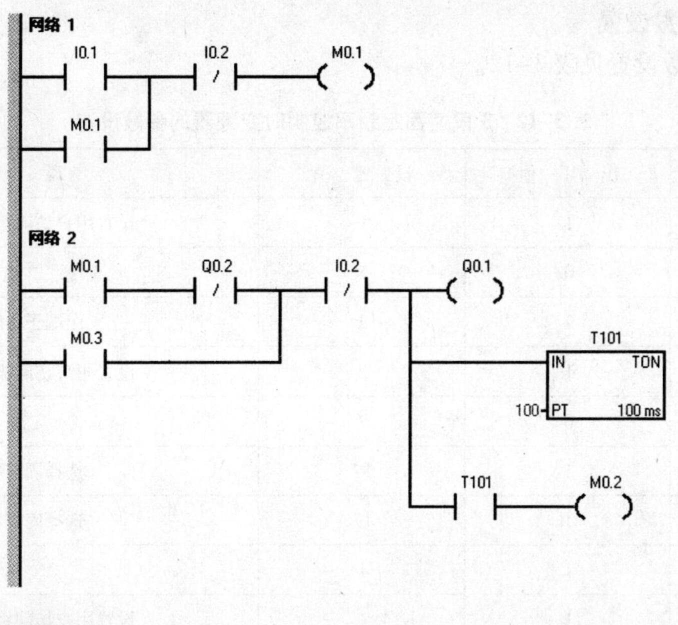

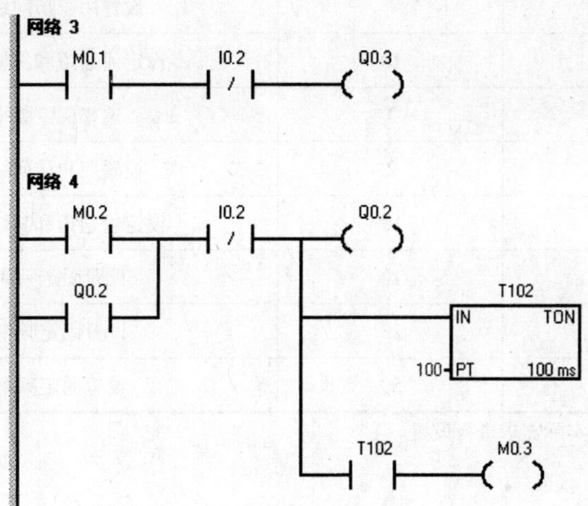

图 3-9　PLC 和变频器联机实现 3 段速固定频率控制梯形图

4. 3 段速固定频率控制

MM440 型变频器数字输入端口 5、6 通过 P0701、P0702 参数设为 3 段速固定频率控制端，每一频段的频率可分别为 P1001、P1002 和 P1003 参数设置。变频器数字输入端口 7 设为电动机运行、停止控制端，可由 P0703 参数设置。3 段速固定频率控制状态见表 3-11。

表 3-11　3 段速固定频率控制状态

固定频率	Q0.2　6 端口	Q0.1　5 端口	对应频率所设置参数	频率/Hz	转速/(r/min)
1	0	1	P1001	10	280
2	1	0	P1002	25	700
3	1	1	P1003	50	1400
OFF	0	0		0	0

5. 变频器参数设置

变频器的参数设置见表3-12。

表3-12 3段速固定频率控制时变频器的参数设置

参数	出厂值	设置值	说明
P0003	1	1	设置用户访问级为标准级
P0004	0	7	命令，二进制I/O
P0700	2	2	由端子排输入
P0003	1	2	设置用户访问级为扩展级
P0004	0	7	命令，二进制I/O
* P0701	1	17	选择固定频率
* P0702	1	17	选择固定频率
* P0703	1	1	ON/OFF
P0003	1	1	设置用户访问级为标准级
P0004	0	10	设定值通道和斜坡函数发生器
P1000	2	3	选择固定频率设定值
P0003	1	2	设置用户访问级为扩展级
P0004	0	10	设定值通道和斜坡函数发生器
* P1001	0	10	设置固定频率1（Hz）
* P1002	5	25	设置固定频率2（Hz）
* P1003	10	50	设置固定频率3（Hz）

注：标“*”的参数可根据用户实际需求进行设置。

三、任务实施

1）按图3-8将PLC、变频器、电动机正确接线。

2）合上电源开关，对电路进行通电。

3）按下P键，恢复变频器工厂默认设置值。

4）设置电动机参数，然后设P0010=0，变频器当前处于准备状态，可正常运行。

5）按表3-12设置变频器参数，并输入PLC程序。

S7-200 PLC和MM440联机实现3段速固定频率控制。当按下正转起动按钮SB1时，PLC数字输出端Q0.3为1，MM440型变频器端口7为“ON”，允许电动机运行。同时Q0.1为1，Q0.2为0，MM440型变频器端口5为“ON”，6为“OFF”，电动机运行在第一固定频率段。延时10 s后，PLC输出端Q0.1为0，Q0.2为1，MM440变频器端口5为“OFF”，端口6为“ON”，电动机运行在第二固定频率段。再延时10 s，PLC输出端Q0.1为1，Q0.2也为1，MM440型变频器端口5为“ON”，端口6也为“ON”，电动机运行在第三固定频率段。

当按下停止按钮SB2时，PLC输出端Q0.3为0，MM440型变频器数字输入端口7为

"OFF"，电动机停止运行。

四、任务检测

1. 预期成果

1）符合工艺要求的 PLC 控制的 3 段速固定频率控制系统硬件实物电路。

2）符合规范的 PLC 控制的 3 段速固定频率控制系统的任务单。

2. 检测要素

1）硬件电路的制作：PLC I/O 分配、元器件选用、接线工艺。

2）软件的设计：PLC 梯形图设计、变频器参数设定。

3）系统运行与调试：利用 PLC 实现电动机 3 段速固定频率控制。

4）文明施工、纪律安全、团队合作、设备工具管理等。

5）成果展示。学生分组展示并汇报自己的设计作品。

3. 评价要素（见表 3-13）

表 3-13　基于 PLC 的 3 段速固定频率控制任务评价表

评 价 内 容	权 重（%）	学习情况记录
根据学习任务搜集相关信息，并进行记录与整理。能合理制订各工作计划	10	
施工合理、操作规范，在规定时间内正确完成任务，利用 PLC 实现电动机 3 段速固定频率控制	30	
硬件设计、软件设计合理，变频器参数设置正确、任务单填写合理	30	
安全施工、质量、文明、团队意识强（工具保管、使用、收回情况；设备摆放、场地整理情况），无旷课、迟到现象	20	
自评与互评（考核自主学习能力、协作学习过程中做出的贡献及完成工作任务的质量）	10	
总得分		

3.2.2　基于 PLC 的 7 段速固定频率的控制

本任务的主要内容是 S7-200 PLC 和 MM440 型变频器联机实现某精密机床主轴的 7 段速固定频率控制。

按下起动运行按钮，电动机起动并运行在 10 Hz 频率所对应的 280 r/min 的转速上；延时 10 s 后，电动机升速，运行在 20 Hz 所对应的 560 r/min 转速上；再延时 10 s 后，电动机继续升速，运行在 50 Hz 所对应的 1400s r/min 的转速上；再延时 10 s 后，电动机降速到 30 Hz 频率所对应的 840 r/min 的转速上；再延时 10 s 后，电动机正向减速到 0 并反向加速运行在 -10 Hz所对应的 -280 r/min 的转速上；再延时 10 s 后，电动机继续反向加速到 -20 Hz 频率所对应的 -560 r/min 的转速上；再延时 10 s 后，电动机继续反向加速到 -50 Hz 频率所对应的 -1400 r/min 的转速上，按下停车按钮，电动机停止运行。

一、任务目标

1. 能够进行 PLC 与变频器的正确接线。

2. 掌握实现 7 段速调速的方法。

3. 能够根据要求设置 MM440 有关参数。

4. 能够正确进行系统调试。

二、任务基础

1. 7 段速固定频率控制曲线

控制曲线如图 3-10 所示。

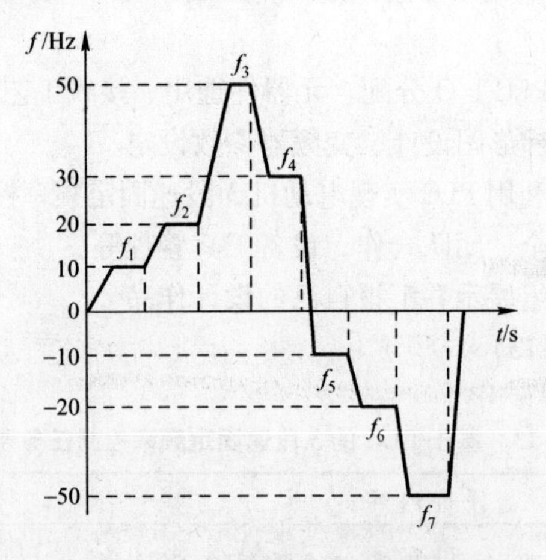

图 3-10　7 段速固定频率控制曲线

2. PLC 与变频器接线图

通过 S7 -200 系列 PLC 和 MM440 变频器联机，按控制要求完成对电动机的控制。由上述控制要求可确定 PLC 需要 2 个输入点，4 个输出点，其 I/O 分配及与变频器的接口关系见表 3-14，PLC 与 MM440 的接线如图 3-11 所示。

表 3-14　I/O 分配表

输　入			输　出		
输入继电器	输入元件	作用	输出继电器	MM440 接口	作用
I0.1	SB1	起动按钮	Q0.0	5	固定频率设置
I0.2	SB2	停止按钮	Q0.1	6	固定频率设置
			Q0.2	7	固定频率设置
			Q0.3	8	运行/停止控制

3. PLC 程序设计

按照电动机控制要求及对 MM440 型变频器数字输入端口、S7 -200 数字输入/输出端口所做的变量约定，编制 7 段速固定频率控制梯形图程序并下载到 PLC 中。

4. 7 段速固定频率控制

MM440 型变频器数字输入端口 5、6、7 通过 P0701、P0702、P0703 参数设为 7 段速固定频率控制端，每一段频率可分别为 P1001、P1002、P1003、P1004、P1005、P1006、P1007 参数设置。变频器数字输入端口 8 设为电动机运行、停止控制端，可由 P0704 参数设置。7 段速固定频率控制状态见表 3-15。

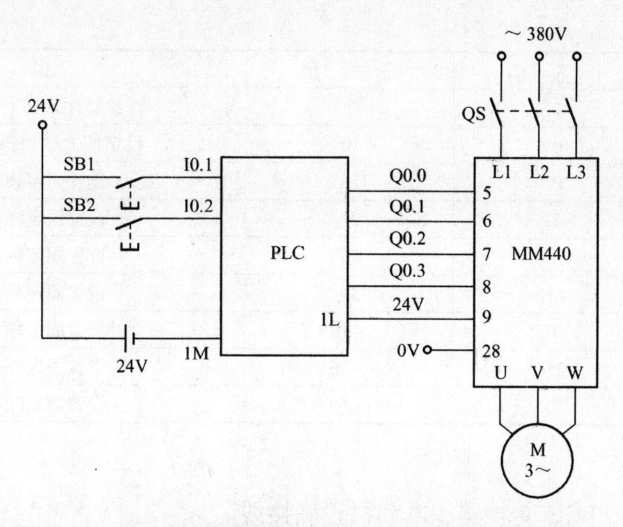

图 3-11 PLC 和变频器联机实现 7 段速固定频率控制电路

表 3-15 7 段速固定频率控制状态

固定频率	Q0.2 7 端口	Q0.1 6 端口	Q0.0 5 端口	对应频率所设置参数	频率/Hz	转速/(r/min)
1	0	0	1	P1001	10	280
2	0	1	0	P1002	20	560
3	0	1	1	P1003	50	1400
4	1	0	0	P1004	30	840
5	1	0	1	P1005	-10	-280
6	1	1	0	P1006	-20	-560
7	1	1	1	P1007	-50	-1400
OFF	0	0	0		0	0

5. 变频器参数设置

变频器的参数设置见表 3-16。

表 3-16 7 段速固定频率控制时变频器的参数设置

参数	出厂值	设置值	说明
P0003	1	1	设置用户访问级为标准级
P0004	0	7	命令，二进制 I/O
P0700	2	2	由端子排输入
P0003	1	2	设置用户访问级为扩展级
P0004	0	7	命令，二进制 I/O
P0701	1	17	选择固定频率
P0702	1	17	选择固定频率
P0703	9	17	选择固定频率
P0704	15	1	ON 接通正转，OFF 停止
P0003	1	1	设置用户访问级为标准级
P0004	0	10	设定值通道和斜坡函数发生器
P1000	2	3	选择固定频率设定值

（续）

参　　数	出　厂　值	设　置　值	说　　明
P0003	1	2	设置用户访问级为扩展级
P0004	0	10	设定值通道和斜坡函数发生器
* P1001	0	10	设置固定频率 1（Hz）
* P1002	5	20	设置固定频率 2（Hz）
* P1003	10	50	设置固定频率 3（Hz）
* P1004	15	30	设置固定频率 4（Hz）
* P1005	20	-10	设置固定频率 5（Hz）
* P1006	25	-20	设置固定频率 6（Hz）
* P1007	30	-50	设置固定频率 7（Hz）

三、任务实施

1）按图 3-11 将 PLC、变频器、电动机正确接线。

2）合上电源开关，对电路进行通电。

3）按下 P 键，恢复变频器工厂默认值。

4）设置电动机参数，然后设 P0010 =0，变频器当前处于准备状态，可正常运行。

5）按表 3-16 设置变频器参数，并输入 PLC 程序。

6）功能调试方法及步骤与 3 段速控制相同。

四、任务检测

1. 预期成果

1）符合工艺要求的 PLC 控制的 7 段速固定频率控制系统的硬件实物电路。

2）满足控制要求的 PLC 控制的 7 段速固定频率控制系统的软件程序。

3）符合规范的 PLC 控制的 7 段速固定频率控制系统的任务单。

2. 检测要素

1）硬件电路的制作：PLC I/O 分配、元器件选用、接线工艺。

2）软件的设计：PLC 梯形图设计、变频器参数设定。

3）系统运行与调试：利用 PLC 实现电动机 7 段速固定频率控制。

4）文明施工、纪律安全、团队合作、设备工具管理等。

5）成果展示。学生分组展示并汇报自己的设计作品。

3. 评价要素（见表 3-17）

表 3-17　基于 PLC 的 7 段速固定频率控制任务评价表

评 价 内 容	权重（%）	学习情况记录
根据学习任务搜集相关信息，并进行记录与整理。能合理制订各工作计划	10	
施工合理、操作规范，在规定时间内正确完成任务，利用 PLC 实现电动机 7 段速固定频率控制	30	
硬件设计、软件设计合理，变频器参数设置正确、任务单填写合理	30	
安全施工、质量、文明、团队意识强（工具保管、使用、收回情况；设备摆放、场地整理情况），无旷课、迟到现象	20	
自评与互评（考核自主学习能力、协作学习过程中做出的贡献及完成工作任务的质量）	10	
总得分		

任务3.3 工频与变频切换系统的装调

3.3.1 工频与变频切换控制系统的装调

电动机运行在工频电网供电时，若工艺变化需要它进行无级调速，此时必须将电动机由工频切换到变频运行。电动机变频运行时，当频率升到50 Hz（工频）并保持长时间运行时，应将电动机切换到工频电网供电，让变频器休息或根据系统的需要用变频器控制其他电动机的运行。另外当变频器发生故障时，为了保证生产的有序进行，应将电动机切换到工频电网运行。

本任务的主要内容是利用S7－200 PLC和MM440型变频器联机实现工频与变频控制系统的切换，控制要求如下：

1）用户根据工作需要选择工频运行或变频运行。

2）在变频运行时，一旦变频器因故障而跳闸，可自动切换为工频运行方式，同时进行声光报警。

一、任务目标

1. 正确进行变频器的外部接线。
2. 正确设置变频器的相关参数。
3. 熟练利用变频器实现变频与工频切换。

二、任务基础

1. 变频与工频切换控制硬件电路

变频与工频切换系统主电路如图3－12所示。MM440为用户提供24 V电源。MM440为用户提供两对模拟电压给定信号输入端作为频率给定信号，经变频器内D/A转换器将模拟量转换为数字量，传输给CPU来控制系统：AIN1＋、AIN1－、AIN2＋、AIN2－。

MM440具有8个继电器触点：RL1－A、RL1－B、RL1－C、RL2－B、RL2－C、RL3-A、RL3-B、RL3-C。

（1）主电路　三相工频电源通过断路器QF接入，接触器KM1用于将电源接至变频器的输入端L1、L2、L3；接触器KM2用于将变频器的输出端U、V、W接至电动机；接触器KM3用于将工频电源直接接至电动机。注意KM2和KM3绝对不能同时接通，否则会造成损坏变频器的后果，因此，接触器KM2和KM3之间必须有可靠的互锁。热继电器FR用于工频运行时的过载保护。

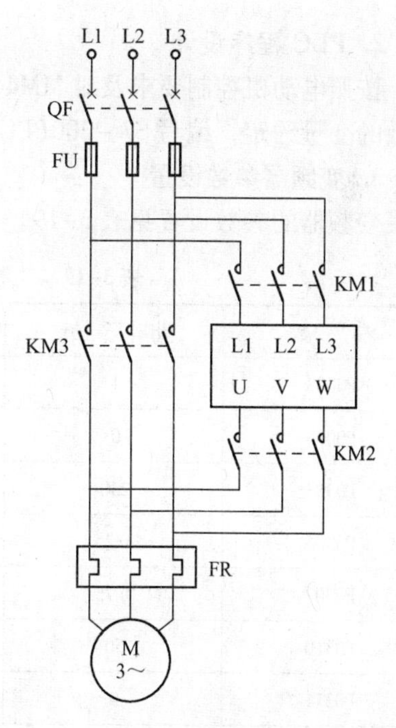

图3-12　变频与工频切换系统主电路

（2）控制电路　由上述控制要求可确定PLC需要4个输入点，4个输出点，其I/O分配及与变频器的接口关系见表3-18，PLC与MM440的接线如图3-13所示。

表 3-18　I/O 分配表

输入（I）			输出（O）		
输入继电器	输入元件	作用	输出继电器	输出元件	作用
I0.0	SB1	工频运行按钮	Q0.0	KM1	变频器电源接触器
I0.1	SB2	变频运行按钮	Q0.1	KM2	电动机运行接触器
I0.2	SB3	停止按钮	Q0.2	KM3	工频运行接触器
I0.3	FR	过载保护	Q1.1	变频器数字端口 5	变频器启停

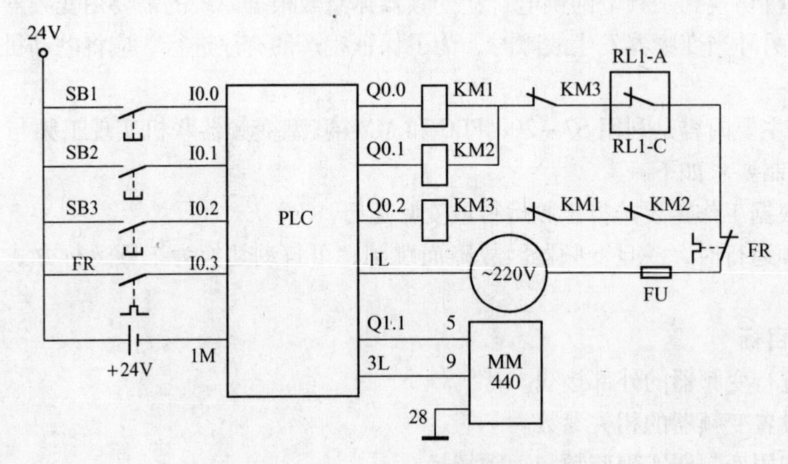

图 3-13　变频与工频切换系统控制电路

2. PLC 程序设计

按照电动机控制要求及对 MM440 型变频器数字输入端口、S7-200 数字输入/输出端口所做的变量约定，编写 S7-200PLC 和 MM440 联机实现工频与变频切换控制系统的梯形图。

3. 变频器参数设置

变频器的参数设置见表 3-19。

表 3-19　工频与变频切换控制时变频器的参数设置

参　数	出 厂 值	设 置 值	说　明
P0003	1	1	设置用户访问级为标准级
P0004	0	7	命令，二进制 I/O
P0304	230	220	电动机额定电压/V
P0305	3.25	1.93	电动机额定电流/A
P0307	0.75	0.37	电动机额定功率/kW
P0310	50	50	电动机额定频率/Hz
P0311	0	1400	电动机额定转速/r/min
P0700	2	2	由端子排输入
P0003	1	2	设置用户访问级为扩展级

（续）

参　数	出 厂 值	设 置 值	说　明
P0004	0	7	命令，二进制 I/O
P0701	1	1	ON/OFF
P0003	1	1	设置用户访问级为标准级
P0004	0	10	设定值通道和斜坡函数发生器
P1000	2	2	模拟设定值
* P1080	0	0	电动机运行最低频率/Hz
* P1082	50	50	电动机运行最高频率/Hz
* P1120	10	5	斜坡上升时间/s
* P1121	10	5	斜坡下降时间/s

三、任务实施

1）按图 3-13、图 3-14 将 PLC、变频器、电动机正确接线。

2）合上电源开关，使电路通电。

3）恢复变频器工厂默认值。

4）设置电动机参数，然后设 P0010 =0，变频器当前处于准备状态，可正常运行。

5）按表 3-19 设置变频器参数。

6）功能调试。

① 按下工频起动按钮 SB1，PLC 数字输出端 Q0. 2 为 1，接触器 KM3 线圈得电，KM3 主触点闭合，电动机接入 50 Hz 工频电源进入工频运行状态。按下停止按钮 SB3，接触器 KM3 线圈断电，KM3 主触点分断，电动机停止运行。

② 按下变频起动按钮 SB2，PLC 数字输出端 Q0. 0、Q0. 1 为 1，接触器 KM2 线圈得电，触点动作，将电动机接至变频器的输出端。同时，接触器 KM1 线圈得电，触点动作，将工频电源接至变频器的输入端，并允许电动机起动。连接到 KM3 线圈控制电路的接触器 KM1、KM2 的常闭触点断开，确保接触器 KM3 不得电。

此时，PLC 数字输出端 Q1. 1 为 1，变频器端口 5 为“ON”，变频器起动运行，电动机运行于变频状态。

按下停止按钮 SB3，若电动机处于变频状态，PLC 数字输出端 5 为“OFF”，接触器 KM1、KM2 延时后断电，电动机实现软停车。若电动机处于工频状态，则 PLC 数字输出端 2 为“OFF”，电动机自由停车。

四、任务检测

1. 预期成果

1）工频与变频切换控制系统的施工图样。

2）工频与变频切换控制系统的软件程序。

3）工频与变频切换控制系统的任务单。

4）工频与变频切换控制系统的电路成品。

2. 检测要素

1）系统总体工作方案的合理制定、元器件的正确选择、施工图样的规范绘制。

2）按工艺进行硬件电路的制作及测试。

3）按要求进行软件编制及变频器参数设定。

4）工频与变频切换控制系统的运行、调试。

5）文明施工、纪律安全、团队合作、设备工具管理等。

6）成果展示，学生分组展示并汇报自己的设计作品。

3. 评价要素（见表3-20）

表3-20 工频与变频切换控制系统任务评价表

评价内容	权重（%）	学习情况记录
总体方案制定合理，元器件选择正确，施工图样绘制科学、规范	15	
软件设计合理、变频器参数设置正确	15	
按工艺施工、操作规范、电路制作正确、调试结果符合要求、工作效率高	30	
安全施工、质量、文明、团队意识强（工具保管、使用、收回情况；设备摆放、场地整理情况），无旷课、迟到现象	10	
任务单填写科学、规范、工整。	20	
自评与互评（考核自主学习能力、协作学习过程中做出的贡献及完成工作任务的质量）	10	
总得分		

3.3.2 工频与变频切换报警与显示系统的装调

本任务的主要内容是利用S7－200PLC和MM440型变频器联机实现工频与变频控制系统的切换，且在变频运行时，一旦变频器因故障而跳闸，可自动切换为工频运行方式，同时进行声光报警。

一、任务目标

1. 掌握PLC、变频器硬件接线、软件设计。
2. 掌握变频器开关量的使用。
3. 掌握变频器模拟量的使用。
4. 掌握PLC、变频器系统保护的措施。

二、任务基础

1. 变频器的开关量输出

西门子MM440型变频器提供了三个继电器输出端子，分别为继电器1（端子18 ～20，一对常开触点、一对常闭触点，共用公共端）、继电器2（端子21、22，常开）和继电器3（端子23 ～25，一对常开触点、一对常闭触点，共用公共端），三个继电器均为干接点输出。

继电器输出可以将变频器当前的状态以开关量的形式用继电器输出，方便用户通过输出继电器的状态来监控变频器的内部状态量。而且每个输出逻辑可以进行取反操作，即通过操作P0748的每一位更改。

相关的参数如下：

（1）P0730　参数P0730用来设置数字输出的数目，访问等级为3，设定值为0 ～3。

(2) P0731　参数 P0731 用来定义数字输出（继电器输出）1 的信号源，默认值为 52.3，访问等级为 2。设定值见表 3-21。

表 3-21　继电器输出参数设置表

设 定 值	参 数 功 能	输 出 状 态	设定值	参数功能	输出状态
P0731 = 52.1	变频器准备就绪	继电器得电	P0732 = 52.1	变频器准备就绪	继电器失电
P0731 = 52.2	变频器正在运行	继电器失电	P0732 = 52.2	变频器正在运行	继电器失电
P0731 = 52.3	变频器故障	继电器得电	P0732 = 52.3	变频器故障	继电器得电
P0731 = 52.E	变频器正向运行	继电器得电	P0732 = 52.7	变频器报警	继电器得电

(3) P0732　参数 P0732 用来定义数字输出（继电器输出）2 的信号源，默认值为 52.3，访问等级为 2，设定值见表 3-21。

(4) P0733　参数 P0733 用来定义数字输出（继电器输出）3 的信号源，默认值为 52.2，访问等级为 2，设定值类似 P0731、P0732。

(5) P0748　参数 P0748 用来定义一个给定功能的继电器输出状态是高电平还是低电平，默认为低电平，访问等级为 3。

2. 变频器的模拟量输出

西门子 MM440 型变频器提供了两路模拟量输出，通道 1 使用端子 12、13，通道 2 使用端子 26、27。MM440 型变频器的两路模拟量输出，相关参数以 in000 和 in001 区分，出厂值为 0 ~ 20mA 输出，可以标定为 4 ~ 20mA 输出（P0778 = 4），如果需要电压信号，可以在相应端子并联一只 500 Ω 电阻。需要输出的物理量可以通过 P0771 设置，见表 3-22。

表 3-22　继电器输出参数设置

设 定 值	参 数 功 能	设 定 值	参 数 功 能
P0771 = 21	实际频率	P0771 = 26	实际直流电压
P0771 = 25	实际输出电压	P0771 = 27	实际输出电流

模拟输出信号与所设置的模拟量呈线性关系。

下面以模拟输出通道 1 标定为 0 ~ 50 Hz、输出 4 ~ 20 mA（见图 3-14）来说明模拟量输出功能的使用方法。除了需要设置 P0771 = 21.0（访问等级为 2）外，还需设置 P0777 ~ P0780（访问等级均为 2 级），用来标定模拟输入。标定方法见表 3-23。

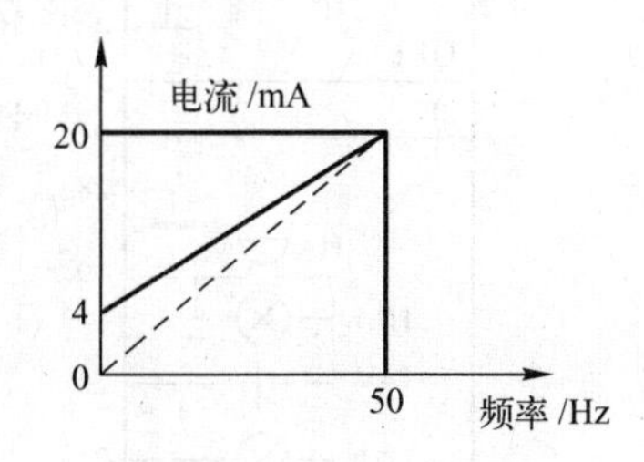

图 3-14　模拟量输出与模拟量设置线性关系图

表 3-23　模拟量输出参数设置

参　数	设 定 值	参数功能
P0777	0%	0 Hz 对应输出电流 4 mA
P0778	4	
P0779	100%	50 Hz 对应输出电流 20 mA
P0780	20	

表 3-23 中设定值除 P0778 要设置为 4 外，其他均可采用默认值。

本任务使用模拟输出通道 1 输出一个 4 ~ 20 mA 的信号来表达变频器的输出频率 0 ~ 50 Hz。

3. 工频与变频切换报警与显示系统硬件电路

主电路同图 3-13。由控制要求可确定 PLC 需要 5 个输入点，4 个输出点，I/O 端口分配见表 3-24，控制电路如图 3-15 所示。

表 3-24　I/O 分配表

输入（I）			输出（O）		
输入继电器	输入元件	作　用	输出继电器	输出元件	作　用
I0.0	SB1	工频运行按钮	Q0.0	KM1	变频器电源接触器
I0.1	SB2	变频运行按钮	Q0.1	KM2	电动机运行接触器
I0.2	SB3	停止按钮	Q0.2	KM3	工频运行接触器
I0.3	变频器输出继电器 1	变频器故障信号	Q1.1	变频器数字端口 5	变频器起停
I0.4	FR	过载保护			

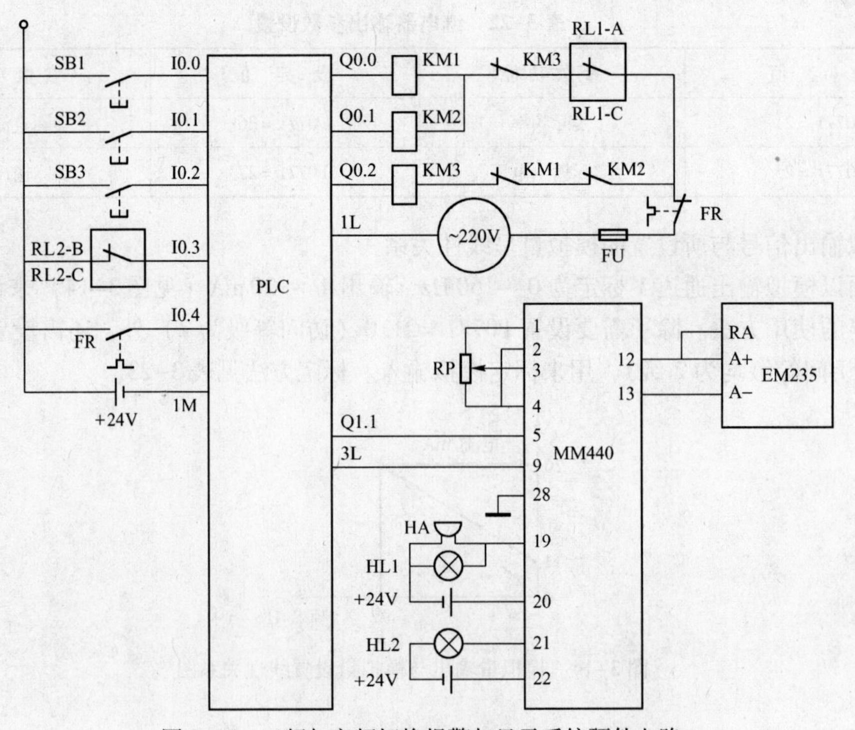

图 3-15　工频与变频切换报警与显示系统硬件电路

4. PLC 程序设计

按照电动机控制要求及对 MM440 型变频器数字输入端口、S7－200 PLC 数字输入/输出端口所做的变量约定，编写 S7－200PLC 和 MM440 联机实现工频与变频切换控制系统的梯形图。

5. 变频器参数设置

变频器的参数设置见表 3-25。

表 3-25　工频与变频切换控制时变频器的参数设置

参　　数	出 厂 值	设 置 值	说　明
P0003	1	1	设置用户访问级为标准级
P0004	0	7	命令，二进制 I/O
P0304	230	220	电动机额定电压/V
P0305	3.25	1.93	电动机额定电流/A
P0307	0.75	0.37	电动机额定功率/kW
P0310	50	50	电动机额定频率/Hz
P0311	0	1400	电动机额定转速/(r/min)
P0700	2	2	由端子排输入
P0003	1	2	设置用户访问级为扩展级
P0004	0	7	命令，二进制 I/O
P0701	1	1	ON/OFF
P0003	1	1	设置用户访问级为标准级
P0004	0	10	设定值通道和斜坡函数发生器
P1000	2	2	模拟设定值
P0731	52.3	52.3	继电器 1 作为故障监控
P0732	52.7	52.2	继电器 2 作为运行指示
P0003	1	3	设置用户访问级为 3 级
P0771	21.0	21.0	模拟输出表达输出频率
P0777	0	0	0 Hz 对应输出电流为 4 mA
P0778	0	4	0 Hz 对应输出电流为 4 mA
P0779	100	100.00	50 Hz 对应输出电流为 20 mA
P0780	0	20	50 Hz 对应输出电流为 20 mA
P1080	0	0	电动机运行最低频率/Hz
P1082	50	50	电动机运行最高频率/Hz

（续）

参　数	出 厂 值	设 置 值	说　明
P1120	10	5	斜坡上升时间/s
P1121	10	5	斜坡下降时间/s

三、任务实施

1）按图 3-12、图 3-15 进行硬件接线。

2）合上电源开关，使电路通电。

3）按下 P 键，恢复变频器工厂默认值。

4）设置电动机参数，然后设 P0010 = 0，变频器当前处于准备状态，可正常运行。

5）按表 3-25 设置变频器参数。

6）功能调试。

① 系统变频起动、工频起动及停止功能调试步骤及方法同 3.3.1。

② 模拟量输出调试。

调节电位器 RP，增加电动机运行频率，当运行频率达到 50 Hz 时，变频器模拟量输出端口 12、13 输出的电流达到 20 mA，信号经过 A +、A - 进入 PLC 模拟量输入输出单元 EM235，通过比较运算，PLC 的数字输出端口 0、1、1.0 为“OFF”，接触器 KM1、KM2 断电，变频器停止运行。同时，PLC 的数字输出端口 2 为“ON”，接触器 KM3 得电，电动机切换到工频运行，实现了当电动机变频运行频率达到 50 Hz 时，自动切换到工频状态的功能。

③ 故障报警调试。

当变频器出现故障时，继电器 1 的常开触点 19、20 闭合，报警扬声器 HA 和报警灯 HL1 ~ HL2 接通电源，进行声光报警。同时，PLC 输入端口 3 输入信号，PLC 输出端口 0、1 为“OFF”，接触器 KM1、KM2 断电，接触器 KM3 得电，电动机由变频运行切换为工频运行。

④ 指示功能调试。

按下系统变频起动按钮 SB2，若变频器无故障，则继电器 2 的触点 21、22 将闭合，变频器运行指示灯亮。

四、任务检测

1. 预期成果

1）工频与变频切换报警及显示系统的施工图样。

2）工频与变频切换报警及显示系统的软件程序。

3）工频与变频切换报警及显示系统的任务单。

4）工频与变频切换报警及显示系统的电路成品。

2. 检测要素

1）报警、显示、模拟量切换等功能的设计与图样绘制。

2）报警、显示、模拟量切换系统的硬件电路制作。

3）软件编制及变频器参数设定。

4）工频与变频切换报警及显示系统的功能调试与故障排除。

5）文明施工、纪律安全、团队合作、设备工具管理等。

6）成果展示，学生分组展示并汇报自己的设计作品。

3. 评价要素（见表 3-26）

表 3-26 工频与变频切换控制报警及显示系统任务评价表

评 价 内 容	权 重（%）	学习情况记录
报警、显示、模拟量切换等功能方案设计合理，图样绘制规范，元器件选择正确	10	
报警、显示、模拟量切换系统的硬件电路制作符合工艺要求及生产安全	10	
软件设计合理、变频器参数设置正确	20	
功能调试符合控制要求，遇到问题能独立进行故障排除	20	
安全施工、质量、文明、团队意识强（工具保管、使用、收回情况；设备摆放、场地整理情况），无旷课、迟到现象	10	
任务单填写科学、规范、工整	20	
自评与互评（考核自主学习能力、协作学习过程中做出的贡献及完成工作任务的质量）	10	
总得分		

任务 3.4 自动送料系统的装调

3.4.1 两站自动送料系统的装调

在现代工厂、企业中经常会用到送料小车，早期的自动送料系统通常都是采用继电器逻辑控制，由于继电器的稳定性远远比不上目前的 PLC 控制设备。特别是随着科技的不断发展，PLC 以其体积小、功能强、故障率低、可靠性高、维护方便等优点，被广泛用于送料系统。为了节能，需要小车在装料、空车、起动时的转速各不相同，为了达到这一目的，本项目采用 PLC 控制变频器实现小车的自动往返和调速。

具体要求如下：送料小车在工作台上进行往返运行，如图 3-16 所示。

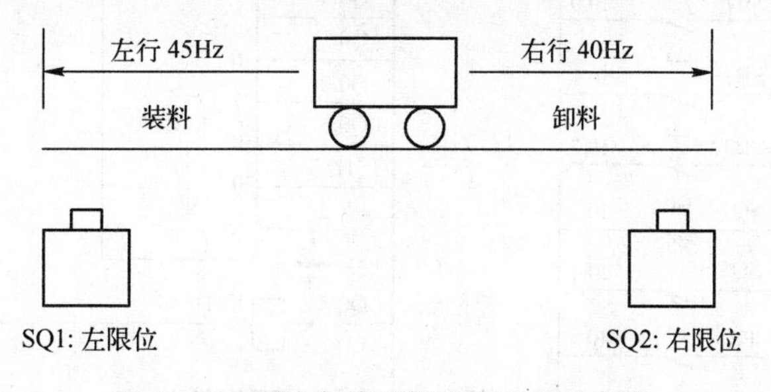

图 3-16 两站自动送料系统运行示意图

按下起动按钮，小车以 45 Hz 向左运行，碰撞行程开关 SQ1 后，停下进行装料，20 min后，装料结束，以 40 Hz 右行，碰撞行程开关 SQ2 后，停止右行，开始卸料，10 min后，卸料结束，以 45 Hz 左行，如此循环。系统具有必要的短路保护、过载保护、断相保护。

一、任务目标

1. 能用 PLC 实现自动送料小车变频系统的设计、安装。
2. 掌握自动送料小车变频系统的程序编写和参数设置。
3. 掌握 PLC 变频器综合系统的调试方法和步骤。

二、任务基础

1. 硬件电路

（1）主电路　自动送料控制系统的要求是既能实现电动机的可逆运行控制，又能实现电动机的调速控制。电动机的可逆运行是通过变频器实现的，所有功能均由 PLC 控制变频器实现。主电路如图 3-17 所示。三相工频电源通过断路器 QF 接入，接触器 KM1 用于将电源接至变频器的输入端 L1、L2、L3；接触器 KM2 用于将变频器的输出端 U、V、W 接至电动机。热继电器 FR 用于工频运行时的过载保护。

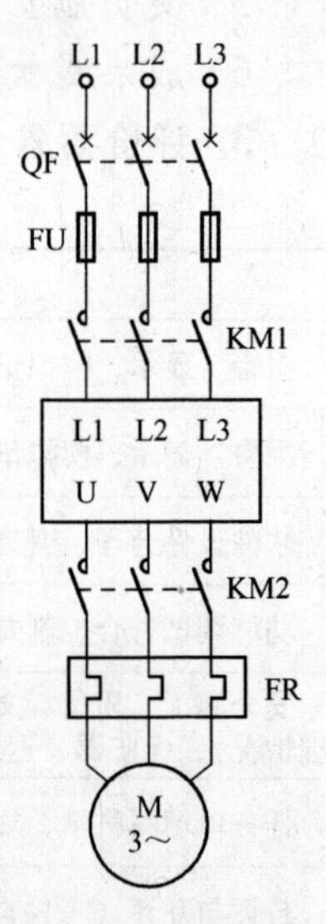

图 3-17　两站自动送料系统主电路

（2）控制电路　由上述控制要求可确定 PLC 需要 6 个输入点，6 个输出点，其 I/O 分配及与变频器的接口关系见表 3-27，PLC 与 MM440 的接线如图 3-18 所示。

表 3-27　I/O 分配表

输入（I）			输出（O）		
输入继电器	输入元件	作用	输出继电器	输出元件	作用
I0.0	SB1	正向运行按钮	Q0.0	变频器端口 5	正转/停止
I0.1	SB2	反向运行按钮	Q0.1	变频器端口 6	反转/停止
I0.2	SB3	停止按钮	Q0.2	变频器端口 7	固定频率设置
I0.3	SQ1	左限位	Q0.3	变频器端口 8	固定频率设置
I0.4	SQ2	右限位	Q0.4	接触器 KM1	变频器电源接触器
I0.5	FR	过载保护	Q0.5	接触器 KM2	电动机运行接触器

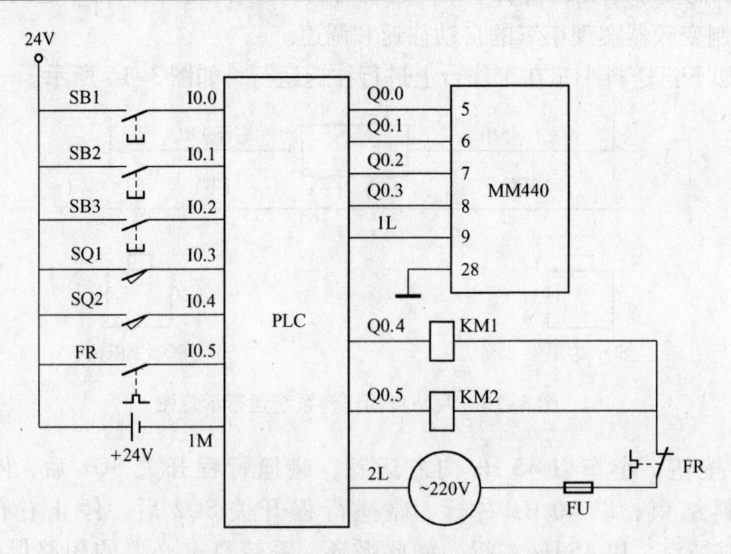

图 3-18　两站自动送料系统控制电路

2. PLC 程序设计

按照电动机控制要求及对 MM440 型变频器数字输入端口、S7－200 数字输入/输出端口所做的变量约定，设计 S7－200PLC 和 MM440 联机实现自动送料系统的梯形图。

3. 变频器参数设置

变频器的参数设置见表 3-28。

表 3-28　两站自动送料系统变频器的参数设置

参　数	出 厂 值	设 置 值	说　明
P0003	1	1	设置用户访问级为标准级
P0004	0	7	命令，二进制 I/O
P0304	230	220	电动机额定电压/V
P0305	3.25	1.93	电动机额定电流/A
P0307	0.75	0.37	电动机额定功率/kW
P0310	50	50	电动机额定频率/Hz
P0311	0	1400	电动机额定转速/(r/min)
P0700	2	2	外部端子控制起停
P0003	1	3	设置用户访问级为 3 级
P0004	0	7	命令，二进制 I/O
P0701	1	1	端子 5 控制正转起停
P0702	1	2	端子 6 控制反转起停
P1000	2	3	外部开关选择多档频率
P0703	9	15	端子 7 使用固定频率
P0704	15	15	端子 8 使用固定频率
P0003	1	1	设置用户访问级为标准级
P0004	0	10	设定值通道和斜坡函数发生器
P1080	0	0	电动机运行最低频率/Hz
P1082	50	50	电动机运行最高频率/Hz
P1120	10	5	斜坡上升时间/s
P1121	10	5	斜坡下降时间/s
* P1001	0	40	设置固定频率 1(Hz)
* P1002	5	45	设置固定频率 2(Hz)

三、任务实施

1）按图 3-17、图 3-18 将 PLC、变频器、电动机正确接线。

2）合上电源开关，使电路通电。

3）按下 P 键，恢复变频器工厂默认值。

4）设置电动机参数，然后设 P0010＝0，变频器当前处于准备状态，可正常运行。

5）按表 3-28 设置变频器参数。

6）功能调试。

① 按下正向起动按钮 SB1，PLC 数字输出端 Q0.4、Q0.5 分别为 1，接触器 KM1、KM2 得电，PLC 数字输出端 Q0.0 和 Q0.2 为 1，变频器端口 5、7 为“ON”，系统起动。送料小

车以40 Hz右行，到达卸料位置后停下卸料。卸料结束，小车自动返回装料处进行装料。装料结束，小车自动右行，往返运行。按下停止按钮，小车停车。

② 按下反向起动按钮 SB2，PLC 数字输出端 Q0.4、Q0.5 分别为 1，接触器 KM1、KM2 得电，PLC 数字输出端 Q0.1 和 Q0.3 为 1，变频器端口 6、8 为“ON”，系统起动。送料小车以45 Hz左行，到达装料位置后停下装料。装料结束，小车自动返回卸料处进行卸料。卸料结束，小车自动左行，往返运行。按下停止按钮，小车停车。

四、任务检测

1. 预期成果

1）符合工艺要求的自动送料系统的硬件安装电路。

2）符合控制要求的软件程序。

3）符合规范的自动送料系统的任务单。

2. 检测要素

1）系统总体工作方案的合理制定、元器件的正确选择、施工图样的规范绘制。

2）按工艺进行硬件电路的制作及测试。

3）按要求进行软件编制及变频器参数设定。

4）自动送料系统的运行、调试。

5）文明施工、纪律安全、团队合作、设备工具管理等。

6）成果展示，学生分组展示并汇报自己的设计作品。

3. 评价要素（见表 3-29）

表 3-29 两站自动送料系统任务评价表

评价内容	权重（%）	学习情况记录
总体方案制定合理，元器件选择正确，施工图样绘制科学、规范	15	
软件设计合理、变频器参数设置正确	15	
按工艺施工、操作规范、电路制作正确、调试结果符合要求、工作效率高	30	
安全施工、质量、文明、团队意识强（工具保管、使用、收回情况；设备摆放、场地整理情况），无旷课、迟到现象	10	
任务单填写科学、规范、工整	20	
自评与互评（考核自主学习能力、协作学习过程中做出的贡献及完成工作任务的质量）	10	
总得分		

3.4.2 多站自动送料系统的装调

送料小车在现代企业的生产车间中担任着货物的取、送工作。本任务的具体要求是：某生产车间根据产品加工类别，分为取料区、半成品加工区、成品加工区三个区域。在进行产品加工时，送料小车从原材料取料区取出被加工件，并根据待加工产品类别，将其送到不同加工区，如图 3-19 所示。

取料区存放着毛坯料、雏形料、配件料三种货品，若送料小车从取料区取出的是毛坯料，小车以 35 Hz 右行，将毛坯料送至半成品加工区进行半成品加工，之后，小车自动返回取料区进行下一轮循环。若送料小车从取料区取出的是雏形料，小车以 35 Hz 右行，将配件

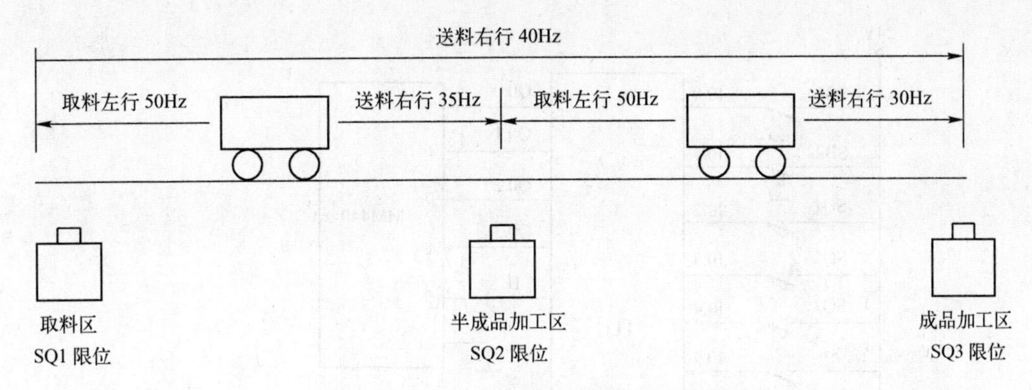

图 3-19　多站自动送料系统运行示意图

料送至半成品加工区进行半成品加工。加工时间 10 min，加工结束后，以 30 Hz 速度将其送至成品加工区，进行成品装配，装配结束后小车返回。

若送料小车从取料区取出的是配件料，小车以 40 Hz 右行，直接将配件料送至成品加工区进行成品加工。加工结束后小车自动返回取料区进行下一轮循环。

取料区、半成品加工区、成品加工区的限位控制分别由行程开关 SQ1、SQ2、SQ3 实现。小车返回速度为 50 Hz。系统具有要的短路保护、过载保护、断相保护。

一、任务目标

1. 能用 PLC 实现多站送料小车变频系统的设计、安装。
2. 掌握自动送料小车变频系统的程序编写和参数设置。
3. 掌握 PLC 与变频器综合系统的调试方法和步骤。

二、任务基础

硬件电路的主电路设计同图 3-17。由上述控制要求可确定 PLC 需要 9 个输入点，6 个输出点，其 I/O 分配及与变频器的接口关系见表 3-30，PLC 与 MM440 的接线如图 3-20 所示。

表 3-30　I/O 分配表

输入（I）			输出（O）		
输入继电器	输入元件	作　用	输出继电器	输出元件	作　用
I0.0	SB1	起动按钮	Q0.0	变频器端口 5	正转/停止
I0.1	SB2	停止按钮	Q0.1	变频器端口 6	反转/停止
I0.2	SQ1	取料区限位	Q0.2	变频器端口 7	固定频率设置
I0.3	SQ2	半成品加工区限位	Q0.3	变频器端口 8	固定频率设置
I0.4	SQ3	成品加工区限位	Q0.4	接触器 KM1	变频器电源接触器
I0.5	S1	毛坯料检测	Q0.5	接触器 KM2	电动机运行接触器
I0.6	S2	锥形料检测			
I0.7	S3	配件料检测			
I1.0	FR	过载保护			

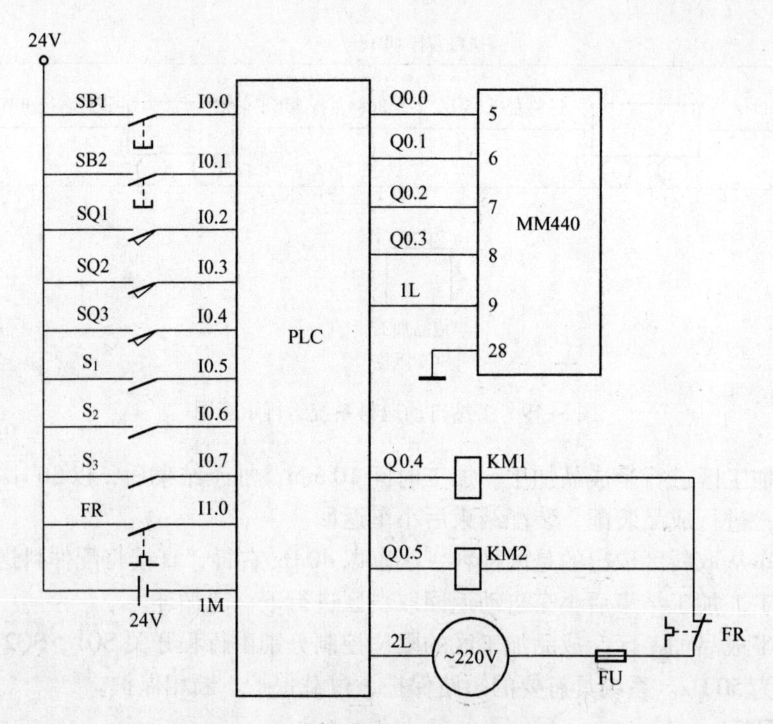

图 3-20　多站自动送料系统控制电路

三、任务实施

1. PLC 程序设计

按照电动机控制要求及对 MM440 型变频器数字输入端口、S7-200 数字输入/输出端口所做的变量约定，设计 S7-200PLC 和 MM440 联机实现自动送料系统的梯形图。

2. 变频器参数设置

变频器的参数设置，参照表 3-28 进行设置。

3. 功能调试

1）起动系统后，通过检测开关 S_1 闭合，模拟小车从取料区取出毛坯料，然后以 35 Hz 以频率右行，将毛坯料送至半成品加工区。

2）通过检测开关 S_2 闭合，模拟小车从取料区取出雏形料，然后以 35 Hz 频率右行至半成品加工区、10 min 后再以 30 Hz 送至成品加工区。

3）通过检测开关 S_3 闭合，模拟小车从取料区取出配件料，然后以 40 Hz 频率送右行至成品加工区。

四、任务检测

1. 预期成果

1）符合工艺要求的多站自动送料系统的硬件安装电路及图样。

2）符合控制要求的软件程序。

3）符合规范的自动送料系统的任务单。

2. 检测要素

1）系统总体工作方案的合理制定、元器件的正确选择、施工图样的规范绘制。

2）按工艺进行硬件电路的制作及测试。

3）按要求进行软件编制及变频器参数设定。

4）自动送料系统的运行、调试。

5）文明施工、纪律安全、团队合作、设备工具管理等。

6）成果展示，学生分组展示并汇报自己的设计作品。

3. 评价要素（见表3-31）

表3-31 多站自动送料系统的任务评价表

评价内容	权重（%）	学习情况记录
总体方案制定合理，元器件选择正确，施工图样绘制科学、规范	15	
软件设计合理、变频器参数设置正确	15	
按工艺施工、操作规范、电路制作正确、调试结果符合要求、工作效率高	30	
安全施工、质量、文明、团队意识强（工具保管、使用、收回情况；设备摆放、场地整理情况），无旷课、迟到现象	10	
任务单填写科学、规范、工整	20	
自评与互评（考核自主学习能力、协作学习过程中做出的贡献及完成工作任务的质量）	10	
总得分		

学习情境4 变频器的工程实践

任务4.1 变频器选择

电力拖动变频调速系统的变频器选择是一个比较复杂的问题，是一个有多个步骤的实践过程。变频器的选择主要考虑以下几个方面，见表4-1。

表4-1 变频器的选择

根据负载情况选择系统性能	选择工作环境	选择变频器特性	根据需要选择附件
负载类型	温度	容量	制动电阻及单元
负载要求的调速范围	相对湿度	最大瞬间电流	线路电抗器
负载转矩的变动范围	抗振性	输出频率	EMC滤波器
负载机械特性的要求	抗干扰	输出电压	通信附件
负载要求的变频器类型		加/减速时间	
		电压/频率比	

4.1.1 变频器类型的选择

1. 变频器的类型

变频器选用时一定要做详细的技术经济分析论证，对那些负荷较高且非变工况运行的设备不宜采用变频器。变频器具有较多的品牌和种类，价格相差也很大，要根据工艺环节的具体要求选择性价比相对较高的品牌和种类，为此必须了解变频器的技术特性和分类，变频器可以从以下不同的方面进行分类。

1）按控制方式不同可分为通用型和工程型。通用型变频器一般采用给定闭环控制方式，动态响应速度相对较慢，在电动机高速运转时也可满足设备恒功率的运行特性，但在低速时难以满足恒功率要求。工程型变频器在其内部通过检测设有自动补偿、自动限制的环节，在设备低速运转时也可保持较好的特性，实现闭环控制。

2）按安装形式不同可分为四种，可根据受控电动机功率及现场安装条件选用合适类型。第一种是固定式（壁挂式），功率多在37 kW以下；第二种是书本型，功率为0.2～37 kW，占用空间相对较小，安装时可紧密排列；第三种是装机、装柜型，功率为45～200 kW，需要附加电路及整体固定壳体，体积较大；第四种为柜型，控制功率为45～1500 kW，除具备装机、装柜型特点外，占用空间更大。

3）从变频器的电压等级来看，有单相AC 230 V，也有三相AC 208～230 V、380～460 V、500～575 V、660～690 V等级，应根据电源条件和电动机额定电压参数做出正确的选择。

4）从变频器的防护等级来看，有IP00的，也有IP54的，要根据现场环境条件做出相应的选择。

5）从调速范围及精度而言，PC（频率控制）变频器的调速范围为1:25～1:100；VC（矢量控制）变频器的调速范围为1:100～1:1000；SC（伺服控制）变频器的调速范围为1:1000～1:4000，要根据系统的负载特性做出相应的选择。

变频器选型时，应兼顾上述各点要求，根据生产现场的情况正确选择合适的形式。

2. 变频器的选型原则

变频器的正确选用对于机械设备电控系统的正常运行是至关重要的。选择变频器，首先要满足机械设备的类型、负载转矩特性、调速范围、静态速度精度、起动转矩和使用环境的要求，然后再决定选用何种控制方式和防护结构的变频器。所谓合适是在满足机械设备的实际工艺生产要求和使用场合的前提下，实现变频器应用的最佳性价比。在实践中常将生产机械根据负载转矩的不同，分为三大类型。

（1）恒转矩负载　在恒转矩负载中，负载转矩 T_L 与转速 n 无关，在任何转速下 T_L 总保持恒定或基本恒定，负载功率则随着负载速度的增高而线性增加。多数负载具有恒转矩特性，但在转速精度及动态性能等方面要求一般不高，例如挤压机、搅拌机、传送带、厂内运输车、起重机的平移机构以及提升机构和提升机等。选型时可选 U/f 控制方式的变频器，但是最好采用具有恒转矩控制功能的变频器。起重机类负载的特点是起动时冲击很大，因此要求变频器有一定余量。同时，在重物下放时，会有能量回馈，因此要采用制动单元或共用母线的方式来消耗回馈的能量。对于恒转矩类负载或有较高静态转矩精度要求的传动系统选用具有转矩控制功能的高功能型变频器比较理想，因为这种变频器低速转矩大，静态机械特性硬度大，不怕负载冲击，具有挖土机特性。在实际工程应用中，为了实现大调速比的恒转矩调速，常采用加大变频器容量的办法。

变频器拖动恒转矩性质的负载时，低速时的输出转矩要足够大，并且要有足够的过载能力。而对不均性负载（其特性是负载有时轻，有时重）应按照重负载的情况来选择变频器容量，例如：轧钢机机械、粉碎机械、搅拌机等。对于大惯性负载，如离心泵、冲床、水泥厂的旋转窑等机械设备，此类负载的惯性很大，因此起动时可能会振荡，电动机减速时有能量回馈，应该选用容量稍大的变频器来加快起动，避免振荡，配合制动单元消耗回馈能量。

（2）恒功率负载　恒功率负载的特点是负载转矩 T_L 与转速大体成反比，但其乘积即功率却近似保持不变。金属切削机床的主轴和轧钢机、造纸机、薄膜生产线中的卷取机、开卷机等，都属于恒功率负载。这类生产设备一般要求精度高、动态性能好、响应快，应采用矢量控制高功能型通用变频器。

负载的恒功率性质是针对一定的速度变化范围而言的。当速度很低时，受机械强度的限制，T_L 不可能无限增大，在低速范围变成恒转矩性质。负载的恒功率区和恒转矩区对传动方案的选择有很大的影响。电动机在恒磁通调速时，最大允许输出转矩不变，属于恒转矩调速；而在弱磁调速时，最大允许输出转矩与速度成反比，属于恒功率调速。当电动机的恒转矩和恒功率调速的范围与负载的恒转矩和恒功率范围相一致时，即所谓“匹配”的情况下，电动机的容量和变频器的容量均最小。

（3）流体负载　在各种风机、水泵、油泵中，随着叶轮的转动，空气或液体在一定的速度范围内所产生的阻力大致与转速 n 的二次方成正比，且随着转速的减小，转矩按转速的二次方减小。这种负载所需的功率与速度的三次方成正比。各种风机、水泵和油泵，都属于典型的流体负载。由于流体类负载在高速时的需求功率增加过快，与负载转速的三次方成正比，所以不应使这类负载超工频运行。

该类负载在过载能力方面的要求较低，由于负载转矩与速度的二次方成反比，所以低速运行时负载较轻（罗茨风机除外），又因为这类负载对转速精度没有什么要求，故选型时通常以价格为主要选型原则，应选择普通功能型变频器，只要变频器容量等于电动机容量即可（空压机、深水泵、泥沙泵、快速变化的音乐喷泉需加大容量）。也有为此类负载配套的专用变频器可供选用。

3. 变频器选型的注意事项

在选择变频器时应注意以下事项：

1）选择变频器时应以实际电动机电流值作为变频器选择的依据，电动机的额定功率只能作为参考。另外，应充分考虑变频器的输出含有高次谐波，会造成电动机功率因数和效率都会变差。用变频器给电动机供电与用工频电网供电相比较，电动机的电流增加 10% 而温升增加约 20%，所以在选择电动机和变频器时，应考虑到这种情况，适当留有裕量，以防止温升过高，影响电动机的使用寿命。

2）一般通用变频器是针对对 4 极电动机的电流值和各参数进行设计制造的。因此，当电动机不是 4 极时，就不能仅以电动机的容量来选择变频器的容量，必须用电流来校验。

3）绕线转子异步电动机采用变频器控制运行，大多是对老设备进行改造，利用已有的电动机。改用变频器调速时，可将绕线转子异步电动机的转子短路，去掉电刷和起动器。考虑电动机输出时温度上升的问题，所以要降低容量的 10% 以上。应选择比通常容量稍大的变频器。

4）齿轮电动机用变频器传动时，要分别考虑电动机（与标准电动机情况大体相同）和齿轮两部分。一般的齿轮电动机是以工频电源的定速运转作为前提制造的。因此，这种齿轮电动机用变频器增速或减速时可以使用的范围，通常允许最低频率受限于齿轮部分的润滑方式，允许最高频率取决于电动机和齿轮两部分中频率较低的一个值。

5）一般的单相电动机不适合通用变频器传动。其理由是，单相电动机仅有一个绕组，接入单相电源不能起动，必须要有起动装置。用变频器起动不合适。

6）在有爆炸性气体等危险场所，为了不使电动机成为灾害之源，要用合格的防爆电动机。近年来，由于节能和调速的要求，防爆电动机变频器传动需求量正在增加。对于工频电源传动的原有和新设的防爆电动机，禁止随意使用变频器传动。一定要与变频器组合运转经检验合格后才能使用。变频器要安装在防爆场所外。

7）变频器内部产生的热量大，考虑到散热的经济性，除小容量变频器外几乎都是开启式结构，采用风扇进行强制冷却。变频器设置场所在室外或周围环境恶劣时，最好装在独立盘上，采用具有冷却热交换装置的全封闭式结构。对于小容量变频器，在粉尘、油雾多的环境或者棉绒多的纺织厂也可以采用全封闭式结构。对于一些特殊的应用场合，如高环境温度、高开关频率、高海拔等，会引起变频器的降容，变频器需放大一档选择。

8）变频器与电动机之间的连接若为长电缆时，应该采取措施抑制长电缆对地耦合电容的影响，以避免变频器出力不够。对此，可将变频器容量放大一档选择或在变频器的输出端安装输出电抗器。当变频器用于控制并联的几台电动机时，一定要使变频器到电动机的电缆的长度总和在变频器的容许范围内。如果超过规定值，要放大一档或两档来选择变频器。另外，在此种情况下，变频器的控制方式只能为 U/f 控制方式，并且变频器无法做到电动机的过电流、过载保护，此时需要在每台电动机上加熔断器来实现保护。

4.1.2 变频器容量的选择

变频器的容量要与电动机的功率优化匹配，但不能仅由电动机的功率来确定变频器的容量。变频器的额定输出电流也是选择变频器的容量时必须要考虑的一个重要因素。除此之外，还要考虑输出电压、最高频率、电动机的起动、加减速、带电动机的数目以及负载的情况等因素。

1. 变频器输出电压的选定

变频器的输出电压按电动机的额定电压选定。在我国低压电动机多数为380 V，可选用400 V系列的变频器。应当注意变频器的工作电压是按 U/f 曲线变化的。变频器规格表中给出的输出电压是变频器的最大可能输出电压，即基频下的输出电压。

2. 变频器输出频率的选定

变频器的最高输出频率根据机型不同有很大不同，有 50 Hz/60 Hz、120 Hz、240 Hz 或更高。50 Hz/60 Hz 的变频器，以在额定速度以下范围内进行调速运转为目的，大容量通用变频器几乎都属于此类。最高输出频率超过工频的变频器多为小容量。在 50 Hz/60 Hz 以上区域，由于输出的电压不变，为恒功率特性，要注意在高速区域转矩的减小。例如，车床要根据工件的直径或材料改变转速，可选择在恒功率的范围内使用。在轻载时采用高速可以提高生产率，但需注意不要超过电动机和负载的允许最高速度。

考虑到以上各点，根据变频器的使用目的所确定的最高输出频率来选择变频器。

3. 变频器容量的选定

采用变频器对异步电动机进行调速时，在异步电动机确定后，通常根据异步电动机的额定电流来选择变频器的容量，或者根据异步电动机实际运行中的电流值（最大值）来选择变频器的容量。

（1）连续运行的场合　由于变频器供给电动机的电流是脉动电流，其脉动值比工频供电时的电流要大。因此，须将变频器的容量留有适当的余量。通常应使变频器的额定输出电流≥（1.05~1.1）倍电动机的额定电流（铭牌值）或电动机实际运行中的最大电流。

（2）加、减速时变频器容量的选定　变频器的最大输出转矩是由变频器的最大输出电流决定的。一般情况下，对于短时间的加、减速而言，变频器允许达到额定输出电流的130%~150%（视变频器容量有别）。在短时间加、减速时的输出转矩也可以增大；反之若只需要较小的加、减速转矩，也可降低选择变频器的容量。由于电流的脉动原因，此时应将变频器的最大输出电流降低10%后再进行选定。

（3）频繁加、减速运转时变频器容量的选定　频繁加、减速运转时，可根据加速、恒速、减速等各种运行状态下变频器的电流值来确定变频器额定输出电流 I_{INV}。

$$I_{INV} = (I_1 t_1 + I_2 t_2 + \cdots)/(t_1 + t_2 + \cdots) K_0 \tag{4-1}$$

式中 I_{INV}——变频器额定输出电流；

I_1、I_2——各种运行状态下的平均电流（A）；

t_1、t_2——各种运行状态下的时间（s）；

K_0——安全系数（频繁运行时取1.2，一般运行时取1.1）。

（4）电流变化不规则的场合　运行中如果电动机电流不规则变化，这时，可使电动机在输出最大转矩时的电流限制在变频器的额定输出电流内进行选定。

（5）电动机直接起动时所需变频器容量的选定　通常，三相异步电动机直接用工频起动时起动电流为其额定电流的5～7倍，直接起动时可按下式选定变频器：

$$I_{INV} \geqslant I_K / K_g \tag{4-2}$$

式中　I_K——额定电压、额定频率下电动机起动时的堵转电流（A）；

K_g——变频器的允许过载倍数，$K_g = 1.3 \sim 1.5$。

（6）多台电动机共享一台变频器供电　上述步骤（1）～（5）仍适用，但还应考虑以下因素：

1）在电动机总功率相等的情况下，由多台小功率电动机组成的一组电动机效率，比由台数少但功率较大的一组低。因此，两者电流总值并不相等，可根据各电动机的电流总值来选择变频器。

2）在软起动、软停止时，一定要按起动最慢的那台电动机进行整定。

3）若有一部分电动机直接起动，可按下式进行计算：

$$I_{INV} = [N_2 K_2 + (N_1 - N_2) I_N] / K_g \tag{4-3}$$

式中　N_1——电动机总台数；

N_2——直接起动的电动机台数；

K_2——直接起动电动机的起动电流系数；

I_N——电动机的额定电流。

多台电动机依次直接起动，最后一台电动机的起动条件最不利。

4. 容量选择的注意事项

（1）并联追加投入起动　用一台变频器使多台电动机并联运行时，如果所有电动机同时起动加速，可按如前所述选择容量。但是对于一小部分电动机开始起动后再追加投入其他电动机起动的场合，此时，变频器的电压、频率已经上升，追加投入的电动机将产生较大的起动电流。因此，变频器容量与同时起动时相比需要大些。

（2）大过载容量　根据负载的种类往往需要过载容量大的变频器。通用变频器过载容量通常多为125%或150%，需要超过此值的过载容量时必须增大变频器的容量。

（3）轻载电动机　电动机的实际负载比电动机的额定输出功率小时，则可选择与实际负载相称的变频器容量。对于通用变频器，即使实际负载小，但是使用比按电动机额定功率选择的变频器容量小的变频器并不合适。

4.1.3　变频器的主电路和外围电器的选择

1. 变频调速系统的主电路

变频调速系统的主电路是指从交流电源到负载之间的电路。各种不同型号变频器的主电路端子差别不大，通常用R、S、T表示交流电源的输入端；U、V、W表示变频器的输出端。在实际应用中，需要和许多外接的电器一起使用，构成一个比较完整的主电路，如图4-1所示。

在具体的应用中，图4-1所示的电器不一定全部都要连接，根据实际需要有的电器可以省去。最常见的一台变频器带一台电动机的主电路只需要电源开关和接触器。在某些生产机械不允许停机的系统中，当变频器因发生故障而跳闸时，须将电动机迅速切换到工频运

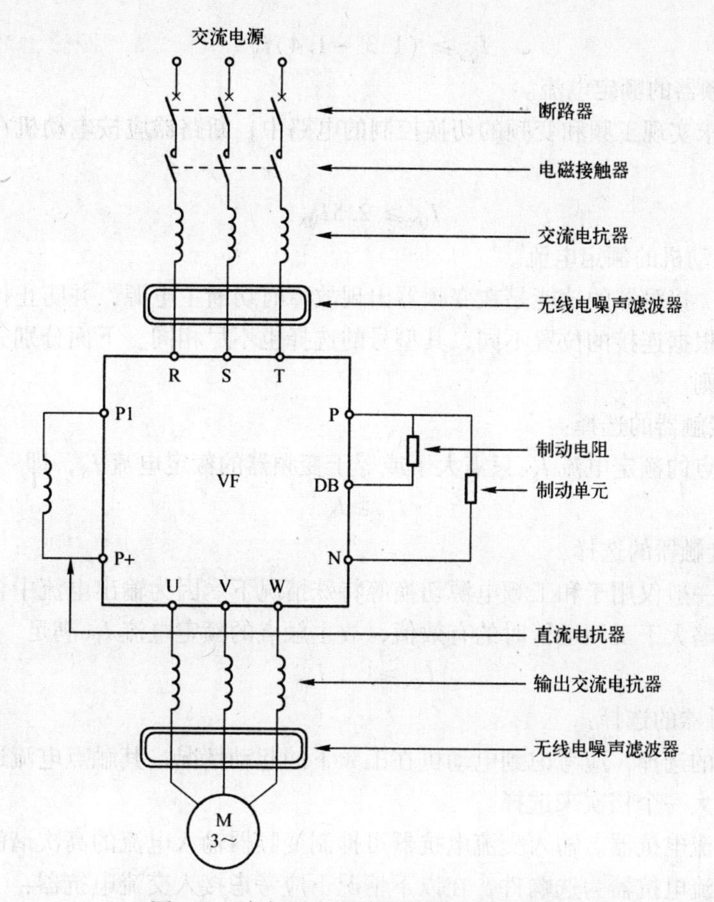

图 4-1　变频器主电路及外围电器的连接

行；还有一些系统为了减少设备投资，由一台变频器控制多台电动机，但是变频器只能带动一台电动机，其他电动机只能运行在工频状态，例如恒压供水系统。对于这种能够实现工频与变频切换的系统，熔断器和热继电器是不能省略的。同时变频器的输出接触器和工频接触器之间必须有可靠的互锁，防止工频电源直接与变频器的输出端相接而损坏变频器。

2. 外围电器的选用

（1）断路器

1）断路器俗称空气开关，断路器的主要功能有：

① 隔离作用，当变频器进行维修或长期不用时，将其与电网断开，确保安全。

② 保护作用，低压断路器具有过电流、欠电压等保护功能，当变频器的输入侧发生短路或电源欠电压等故障时，可以进行保护。

2）断路器选择的依据：

因为低压断路器具有过电流保护功能，为了避免不必要的误动作，选用时应充分考虑电路中是否有正常过电流。在变频器单独控制电路中，属于正常过电流的情况有：

① 变频器刚接通瞬间，对电容器的充电电流可高达额定电流的 2 ~3 倍；

② 变频器的进线电流是脉冲电流，其峰值经常可能超过额定电流。

一般变频器允许的过载能力为额定电流的 150%，运行 1 min。所以为了避免误动作，低压断路器的额定电流 I_{QN} 应选

$$I_{QN} \geqslant (1.3 \sim 1.4) I_N \quad (4-4)$$

式中　I_N——变频器的额定电流。

在电动机要求实现工频和变频的切换控制的电路中，断路器应按电动机在工频下的起动电流来进行选择

$$I_{QN} \geqslant 2.5 I_{MN} \quad (4-5)$$

式中　I_{MN}——电动机的额定电流。

（2）接触器　接触器的功能是在变频器出现故障时切断主电源，并防止掉电及故障后的再起动。接触器根据连接的位置不同，其型号的选择也不尽相同。下面分别介绍各种情况下接触器的选择原则。

1）输入侧接触器的选择：

接触器主触点的额定电流 I_{KN} 只需大于或等于变频器的额定电流 I_N，即

$$I_{KN} \geqslant I_N \quad (4-6)$$

2）输出侧接触器的选择：

输出接触器一般仅用于和工频电源切换等特殊情况下。因为输出电流中含有较强的谐波成分，其有效值略大于工频运行时的有效值，故主触点的额定电流 I_{KN} 满足

$$I_{KN} \geqslant 1.1\, I_{MN} \quad (4-7)$$

3）工频接触器的选择：

工频接触器的选择，应考虑到电动机在工频下的起动情况，其触点电流通常可按电动机的额定电流再加大一个档次来选择。

（3）输入交流电抗器。输入交流电抗器可抑制变频器输入电流的高次谐波，明显改善功率因数。输入交流电抗器为选购件，在以下情况下应考虑接入交流电抗器：

1）变频器所用之处的电源容量与变频器容量之比为10:1以上；

2）同一电源上接有晶闸管变流器负载或在电源端带有开关控制调整功率因数的电容器；

3）三相电源的电压不平衡度较大（≥3%）；

4）变频器的输入电流中含有许多高次谐波成分，这些高次谐波电流都是无功电流，使变频调速系统的功率因数降低到0.75以下；

5）变频器的功率＞30 kW。

常用交流电抗器的规格见表4-2。

表4-2　常用交流电抗器的规格

电动机容量/kW	30	37	45	55	75	90	110	132	160	200	220
变频器容量/kW	30	37	45	55	75	90	110	132	160	200	220
电感量/mH	0.32	0.26	0.21	0.18	0.13	0.11	0.09	0.08	0.06	0.05	0.05

（4）无线电噪声滤波器　变频器的输入和输出电流中都含有很多高次谐波成分，这些高次谐波电流除了增加输入侧的无功功率、降低功率因数（主要是频率较低的谐波电流）外，频率较高的谐波电流还将以各种方式把自己的能量传播出去，形成对其他设备的干扰，严重的甚至还可能使某些设备无法正常工作。

滤波器就是用来削弱这些较高频率的谐波电流，以防止变频器对其他设备的干扰。滤波器主要由滤波电抗器和电容器组成。无线电噪声滤波器主要有三种，如图4-2所示。

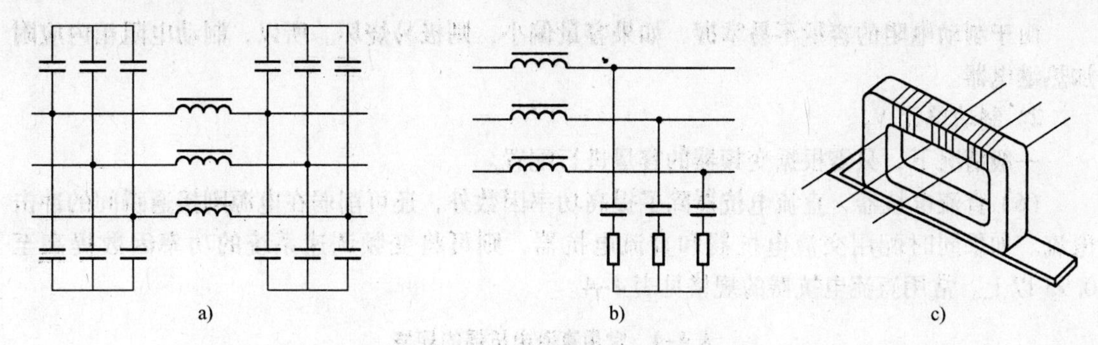

图 4-2　无线电噪声滤波器

a）输入侧滤波器　b）输出侧滤波器　c）滤波电抗器的结构

应注意的是：输出侧滤波器的电容只能接在电动机侧，且应串联电阻，以防止逆变器因电容器的充、放电而受冲击。需要说明的是：滤波电抗器各相的连接线在同一个磁心上按相同方向绕4圈（输入侧）或3圈（输出侧）构成。三相的连接线必须按相同方向绕在同一个磁心上，这样，其基波电流的合成磁场为0，因而对基波电流没有影响。

（5）制动电阻及制动单元　制动电阻及制动单元的功能是当电动机因频率下降或重物下降（如起重机械）而处于再生制动状态时，避免在直流回路中产生过高的泵升电压。

1）制动电阻 R_B 的选择。

电阻值 R_B 为

$$\frac{U_{DH}}{2I_{MN}} \leqslant R_B \leqslant \frac{U_{DH}}{I_{MN}} \tag{4-8}$$

式中　U_{DH}——直流回路电压的允许上限值（V），在我国，$U_{DH} \approx 600$ V。

电阻的功率 P_B 为

$$P_B = \frac{U_{DH}^2}{\gamma R_B} \tag{4-9}$$

式中　γ——修正系数。

常用制动电阻的阻值与容量的参考值见表 4-3。

表 4-3　常用制动电阻的阻值与容量的参考值

电动机容量/kW	电阻值/Ω	电阻功率/ kW	电动机容量/kW	电阻值/Ω	电阻功率/ kW
0.40	1000	0.14	37	20.0	8
0.75	750	0.18	45	16.0	12
1.50	350	0.40	55	13.6	12
2.20	250	0.55	75	10.0	20
3.70	150	0.90	90	10.0	20
5.50	110	1.30	110	7.0	27
7.50	75	1.80	132	7.0	27
11.0	60	2.50	160	5.0	33
15.0	50	4.00	200	4.0	40
18.5	40	4.00	220	3.5	45
22.0	30	5.00	280	2.7	64
30.0	24	8.00	315	2.7	64

由于制动电阻的容量不易掌握，如果容量偏小，则极易烧坏。所以，制动电阻箱内应附加热继电器。

2）制动单元 V_B。

一般情况下，只需根据变频器的容量进行配置。

（6）直流电抗器　直流电抗器除了提高功率因数外，还可削弱在电源刚接通瞬间的冲击电流。如果同时配用交流电抗器和直流电抗器，则可将变频调速系统的功率因数提高至0.95以上。常用直流电抗器的规格见表4-4。

表4-4　常用直流电抗器的规格

电动机容量/kW	30	37~55	75~90	110~132	160~220	220	280
允许电流/A	75	150	220	280	370	560	740
电感量/μH	600	300	200	140	110	70	55

（7）输出交流电抗器　输出交流电抗器用于抑制变频器的辐射干扰，还可以抑制电动机的振动。输出交流电抗器是选购件，当变频器干扰严重或电动机振动时，可考虑接入。输出交流电抗器的选择与输入交流电抗器相同。

任务4.2　变频器的安装与布线

4.2.1　变频器的运行环境

变频器是精密的电子设备，为了确保其稳定运行，计划安装时，应考虑其工作的场所和环境，以使其充分发挥应有的功能。

1. 变频器的储存环境

变频器储存时必须放置于包装箱内，储存时务必注意下列事项：

1）必须放置于无尘垢、干燥的位置。

2）储存环境的温度必须在-20~65℃范围内。

3）储存环境的相对湿度必须在0%~95%范围内，且无结露。

4）避免储存于含有腐蚀性气体、液体的环境中。

5）最好适当包装存放在架子或台面上。

6）长时间存放会导致电解电容的劣化，必须保证在6个月之内通一次电，且通电时间不少于5h，输入电压必须用调压器缓缓升高至额定值。

2. 变频器的安装场所

装设变频器的场所须满足以下条件：

1）不受阳光直射。

2）应安装在容易搬入的场所。

3）安装变频器的电气室应湿气少、无水浸入、无油污。

4）装设的场所应无爆炸性、可燃性或腐蚀性气体和液体，粉尘少。

5）应有足够的空间，便于维修检查。

6）应备有通风口或换气装置以排出变频器产生的热量。

7）应与易受变频器产生的高次谐波和无线电干扰影响的装置分离。若安装在室外，必须单独按照户外配电装置设置。

3. 变频器的使用环境

(1) 环境温度　变频器运行中的环境温度允许值一般为 -10 ~40℃，应避免阳光直射。对于单元型装入配电柜或控制盘内等使用时，要考虑柜内预测温升为 10℃，上限温度多定为 50℃。变频器为全封闭结构、上限温度为 40℃的壁挂用单元型装入配电柜内使用时，为了减少温升，可以装设通风管（选用件）或取下单元外罩。环境温度的下限多为 -10℃，以不冻结为前提条件。变频器输出电流与工作地点环境温度的关系如图 4-3 所示。

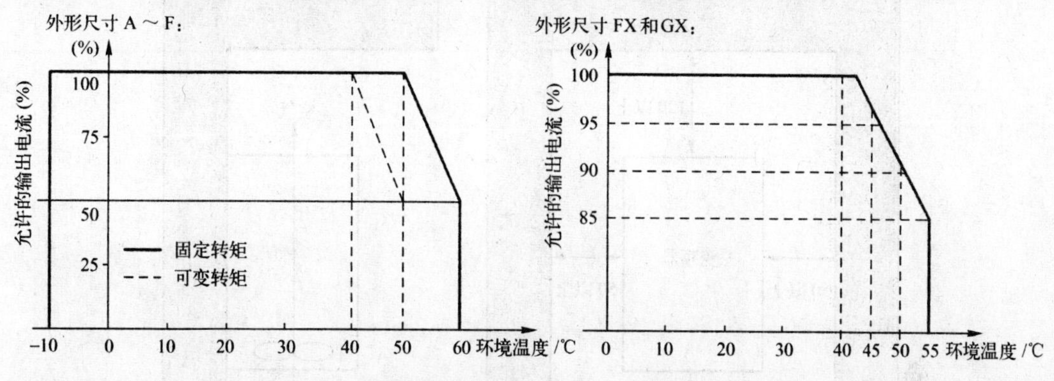

图 4-3　变频器输出电流与工作地点环境温度的关系

(2) 环境湿度　变频器安装环境湿度在 40% ~90% 为宜，要注意防止水或水蒸气直接进入变频器内，以免引起漏电，甚至打火、击穿。而周围湿度过高，也会使电气绝缘能力降低、金属部分腐蚀。

(3) 周围气体　室内设置，其周围不可有腐蚀性、爆炸性或可燃性气体，还需满足粉尘和油雾少的要求。

(4) 振动　设置场所的振动加速度多被限制在 0.3 ~0.6 mm/s^{2}以下。因振动超值会使变频器的紧固件松动，继电器和接触器的触点误动作，导致变频器运行不稳定。因此对于机床、船舶等事先不能预测振动的场所，必须选择有耐振措施的机型。

(5) 电磁干扰　为防止电磁干扰，控制线应有屏蔽措施，母线与动力线要保持不少于 100 mm 的距离。

(6) 海拔　变频器应用的海拔应低于 1000 m。海拔增高，空气含量降低，会影响变频器散热，因此在海拔大于 1000 m 的场合，变频器要降额使用。图 4-4 反映了 MM440 变频器所在的海拔与输出电流和输入电源电压的降额关系。

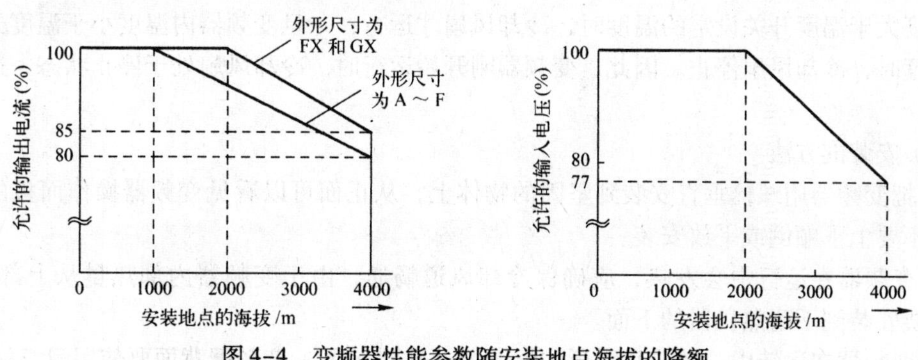

图 4-4　变频器性能参数随安装地点海拔的降额

4.2.2　变频器的安装

1. 变频器的安装方法

（1）安装的空间和方向　变频器在运行中会发热，为了保证散热良好，必须将变频器安装在垂直方向，因变频器内部装有冷却风扇以强制风冷，其上下左右与相邻的物品和挡板（墙）必须保持足够的空间，如图4-5所示。

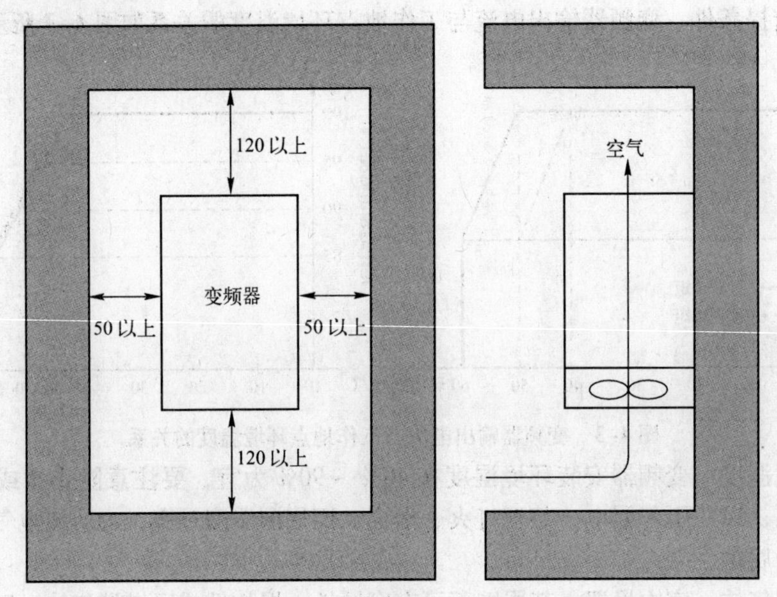

图4-5　变频器的安装空间

将多台变频器安装在同一装置或控制箱（柜）里时，为减少相互之间的热影响，建议横向并列安装。必须上下安装时，为了使下部的热量不影响上部的变频器，须设置隔板等物。箱（柜）体顶部应装有引风机的，引风机的风量必须大于箱（柜）内各变频器出风量的总和；没有安装引风机的，其箱（柜）体的顶部应尽量开启，无法开启时，箱（柜）体顶部和底部保留的进、出风口面积必须大于箱（柜）体各变频器端面面积的总和，且进、出风口的风阻应尽量小。若将变频器安装于控制室墙上，则应保持控制室通风良好，不得封闭。安装方法如图4-6所示。

由于冷却风扇是易损品，某些15 kW以下变频器的风扇是采用温度开关控制的，当变频器内温度大于温度开关设定的温度时，冷却风扇才运行；一旦变频器内温度小于温度开关设定的温度时，冷却风扇停止。因此，变频器刚开始运行时，冷却风扇处于停止状态，这是正常现象。

（2）安装的方法

1）把变频器用螺栓垂直安装到坚固的物体上，从正面可以看见变频器操作面板的文字位置，不要上下颠倒或平放安装。

2）变频器在运行中会发热，应确保冷却风道畅通，由于变频器内部热量从上部排出，所以不要安装到不耐热机器的下面。

3）变频器在运转中，散热片附近的温度可上升到90℃，变频器背面要使用耐温材料。

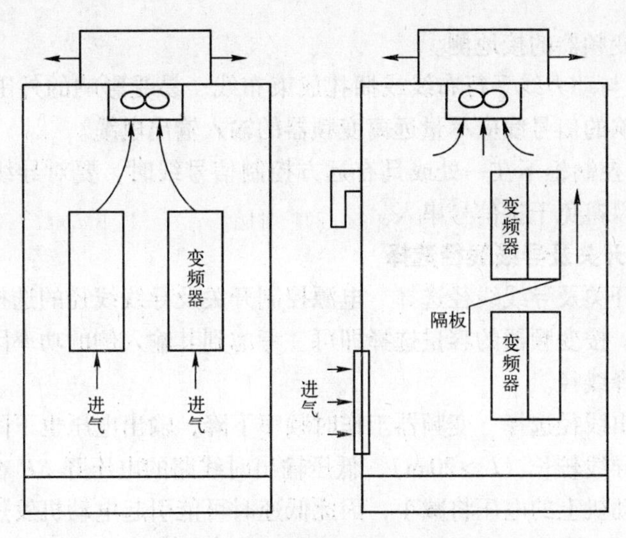

图4-6　多台变频器的安装方法

4）安装在控制箱（柜）内时，最好将发热部分露于箱（柜）之外以降低柜内温度，若不具备将发热部分露于柜外的条件，可装在柜内，但要注意充分换气，防止变频器周围温度超过额定值，不要放在散热不良的小密闭箱（柜）内。

2. 变频器安装区域划分及布线原则

（1）区域划分　为了抑制变频器工作时的电磁干扰，安装时可依据各外围设备的电器特性，分别安装在不同的区域，各区域分别为：

1区：控制电源变压器、控制装置及传感器等。

2区：控制信号及电缆接口，要求此区有一定的抗干扰能力。

3区：进线电抗器、变频器、制动单元、接触器等主要噪声源。

4区：输出噪声滤波器及其接线部分。

5区：电动机及电缆。

以上各区应空间隔离，各区间最小距离为20 cm，以实现电磁去耦。

（2）布线原则　变频器应用时往往需要一些外围设备与之配套，如控制计算机、测量仪表、传感器、无线电装置及传输信号线等，为使这些外围设备能正常工作，布线时应采取以下措施：

1）当外围设备与变频器共用一供电系统时，由于变频器产生的噪声沿电源线传导，可能会使系统中挂接的其他外围设备产生误动作。安装时要在输入端安装噪声滤波器，或将其他设备用隔离变压器或电源滤波器进行噪声隔离。

2）当外围设备与变频器装入同一控制柜中且布线又很接近变频器时，可采取以下方法抑制变频器干扰：

① 将易受变频器干扰的外围设备及信号线远离变频器安装；信号线使用屏蔽电缆线，屏蔽层接地。也可将信号电缆线套入金属管中；信号线穿越主电源线时确保正交。

② 在变频器的输入输出侧安装无线电噪声滤波器或线性噪声滤波器（铁氧体共模扼流圈）。滤波器的安装位置要尽可能靠近电源线的入口处，并且滤波器的电源输入线在控制柜内要尽量短。

③ 变频器到电动机的电缆要采用4芯电缆并将电缆套入金属管，其中一根的两端分别

接到电动机外壳和变频器的接地侧。

3）避免信号线与动力线平行布线或捆扎成束布线；易受影响的外围设备应尽量远离变频器安装；易受影响的信号线应尽量远离变频器的输入输出电缆。

4）当操作台与控制柜不在一处或具有远方控制信号线时，要对导线进行屏蔽，并特别注意各连接环节，以避免干扰信号串入。

3. 主电路控制开关及导线线径选择

（1）电源控制开关及导线线径选择　电源控制开关及导线线径的选择与同容量的普通电动机选择方法相同，按变频器的容量选择即可。考虑到其输入侧的功率因数较低，应本着宜大不宜小的原则选择线径。

（2）变频器输出线径选择　变频器工作时频率下降，输出电压也下降。在输出电流相等的条件下，若输出导线较长（$l>20\,\mathrm{m}$），低压输出时线路的电压降 ΔU 在输出电压中所占比例将上升，加到电动机上的电压将减小，因此低速时可能引起电动机发热。所以决定输出导线线径时要重点考虑 ΔU 的影响。

$$\Delta U=\frac{\sqrt{3}I_N R_0 l}{1000} \tag{4-10}$$

一般要求为

$$\Delta U \leqslant (2\sim3)\%U_X \tag{4-11}$$

式中　U_X——电动机的最高工作电压（V）；

I_N——电动机的额定电流（A）；

R_0——单位长度导线电阻（$\mathrm{m\Omega/m}$）；

l——导线长度（m）。

常用铜导线单位长度电阻值见表4-5。

表4-5　铜导线单位长度电阻值

截面积/$\mathrm{mm^2}$	1.0	1.5	2.5	4.0	6.0	10.0	16.0	25.0	35.0
R_0/($\mathrm{m\Omega/m}$)	17.8	11.9	6.92	4.40	2.92	1.74	1.10	0.69	0.49

若变频器与电动机之间的导线不是很长，其线径可根据电动机的容量来选取。

（3）控制电路导线线径选择　小信号控制电路通过的电流很小，一般不进行线径计算。考虑到导线的强度和连接要求，需选用0.75 $\mathrm{mm^2}$及以下的屏蔽线或绞合在一起的聚乙烯线。接触器、按钮等强电控制电路导线线径可取1 $\mathrm{mm^2}$的单股或多股聚乙烯铜导线。

4. 电缆的接地

弱电压电流回路（4～20 mA，1～5 V）有一接地线，该接地线不能作为信号线使用。屏蔽电缆接地线需使用绝缘电缆，以避免屏蔽金属与接地的通道或金属管接触。若控制电缆的接地设在变频器一侧，应使用专设的接地端子，不与其他接地端子共用。

4.2.3　MM440型变频器的电气安装

1. 电源和电动机的连接

在拆下前盖以后，可以看到变频器与电源和电动机的接线端子，如图4-7所示。

当变频器的前盖已经打开并露出接线端子时，电源和电动机端子的接线方法如图4-8所示。在变频器与电动机和电源线连接时必须注意：

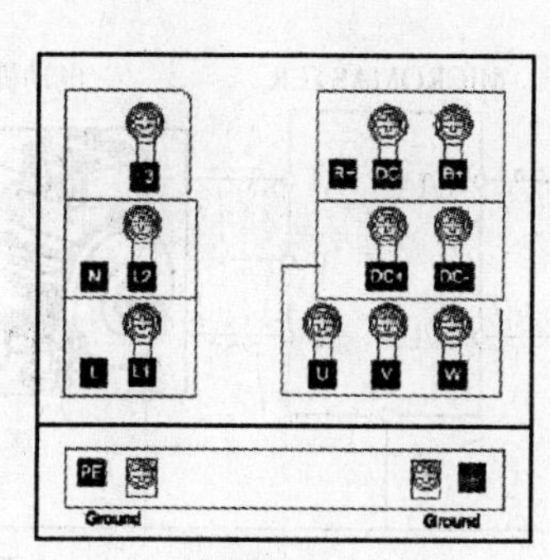

外形尺寸 A

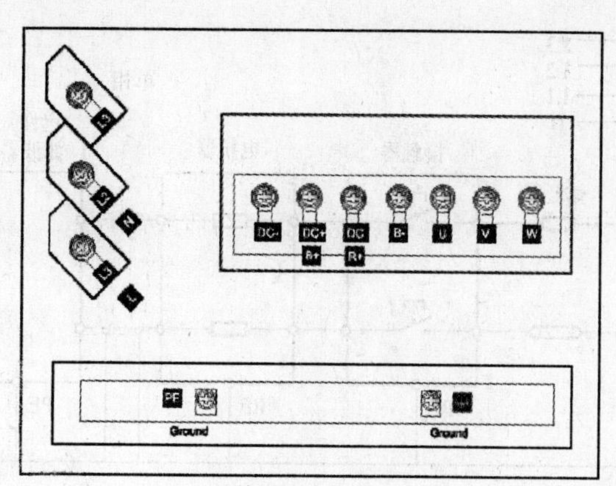

外形尺寸 B 和 C

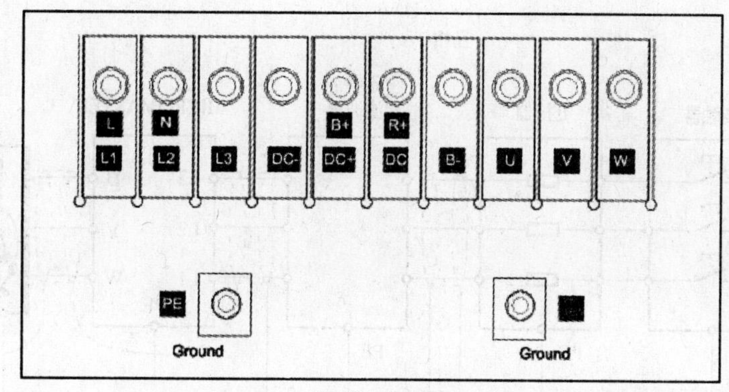

外形尺寸 D 和 E

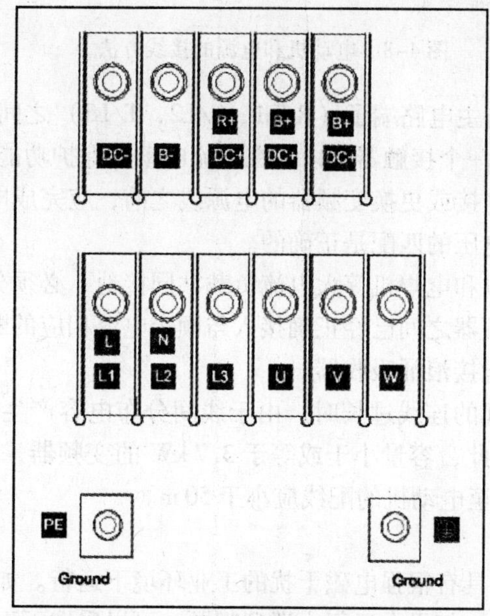

外形尺寸 F

图 4-7　变频器与电源和电动机的接线端子

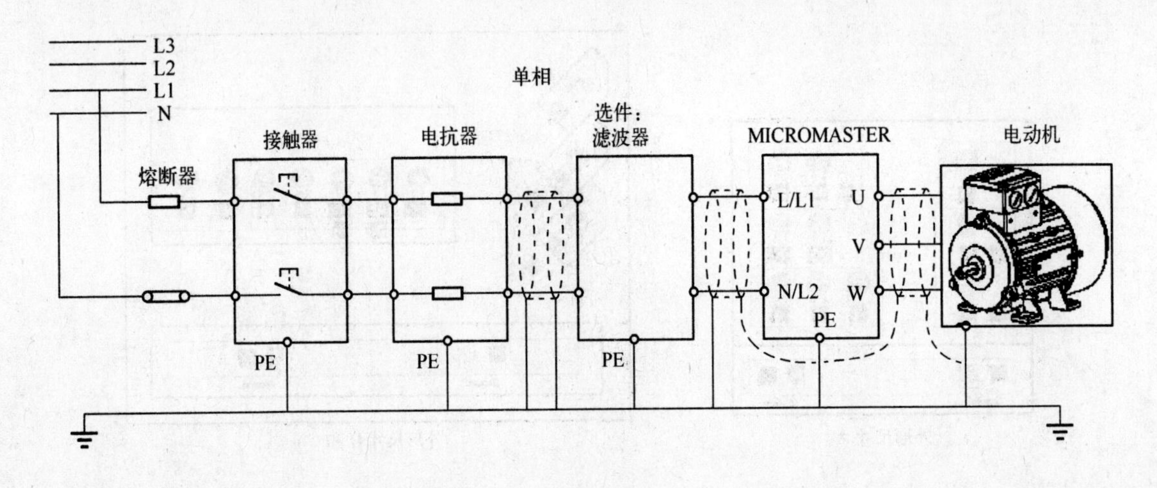

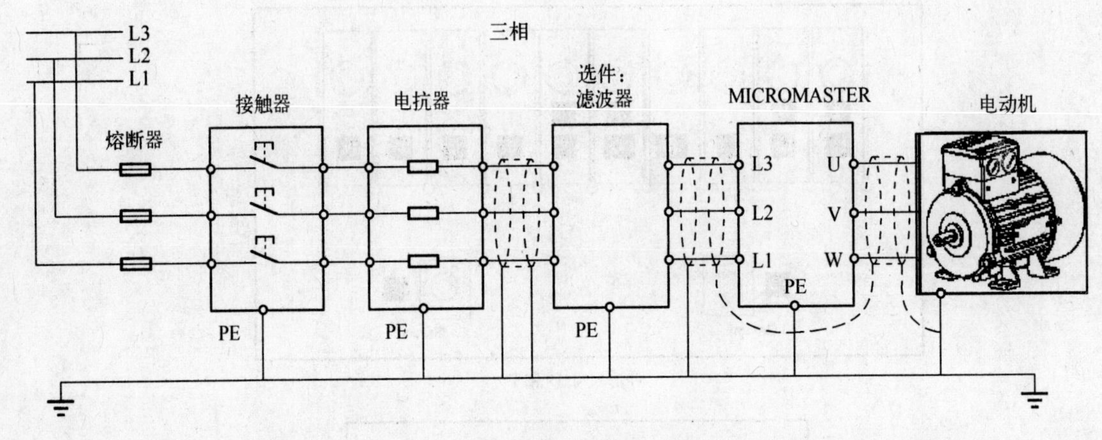

图 4-8　电动机和电源的接线方法

1）三相交流输入电源与主电路端子（R/L1，S/L2，T/L3）之间的连线一定要接一个无熔断器的开关。最好能串联一个接触器，以便在交流电动机保护功能动作时可以切断电源。

2）在变频器与电源线连接或更换变频器的电源线之前，应完成电源线的绝缘测试。

3）确保电动机与电源电压的匹配是正确的。

4）变频器接地线不可以和电焊机等大电流负载共同接地，必须分别接地。

5）确保供电电源与变频器之间已经正确接入与额定电流相应的断路器、熔断器。

6）变频器的输出端不能接浪涌吸收器。

7）变频器和电动机之间的连线过长时，由于线间分布电容产生较大的高频电流，从而引起变频器过电流故障。因此，容量小于或等于 3.7 kW 的变频器，至电动机的配线应小于 20 m；更大容量的变频器，至电动机的配线应小于 50 m。

2. 电磁干扰的防护

变频器的设计允许它在具有很强电磁干扰的工业环境下运行。如果安装质量良好，就可以确保安全和无故障地运行。如果在运行中遇到问题，可以采取下面的措施处理：

1）将机柜内的所有设备用短而粗的接地电缆可靠地连接到同一个接地母线。

2）将与变频器连接的任何控制设备（例如 PLC）用短而粗的接地电缆连接到同一个接地网，成星形接地。

3）将电动机返回的接地线直接连接到控制电动机的变频器的接地端子（PE）上。

4）接触器的触点采用扁平的，因为它们在高频状态阻抗较低。

5）截断电缆的端头时应尽可能整齐，保证未经屏蔽的线段尽可能短。

6）控制电缆的布线应尽可能远离供电电源线，使用单独的走线槽，在必须与电源线交叉时，相互应采用90°交叉。

7）无论何时，与控制电路的连接线都应采用屏蔽电缆。

8）确保机柜内安装的接触器应是带阻尼的，即在交流接触器的线圈上连接有 *RC* 阻尼电路；在直流接触器的线圈上连接续流二极管。

9）接到电动机的连线应采用屏蔽的电缆，并用电缆接线卡子将屏蔽层的两端接地。

3. 屏蔽的方法

变频器机壳外形尺寸为 A 型、B 型和 C 型时，密封盖组合件是作为可选件供货的。该组合件便于屏蔽层的连接。如果不用密封盖板，变频器可以用图 4-9 所示的布线方法来减小电磁干扰。

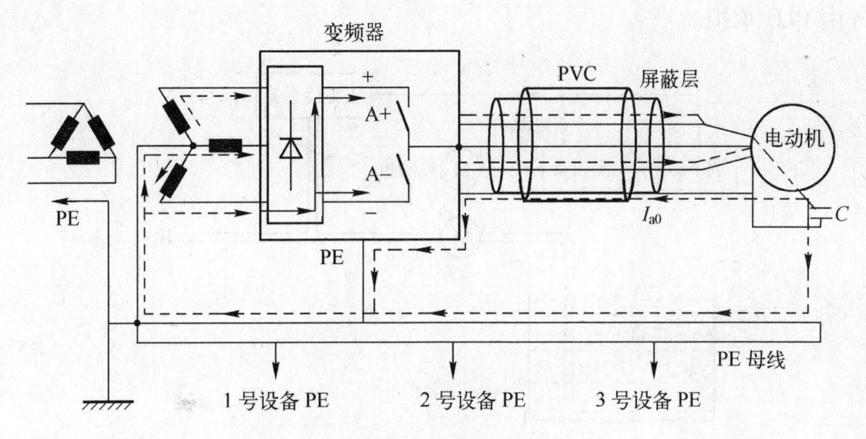

图 4-9　减小电磁干扰的布线方法

机壳外形尺寸为 D 型、E 型和 F 型时，密封盖在设备出厂时已经安装好，屏蔽层的安装方法与 A 型、B 型和 C 型相同。

4. 电气安装的注意事项

1）变频器的控制电缆、电源电缆和电动机的连接电缆的走线必须相互隔离，禁止它们放在同一电缆线槽中或电缆架上。

2）变频器必须可靠接地，如果不将变频器可靠接地，可能会发生人身伤害事故。

3）MM440 型变频器在供电电源的中性点不接地的情况下是不允许使用的。电源的中性点不接地时需要从变频器中拆掉星形联结的电容器。

任务 4.3　变频器在恒压供水控制系统中的应用

生产及生活都离不开水，但由于用户或用水设备数量的变化会导致送水管路中水压的变化，水压的升降会使用户或用水设备受到影响，这时就需要保证送水管路的水压保持恒定。传统的维持水压的方法是采用水塔、高位水箱等，水塔或水箱中的水位变化相对水塔的高度来说很小，也就是说水塔或水箱能维持水压的基本恒定。由于建造水塔或水箱需要二次投入，并会造成水的二次污染，所以目前此方法很少使用。随着科技的发展，用 PLC 和变频器来实现恒压供水已得到广泛应用。

4.3.1 恒压供水系统的组成

该控制系统主要实现对供水系统水压进行实时控制，保证用户或用水设备所需水压在规定范围内。恒压供水系统构成示意图如图 4-10 所示。

恒压供水控制系统产生水压的设备是水泵，水泵转动越快产生的水压则越高。本系统主要由水泵、压力传感器、调节器及变频器等构成。压力传感器主要用于检测管路中的水压，常装设在泵站的出水口。当用水量大时，水压降低，用水量小时，水压升高。水压传感器将水压的变化转变为电流或电压的变化送给调节器。调节器是一种电子装置，在系统中可以设定管路压力，接收传感器送来的管路水压的实测值（即反馈值），并与给定值进行比较输出调节信号（一般为模拟信号，4～20 mA 变化的电流信号或 0～10 V 变化的电压信号），本系统中此任务由 PLC 承担。

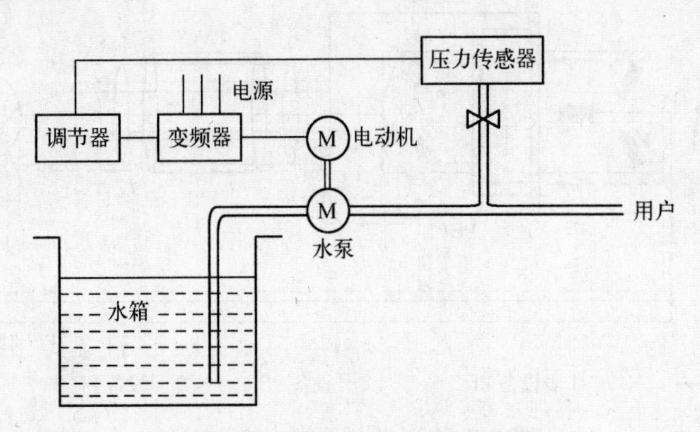

图 4-10　恒压供水系统构成示意图

4.3.2 水泵调速节能原理

1. 水泵的扬程特性

在水泵的轴功率一定的前提下，扬程 H 和流量 Q 之间的关系 $H=f(Q)$，称为扬程特性，曲线如图 4-11 所示。曲线 2 和曲线 4 为扬程特性，曲线 2 为水泵转速较高的情况，曲线 4 为水泵转速较低的情况。

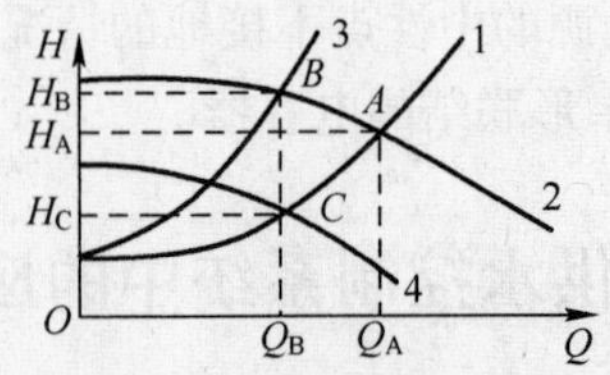

图 4-11　水泵的流量调节曲线

2. 管路的阻力特性

装置的扬程 H_C与管路的流量 Q 之间的关系 $H_C=f(Q)$，称为管路的阻力特性，曲线如图 4-11所示。曲线 1 为开大管路阀门管阻较小的管阻特性，曲线 3 为关小管路阀门管阻较大的管阻特性。

3. 调节流量的方法

如果图 4-11 中的曲线 1 表示阀门全部打开时，供水系统的阻力特性；曲线 2 表示水泵额定转速时的扬程特性，则这时供水系统工作在 A 点，流量为 Q_A，扬程为 H_A。电动机的轴功率与面积 OQ_AAH_A成正比。要将流量调整为 Q_B，有两种办法：

1）转速不变，将阀门关小，工作点移至 B 点，流量为 Q_B。电动机的轴功率与面积 OQ_BBH_B成正比。

2）阀门的开度不变，降低转速后扬程特性曲线如图 4-11 中的曲线 4 所示，工作点移至 C 点，流量仍为 Q_B，扬程为 H_C。电动机的轴功率与面积 OQ_BCH_C成正比。

可以看出，采用调节转速的方法来调节流量，电动机的功率将大为减少。

4.3.3 系统控制要求

该系统一般适用于规模较小的多层住宅小区（如 300 户以内）或其他小规模的用水系统，水泵功率一般不超过 7.5 kW，系统控制要求如下：

1. 生活/消防两种方式

生活供水时系统低恒压运行，消防供水时系统高压运行（所有水泵均工频运行）。

2. 生活自动/手动两种方式

在正常生活供水时系统工作方式处于自动方式，受以下要求控制：当控制系统发生异常时，维护人员可将此方式拨向手动工作方式，可进行控制系统维护和调试。

3. 变频/工频运行功能

变频器始终固定驱动一台水泵并实时根据其输出频率控制其他水泵起停。即当变频器的输出频率连续 10 s 达到最大频率 45 Hz 时，则该水泵以工频电源运行，同时起动下一台水泵变频运行；当变频器的输出频率连续 10 s 达到最小频率 5 Hz 时则停止该台水泵的运行。由此控制增减工频运行水泵的台数。

4. 轮休及软起动功能

系统共设三台水泵，正常情况下一台水泵工频运行，一台水泵变频运行，一台水泵备用，当连续运行 10 天后，进行轮休，即第二台水泵工频运行，第三台水泵变频运行，第一台水泵备用，如此循环；出现用水低谷时，可能只有一台水泵变频运行就能满足用水要求，出现用水高峰时，两台水泵必须以工频运行，方能满足用水要求。

每台泵在起动时都要求有软起动功能。

5. PID 调节功能

PLC 采用 PID 调节指令，实时调节系统水压，即由压力传感器反馈的水压信号直接送入 PLC 的模拟量扩展模块，设定给定压力值和 PID 参数值，通过 PLC 计算实现系统的自动控制。在实际运行中通过对系统参数调整，可使系统控制响应趋于合理。

6. 指示及报警功能

系统应设有电源指示、水泵运行方式指示及报警指示。若两台水泵均以工频运行，累计时间超过 30 min（以防水路管道有损坏），或水泵过载等，这时系统发出报警指示。

4.3.4 系统硬件设计

1. 主要硬件选型

根据控制系统要求及与西门子 MM440 型变频器的配套使用，选用西门子 S7 - 200 系列的 PLC。从控制系统输入/输出端子的数量需求并考虑留有余量及以后增加系统功能的角度需要，PLC 选用 CPU 226 CN 型；变频器选用 MM440 型；系统因有模拟量输入和输出，故模拟量扩展模拟选用 EM235 模拟量混合模块。

2. PLC 的 I/O 分配

根据控制系统要求可确定 PLC 需要 10 个输入点，11 个输出点，其 I/O 分配见表 4-6。

表 4-6 恒压供水系统 I/O 分配表

输　入		输　出	
输入继电器	作 用	输出继电器	作 用
I0.0	消防用水	Q0.0	电动机 1 工频运行
I0.1	生活用水	Q0.1	电动机 1 变频运行
I0.2	系统起动	Q0.2	电动机 2 工频运行
I0.3	系统停止	Q0.3	电动机 2 变频运行
I0.4	测试信号	Q0.4	电动机 3 工频运行
I0.5	解除故障按钮	Q0.5	电动机 3 变频运行
I0.6	水泵 1 过载	Q0.6	消防用水电磁阀
I0.7	水泵 2 过载	Q0.7	生活用水电磁阀
I1.0	水泵 3 过载	Q1.0	变频器起动信号
I1.1	变频器故障信号	Q1.1	变频器复频控制
		Q1.2	故障报警指示

手动/自动工作方式转换开关、三台泵电动机及生活/消防用水电磁阀手动起停按钮没有连接到 PLC 输入端子上，主要从节省 PLC 输入端子考虑，当 PLC 发生故障时，可切换到手动工作方式进行应急供水，不会受到 PLC 的损坏而影响生活或生产的正常供水。

3. 控制系统原理图

控制系统原理图包括主电路图、控制电路图及 PLC 外围接线图，分别如图 4-12、图 4-13 和图 4-14 所示。

(1) 主电路图　图 4-12 中三台水泵分别由三台电动机驱动，接触器 KM1、KM3、KM5 分别控制 M1、M2、M3 的工频运行；接触器 KM2、KM4、KM6 分别控制 M1、M2、M3 的变频运行；FR1、FR2、FR3 分别为三台电动机的过载保护用的热继电器；QF1 ~ QF5 分别为变频器和三台水泵电动机主电路的隔离断路器。

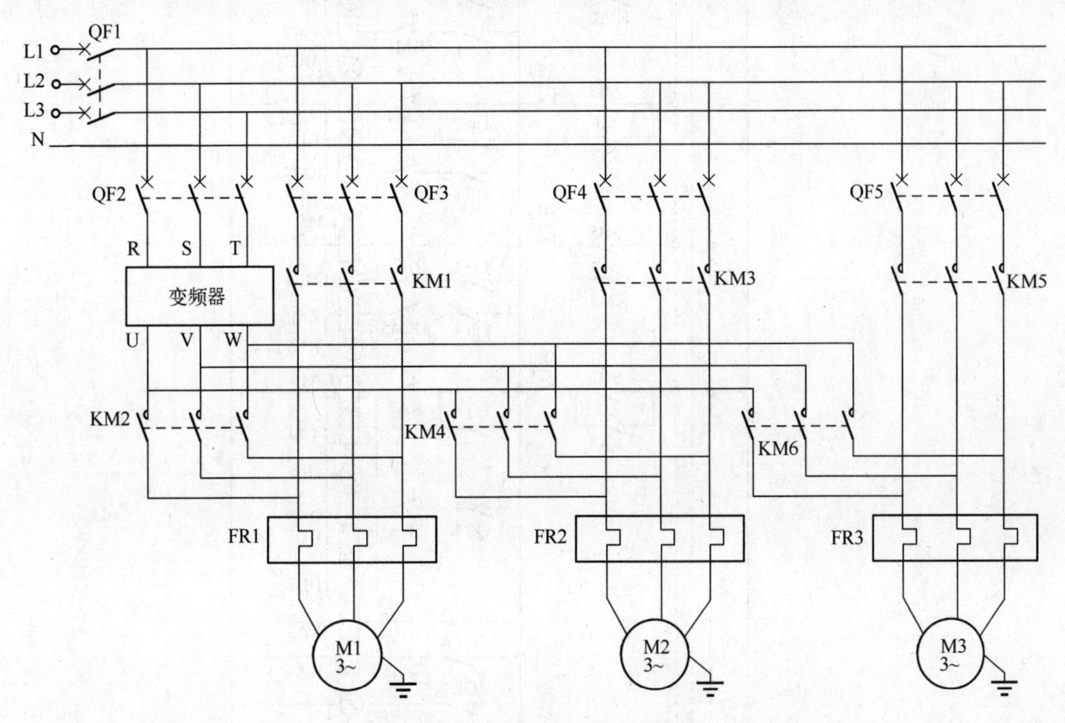

图 4-12　恒压供水系统主电路

(2) 控制电路图　图 4-13 为系统控制电路图，图中 SA1 为手动/自动工作方式转换开关，SA1 拨在 1 的位置为手动控制状态；拨在 2 为自动控制状态。手动运行时，可用按钮 SB1 ~ SB8 控制三台泵的起动/停止和电磁阀 YV1 的通断；自动运行时，系统在 PLC 程序控制下进行。

图中 HL10、HL11 为手动和自动运行状态指示灯；KA1 和 KA2 为中间继电器，为了实现消防和生活用水电磁阀的互锁；KA3、KA4 为变频器的起动和频率复位信号（满足每台泵电动机起动为软件起动要求），为了节省 PLC 的输出点故用中间继电器加以转换，为以后增加控制功能留有输出点余量而设置，若直接使用 PLC 的输出点作为变频器的起动和频率复位控制信号，则该输出点的那组公共端 L 必须与变频器相连。图中的 Q0.0 ~ Q1.2 为 PLC 的输出继电器触点，它们上端的 3、4、…、13 等数字为接线编号，可结合图 4-14 一起读图。

(3) PLC 外围接线图　图 4-14 为 PLC 及扩展模块 EM235 外围接线图。S7 - 200 CPU 226 CN 型 PLC 为恒压供水控制系统的控制核心，EM235 模拟量混合模块为扩展模块，通过总线电缆与 CPU 相连。系统水压检测传感器输出值（0 ~ 10 V）接至 EM235 模拟量输入端，模拟量输出端接至 MM440 型变频器的 3 和 4 端子。

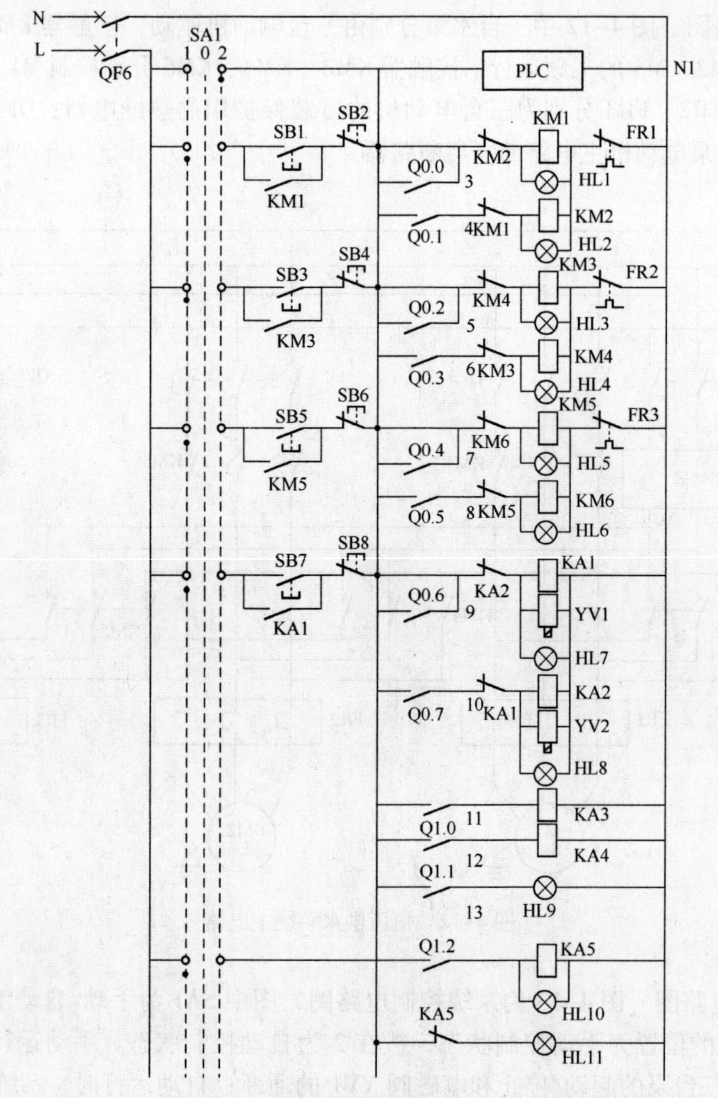

图 4–13　恒压供水系统控制电路

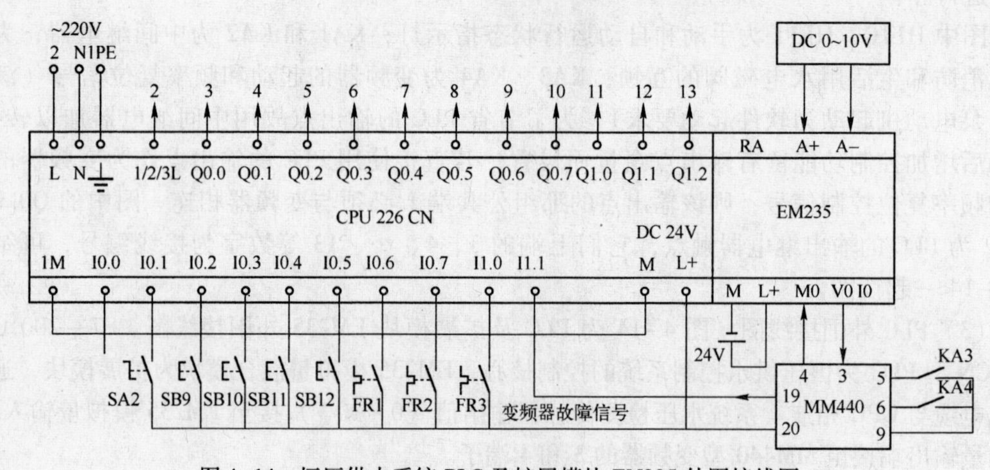

图 4–14　恒压供水系统 PLC 及扩展模块 EM235 外围接线图

4.3.5 变频器参数设定

若想变频器按照控制系统要求准确可靠运行，必须对其相关参数加以设定，本控制系统变频器相关参数设定见表 4-7。值得注意的是，在设定参数之前要对变频器中的参数进行复位，复位到出厂时的参数默认值。

表 4-7 恒压供水系统的变频器参数设定

序号	参数	设定值	参数功能说明
1	P0003	1	参数访问等级为标准级（1 为只需要设置最基本参数）
2	P0700	2	选择命令给定源（2 为 I/O 端子控制）
3	P0701	1	控制端子（DIN1）功能选择（1 为接通正转断开停车）
4	P0702	9	控制端子（DIN2）功能选择（9 为选择故障复位）
5	P0731	52.3	数字输出 1 的信号源设定（52.3 为变频器故障输出）
6	P0100	0	选择电动机的功率单位和电网频率（0 为 kW、50 Hz）
7	P0205	1	变频器的应用对象（1 为变转矩负载）
8	P0300	1	选择电动机类型（1 为异步电动机）
9	P0304	以铭牌数据为准	电动机额定电压
10	P0305	以铭牌数据为准	三台电动机总额定电流
11	P0307	以铭牌数据为准	电动机额定功率
12	P0308	以铭牌数据为准	电动机功率因数
13	P0309	以铭牌数据为准	电动机的额定效率
14	P0310	50	电动机的额定频率
15	P0311	以铭牌数据为准	电动机的额定转速
16	P1000	2	设置频率给定源（2 为模拟输入 1 通道）
17	P1080	5	电动机运行最小频率为 5 Hz
18	P1082	50	电动机运行最大频率为 50 Hz
19	P1120	10	电动机从静止状态加速到最大频率所需要时间为 10s
20	P1121	10	电动机从最大频率减速到静止状态所需要时间为 10s
21	P1300	0	控制方式选择（0 为线性 *U/f*）
22	P0756	1	模拟电压极性选择（1 为带监控的单极性电压输入 0～10 V）
23	P0757	0	0 V 对应 0% 的标度，即 0 Hz
24	P0758	0%	
25	P0759	10	10 V 对应 100% 的标度，即 50 Hz
26	P0760	100%	
27	P0761	0	死区宽度为 0 V

4.3.6 系统软件设计

硬件连接确定之后，系统的控制功能主要通过软件实现。

1. 运行泵数量控制

控制要求已说明，为了恒定水压，在水压降落时，要升高变频器的输出频率，且在一台泵运行不能满足恒压要求时，需起动第二台泵。判断需要起动新泵的标准是变频器的输出频率达到设定的上限值。这一功能可通过比较指令来实现。为了判断变频器工作频率达上限值的确实性，应滤去偶然的频率波动引起的频率达到上限情况，在程序中考虑采取时间滤波实现此功能。

系统要求每一次起动泵电动机均为软起动，又规定三台水泵交替使用，即轮休。在本系统中要求轮休时间为10天，因此每次需起动新泵或切换变频泵时，使新运行泵变频运行是合理的。在具体操作时，将现行运行的变频泵从变频器上切除，并接上工频电源运行，将变频器复位并用于新运行泵的起动。除此之外，还有泵的循环控制，本系统中采用使用泵号加1的方法实现变频器的循环控制，用定时器实现泵的轮休功能。

2. 程序结构

在工程应用项目中，由于程序较复杂、语句较少，为了便于读者或维护人员读图，一般将控制程序结构化，即分为主程序、子程序和中断程序。系统初始化的一些工作放在初始化子程序中完成，如PLC中实现变频控制的PID调节信号的有关信息；中断程序则用来定时中断去实现模块量的采集、处理及PID运算后的输出，若发生火灾，则系统立即中断，使三台泵电动机均以工频运行等；主程序的功能最多，如泵切换信号的产生、泵起动信号的产生及报警处理等都放在主程序中。

在本系统中，PID只用了比例和积分控制，其回路增益和时间常数可通过工程计算初步确定，但还需要进一步调整以达到最优控制效果。

3. 主程序工作流程

因系统程序较长，为了便于读者理解和快速掌握，在此给出系统主程序的工作流程，阅读程序时先读懂工作流程图，对整个控制程序的理解和掌握能达到事半功倍的效果，主程序工作流程图如图4-15所示，开始后首先调用系统初始化子程序，然后判断工作方式，若为消防用水工作方式则所有泵电动机均以工频运行；若为生活用水工作方式，则等待系统启动，启动后根据变频器的输出频率决定泵电动机的工作状态，及根据轮休时间决定当前的工作泵组。

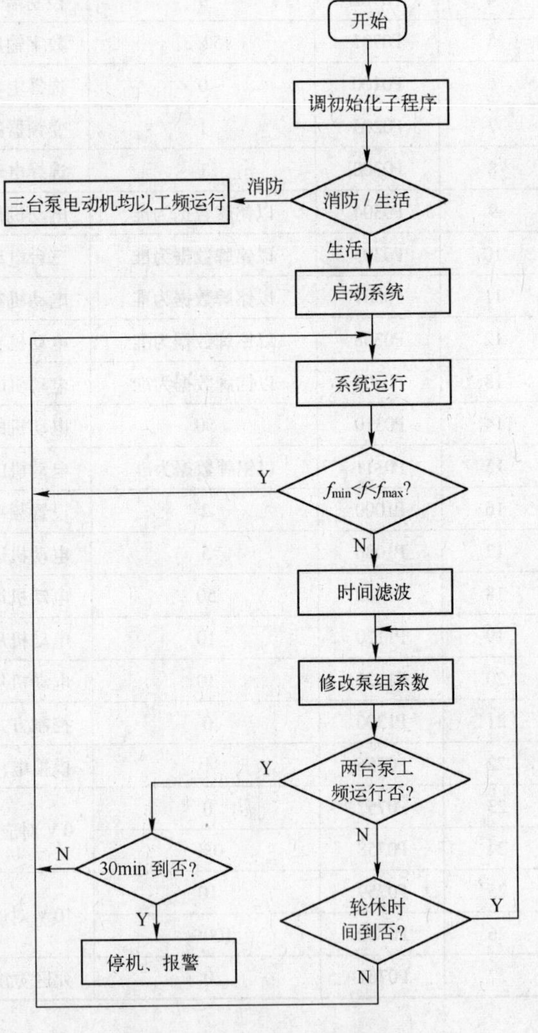

图4-15　主程序工作流程图

4. 控制系统梯形图（见图 4-16、图 4-17、图 4-18、图 4-19）

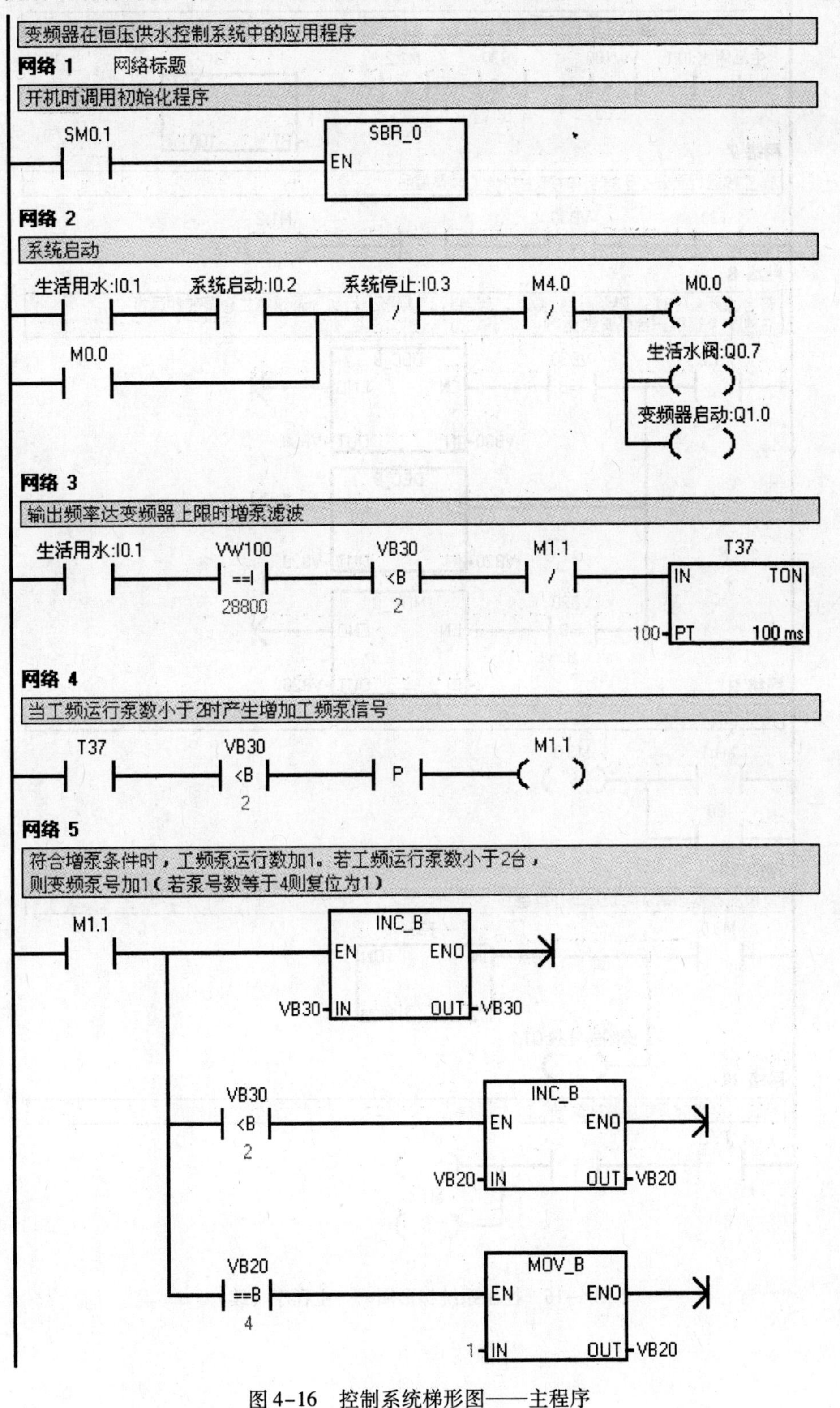

图 4-16　控制系统梯形图——主程序

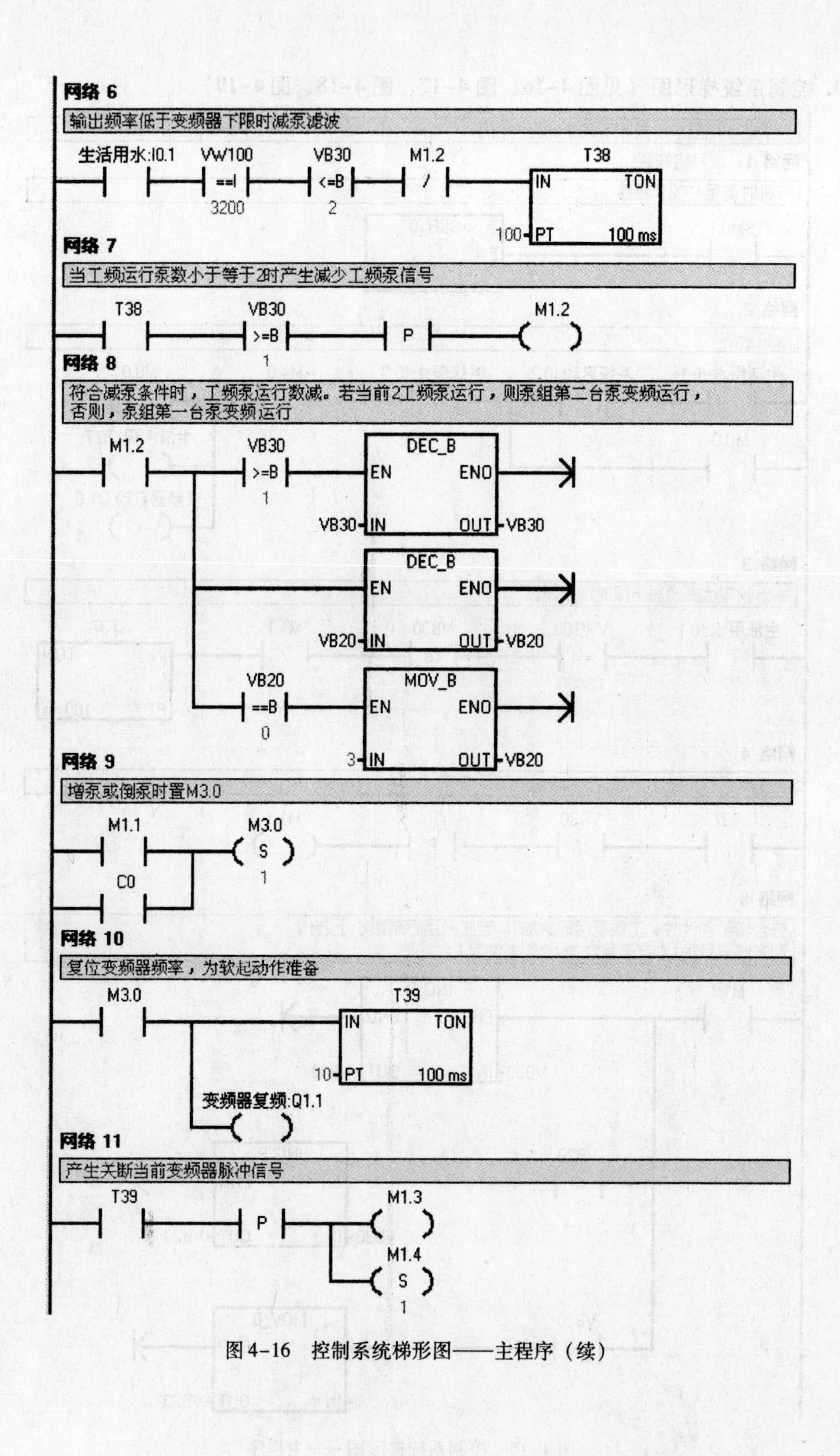

图 4-16　控制系统梯形图——主程序（续）

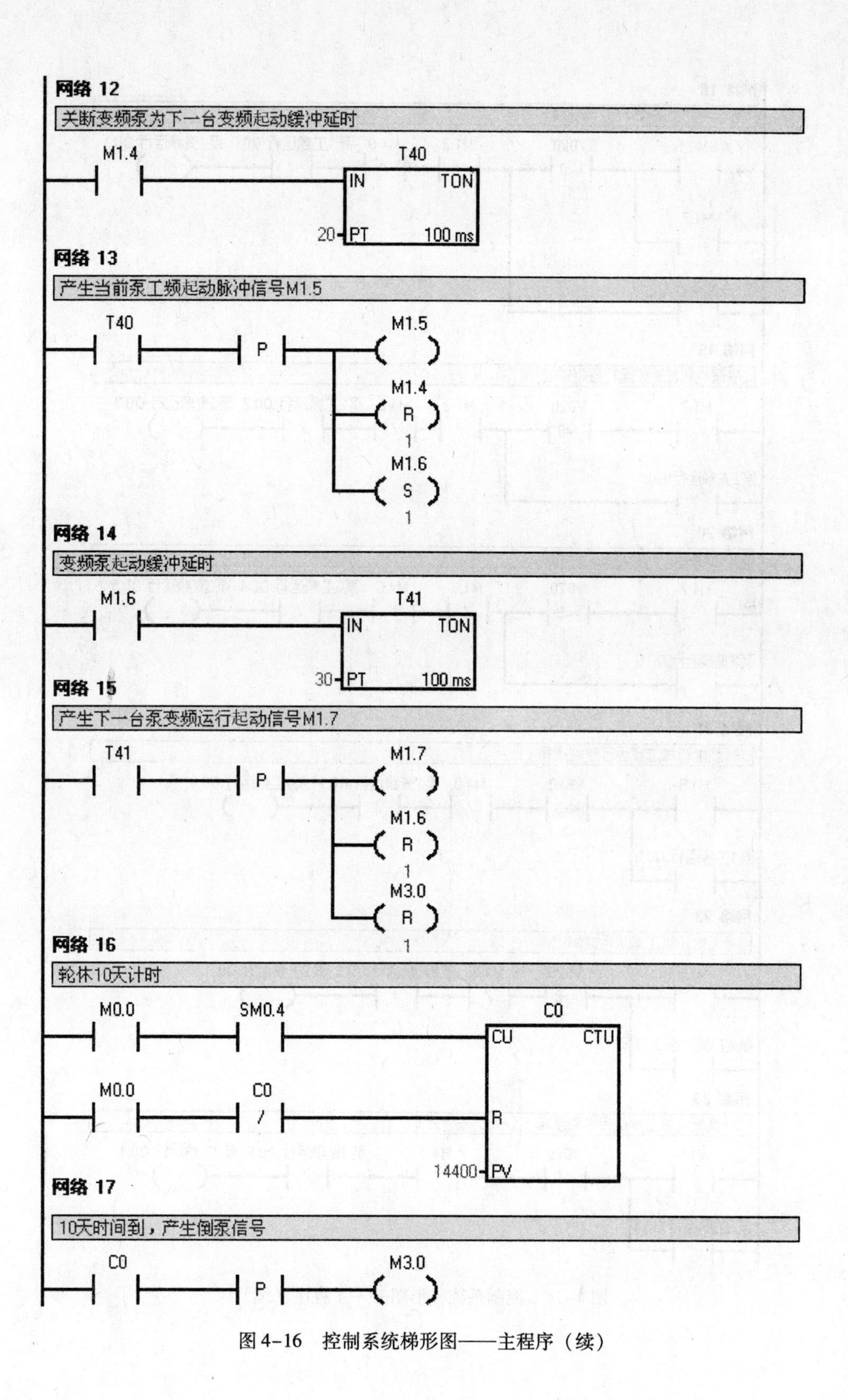

图 4-16　控制系统梯形图——主程序（续）

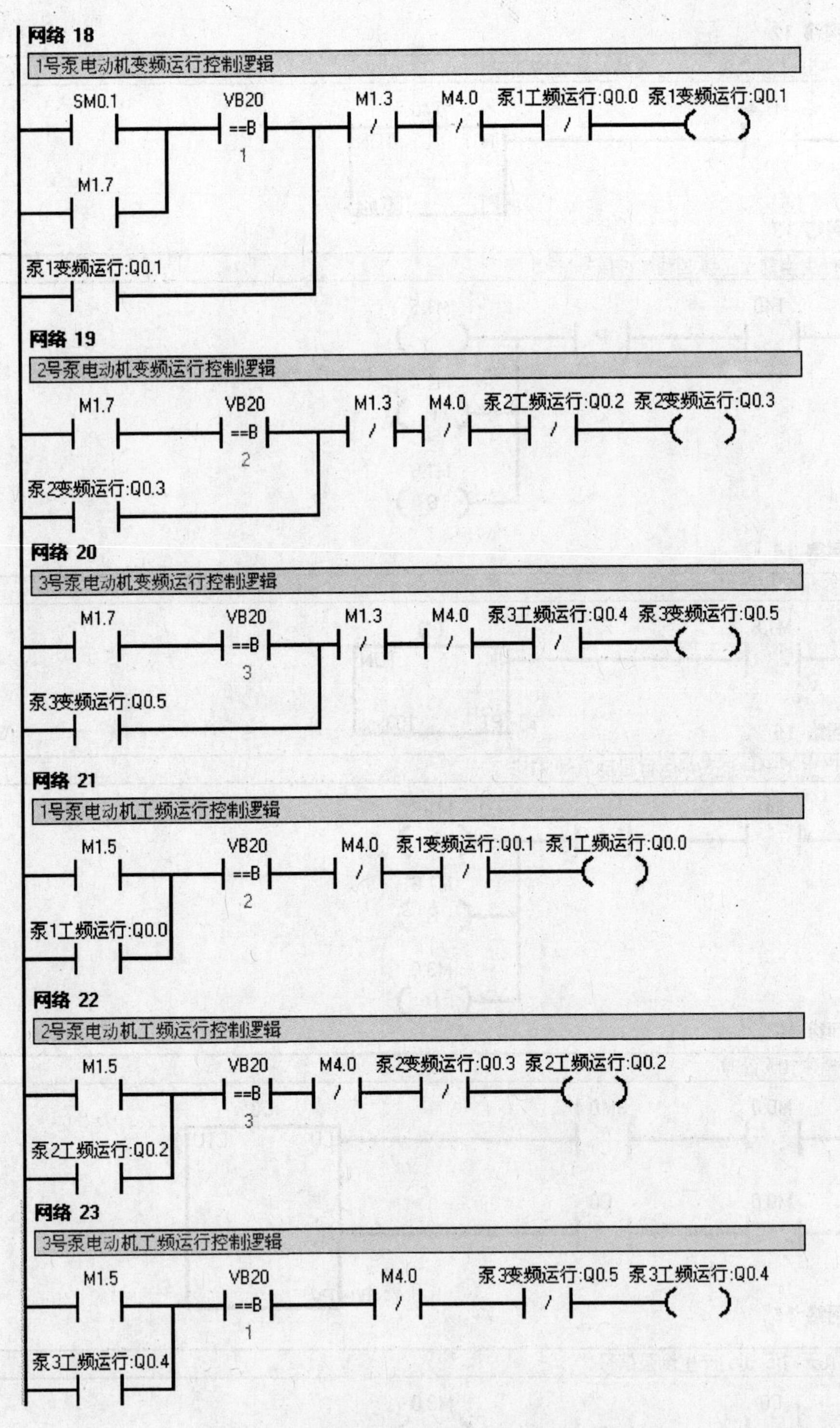

图 4-16　控制系统梯形图——主程序（续）

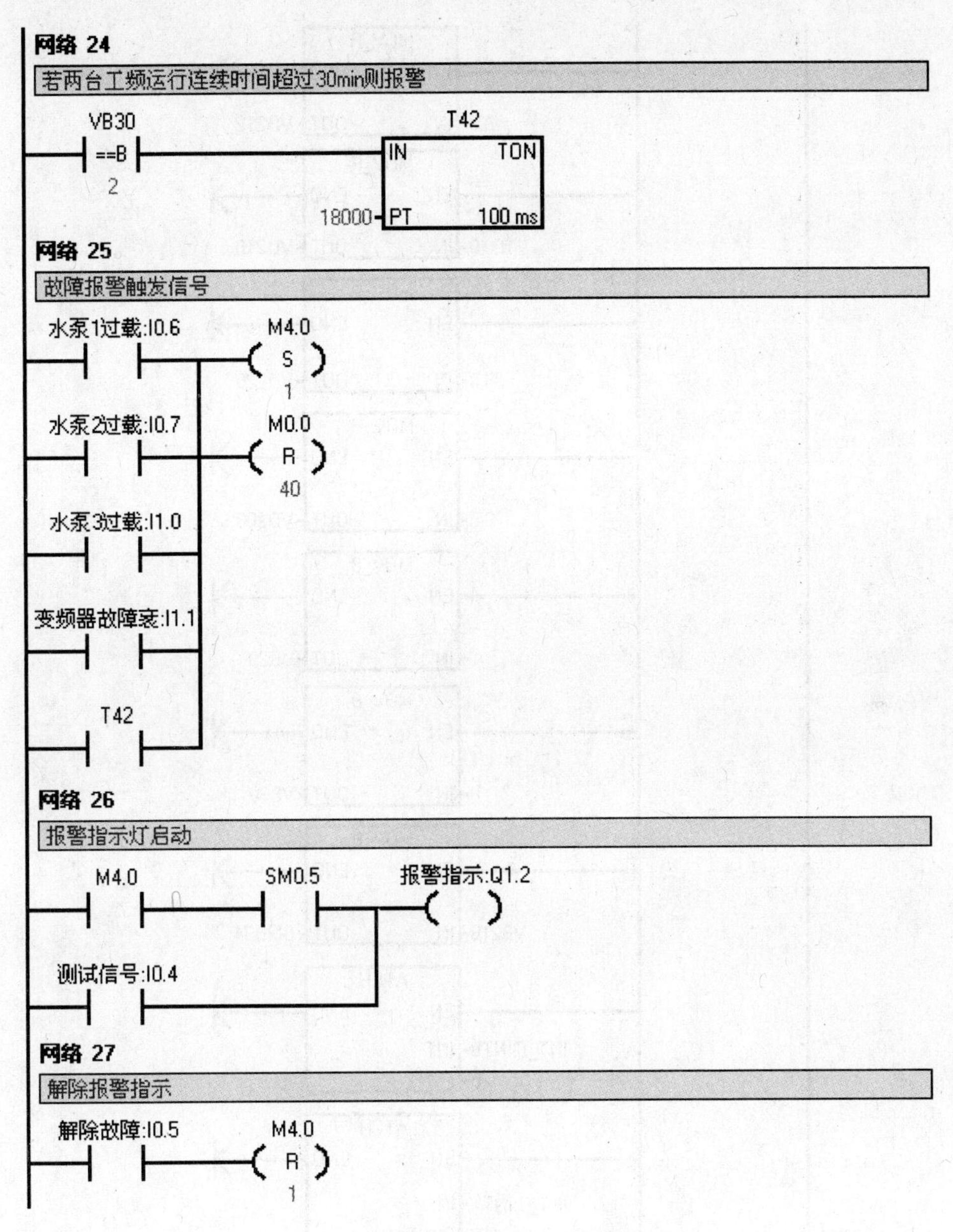

图 4-16　控制系统梯形图——主程序（续）

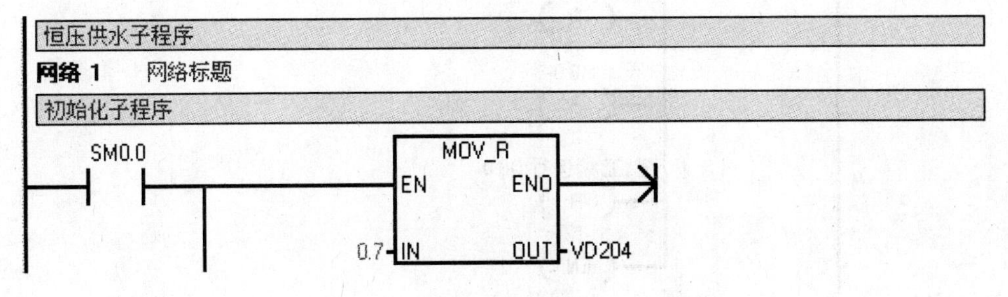

图 4-17　控制系统梯形图——子程序

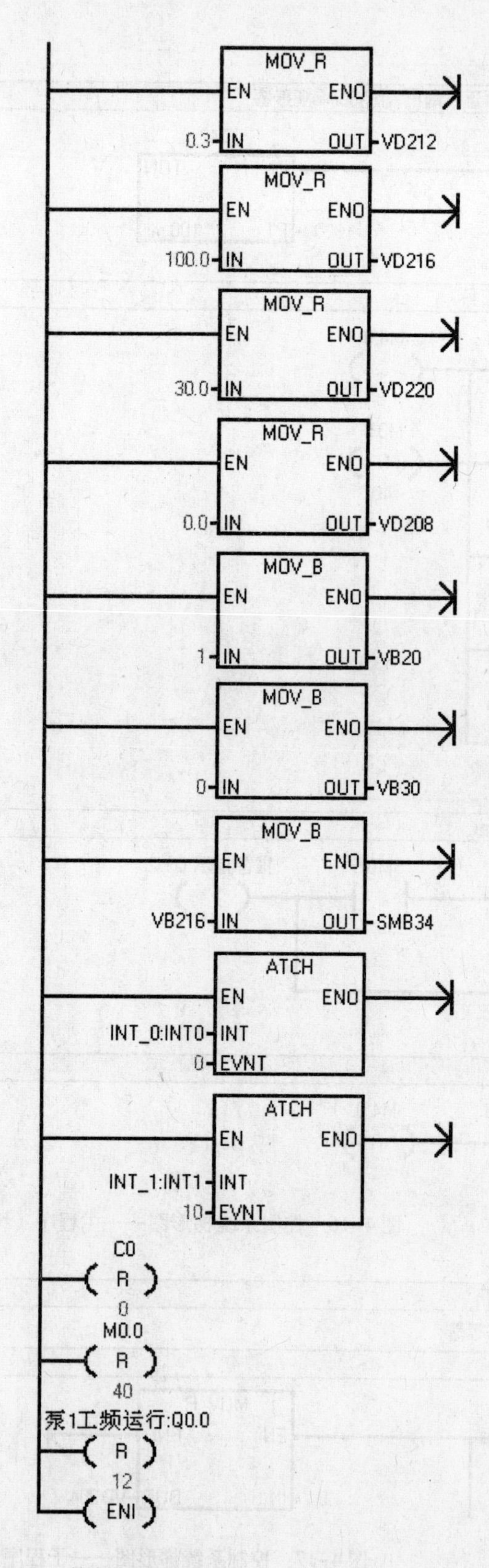

图 4-17　控制系统梯形图——子程序（续）

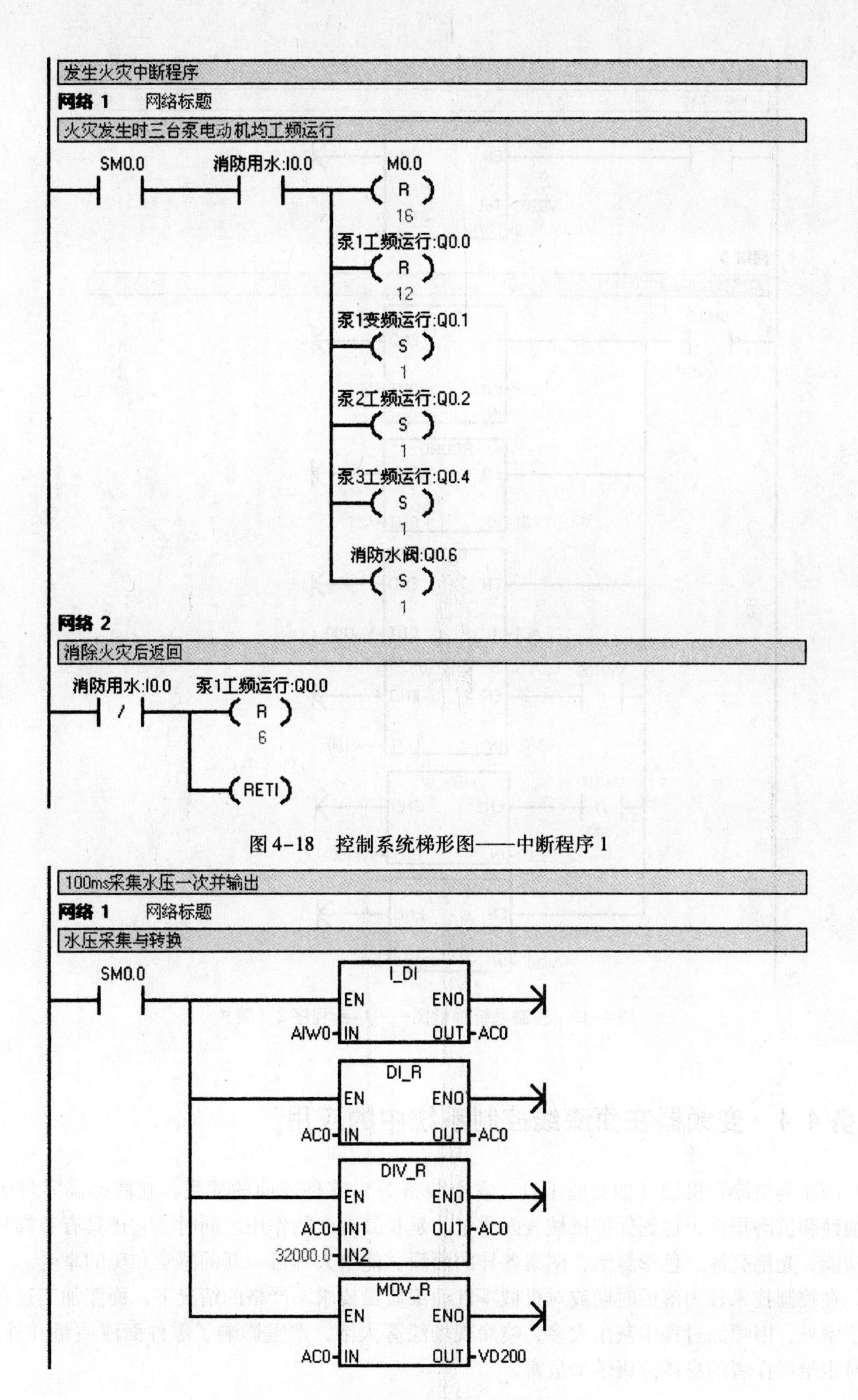

图 4-18　控制系统梯形图——中断程序 1

图 4-19　控制系统梯形图——中断程序 2

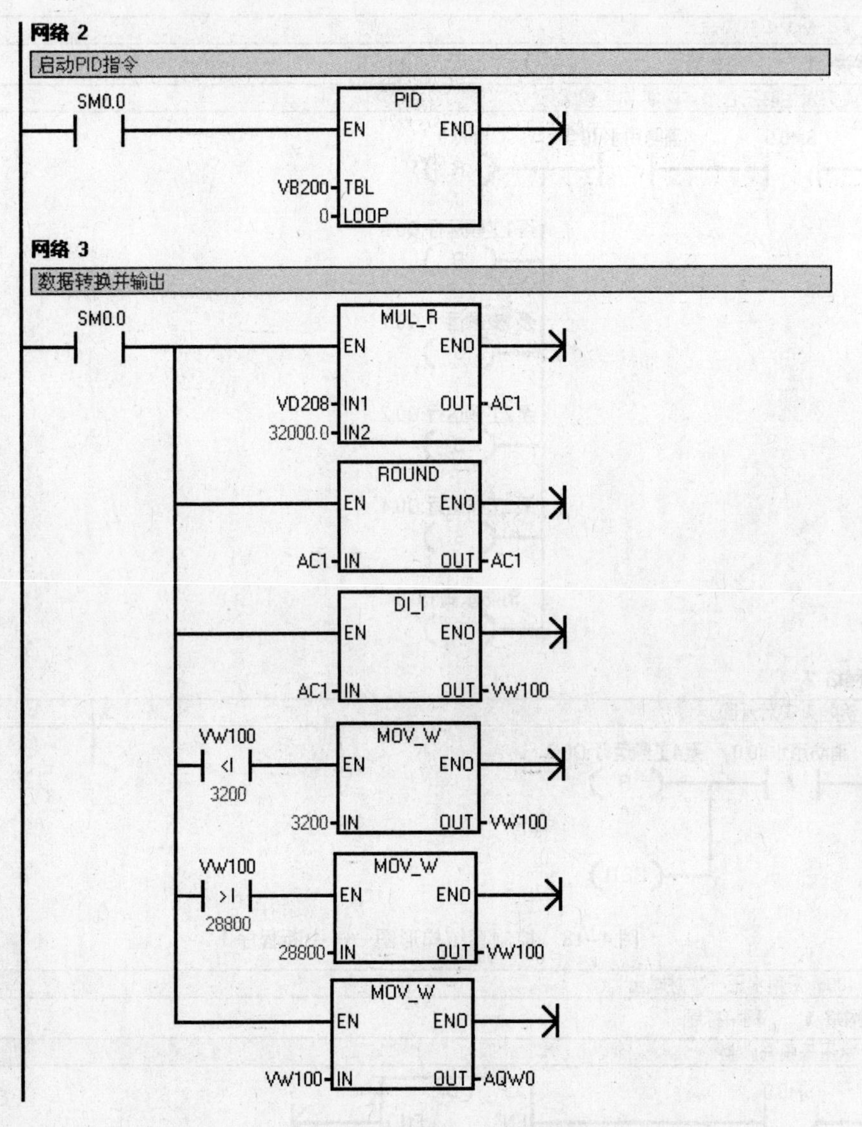

图 4-19　控制系统梯形图——中断程序 2（续）

任务 4.4　变频器在面漆线控制系统中的应用

面漆是指涂在机械（如交通工具、农业装备等）零件表面的漆膜，它能提高零件的抗腐蚀性和抗磨损性，达到保护机械表面质量、延长其寿命的作用。同时，它还具有装饰和美化功能，光艳亮泽、色彩鲜艳、图案各异的面漆，能给人耳目一新的感觉和美的享受。

在控制技术较为落后时期或对机械零件面漆质量要求不严格的情况下，面漆加工过程均置于室外，因喷涂过程中灰尘太多，喷涂现场漆雾太浓，严重影响了零件面漆质量和外观，同时也给操作者的身体健康带来危害。

4.4.1 面漆控制系统的组成

随着控制技术的不断发展和人们对生活质量的不断追求，传统的面漆喷涂工艺已经远远满足不了人们的要求。为了达到高标准要求，同时在最大限度内减轻漆雾对操作者健康的危害，目前众多企业都引进了面漆涂装线。

面漆线控制系统主要由送风系统、传输系统、水循环系统、烘干系统等组成。送风系统主要是将喷漆室内操作者周围空气中的漆雾压入地下水池中，这样能有效改善操作者的工作环境，减轻漆雾对操作者的危害；传输系统主要是传输待喷面漆的机械零件，系统传输速度可调，以适应不同表面积的机械零件；水循环系统主要是将由风力压入水表面的漆雾带走；烘干系统是将面漆进行烘干，下线后可直接投入装配生产，由于烘干系统温度可调，故可适合不同种类的面漆。

4.4.2 系统控制要求

为了便于读者理解和掌握，在此对面漆线控制系统进行了简化，简化后的控制要求如下：

1）系统工作方式分手动/自动两种。

2）送风系统：由三台 7.5 kW 的电动机驱动鼓风机进行送风，要求有相应工作指示。

3）传输系统：由变频器驱动传输链电动机进行机械零件的传输，要求传送速度可调，可适合不同体积的机械零件，能实时显示速度值。

4）水循环系统：由一台 7.5 kW 的电动机驱动水泵进行。

5）烘干系统：由两组 10 kW 加热器进行加热，为简化控制要求，将温度分为三段，即低于 60℃（一组加热器全压加热）、60 ~ 70℃之间（一组全压加热、一组断续加热调节）、70℃以上（两组全压加热）。

6）指示及报警：系统要求传送链传输速度及烘干室温度能实时显示。系统温度在要求范围内则绿色指示灯亮，若在要求范围外，则系统处于调温状态，此时绿灯以秒级闪烁；温度连续调节 3 min 后，如温度在要求范围外则报警，低于要求温度黄灯闪烁报警，高于要求温度红灯闪烁报警，整个系统停止运行。

本系统中采用 USS 通信协议控制变频器，这样可以大大减少布线的数量，并且维护比较方便；采用触摸屏对系统有关数据进行实时显示，图像清晰，易于操作和监控，故有必要对 USS 通信协议和触摸屏有关知识进行了解。

4.4.3 变频器的 USS 通信

西门子公司的变频器都有一个串行通信接口，采用 RS - 485 半双工通信方式，以 USS（Universal Serial Interface Protocol，通用串行接口协议）通信协议作为现场监控和调试协议，其设计标准适用于工业环境的应用对象。USS 协议是主从结构的协议，规定了在 USS 总线上可以有一个主站和最多 31 个从站，总线上的每个从站都有一个站地址（在从站参数中设置），主站依靠它识别每个从站，每个从站也只能对主站发来的报文做出响应并回送报文，从站之间不能直接进行数据通信。另外，还有一种广播通信方式，主站可以同时给所有从站发送报文，从站在接收到报文并做出相应的响应后可不回送报文。

1. 使用 USS 协议的优点

1）USS 协议对硬件设备要求低，减少了设备之间布线的数量。

2）无需重新布线就可以改变控制功能。

3）可通过串行接口设置来修改变频器的参数。

4）可连续对变频器的特性进行监测和控制。

5）利用 S7－200 CPU 组成 USS 通信的控制网络具有较高的性价比。

2. S7－200 CPU 通信接口的引脚分配

S7－200 CPU 上的通信接口是与 RS－485 兼容的 D 型连接器，符合欧洲标准。表 4-8 给出了通信接口的引脚分配。

表 4-8　S7－200 CPU 通信接口的引脚分配

连接器	针	PROFIBUS 名称	端口 0/端口 1
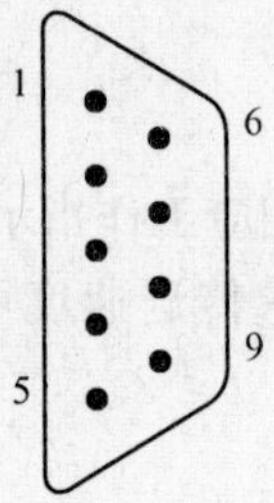	1	屏蔽	机壳接地
	2	24 V 返回逻辑地	逻辑地
	3	RS－485 信号 B	RS－485 信号 B
	4	发送申请	RTS（TTL）
	5	5 V 返回	逻辑地
	6	5 V	+5 V、100 Ω 串联电阻
	7	24 V	24 V
	8	RS－485 信号 A	RS－485 信号 A
	9	不用	10 位协议选择（输入）
	连接器外壳	屏蔽	机壳接地

3. USS 通信硬件连接

（1）通信注意事项

1）在条件允许的情况下，USS 主站尽量选用直流型的 CPU。当使用交流型的 CPU22X 和单相变频器进行 USS 通信时，CPU22X 和变频器的电源必须接成同相位。

2）一般情况下，USS 通信电缆采用双绞线即可，如果干扰比较大，可采用屏蔽双绞线。

3）在采用屏蔽双绞线作为通信电缆时，把具有不同电位参考点的设备互联后，在连接电缆中会形成不应有的电流，这些电流导致通信错误或设备损坏。要确保通信电缆连接的所有设备共用一个公共电路参考点，或是相互隔开以防止干扰电流产生。屏蔽层必须接到外壳地或 9 针连接器的 1 脚。

4）尽量采用较高的波特率，通信速率只与通信距离有关，与干扰没有直接关系。

5）终端电阻的作用是用来防止信号反射的，并不是用来抗干扰的。如果通信距离很近，在波特率较低或点对点的通信情况下，可不用终端电阻。

6）不要带电插拔通信电缆，尤其是正在通信过程中，这样极易损坏传动装置和 PLC 的通信端口。

（2）S7－200 PLC 与变频器的连接　将变频器（在此以 MM440 为例）的通信端子为 P＋(29)和 N－(30)分别接至 S7－200 通信口的 3 号与 8 号针即可。

4. USS 协议专用指令

所有的西门子变频器都可以采用USS协议传递信息，西门子公司提供了USS协议指令库，指令库中包含专门为通过USS协议与变频器通信而设计的子程序和中断程序。使用指令库中的USS指令编程，使得PLC对变频器的控制变得非常方便。

使用USS指令，首先要安装指令库，正确安装结束后，打开指令树中的“库”项，出现多个USS协议指令，如图4-20所示，且会自动添加一个或几个相关的子程序。

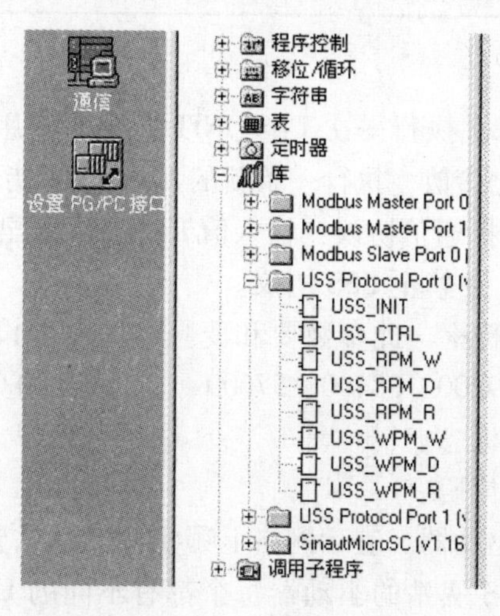

图4-20　USS指令

(1) 使用USS指令注意事项

1) 初始化USS协议将端口0指定用于USS通信，使用USS_INIT指令为端口0选择USS通信协议或PPI通信协议。选择USS协议与驱动器通信后，端口0将不能用于其他任何操作，包括与STEP7-Micro/Win通信。

2) 在使用USS协议通信的程序开发过程中，应该使用带两个通信端口的S7-200 CPU如CPU226、CPU224XP或EM277 PROFIBUS模块（与计算机中PROFIBUS CP连接的DP模块)，这样第二个通信端口可以用来在USS协议运行时通过STEP7-Micro/Win监控应用程序。

3) USS指令影响与端口0上自由口通信相关的所有SM位。

4) USS指令的变量要求一个400B长的V内存块。该内存块的起始地址由用户指定，保留用于USS变量。

5) 某些USS指令也要求有一个16B的通信缓冲区。作为指令的参数，需要为该缓冲区在V内存中提供一个起始地址。建议为USS指令的每个实例指定一个单独的缓冲区。

(2) USS_INIT指令　USS_INIT（端口0）或USS_INIT_P1（端口1）指令用于启用和初始化或禁止MicroMaster驱动器通信。在使用任何其他USS协议指令之前，必须执行USS_INIT指令且无错，可以用SM0.1或者信号的上升沿或下降沿调用该指令。一旦该指令完成，立即置位“Done”位，才能继续执行下一条指令。USS_INIT指令的梯形图格式如图4-21所示，各参数的类型见表4-9。

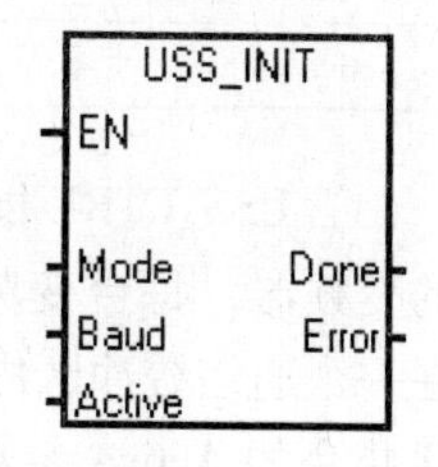

图4-21　USS_INIT指令

表 4-9　USS_INIT 指令参数

输入/输出	数据类型	操作数
Mode	Byte	IB、QB、VB、MB、SMB、SB、LB、AC、*VD、*LD、*AC、常数
Baud、Active	Dword	ID、QD、VD、MD、SMD、SD、LD、AC、*VD、*LD、*AC、常数
Done	Bool	I、Q、V、M、SM、S、L、T、C
error	Byte	IB、QB、VB、MB、SMB、SB、LB、AC、*VD、*LD、*AC

指令说明：

1）仅限为通信状态的每次执行一次 USS_INIT 指令。使用边沿检测指令，以脉冲方式打开 EN 输入。欲改动初始化参数，执行一条新的 USS_INIT 指令。

2）“Mode”输入数值选择通信协议：输入值 1 将端口分配给 USS 协议，并启用该协议；输入值 0 将端口分配给 PPI，并禁止 USS 协议。

3）“Baud”USS 通信波特率，此参数要和变频器的参数设置一致，波特率的允许值为 1200、2400、4800、9600、19200、38400、57600 或 115200 bit/s。

4）“Done”初始化完成标志。

5）“Error”初始化错误代码。

6）“Active”表示激活驱动器。表示网络上哪些 USS 从站要被主站访问，即在主站的轮询表中激活。网络上作为 USS 从站的驱动器每个都有不同的 USS 协议地址，主站要访问的驱动器，其地址必须在主站的轮询表中激活。USS_INIT 指令只用一个 32 位长的双字来映射 USS 从站有效地址表，Active 的无符号整数值就是它在指令输入端的取值。如表 4-10 所示，在这个 32 位的双字中，每一位的位号表示 USS 从站的地址号；要在网络中激活某地址号的驱动器，则需要把相应的位设置为“1”，不需要激活的 USS 从站相应的位设置为“0”，最后对此双字取无符号整数就可以得出 Active 参数的取值。本例中，使用站地址为 2 的 MM440 型变频器，则须在位号为 02 的位单元格中填入 1，其他不需要激活的地址对应的位设置为 0，取整数，计算出的 Active 值为 00000004H，即 16#00000004，也等于十进制数 4。

表 4-10　Active 参数设置

位号	MSB31	30	29	28	…	04	03	02	01	LSB00
对应从站地址	31	30	29	28	…	04	03	02	01	00
从站激活标志	0	0	0	0	…	0	0	1	0	0
取 16 进制无符号数	0				0		4			
Active =	16#00000004									

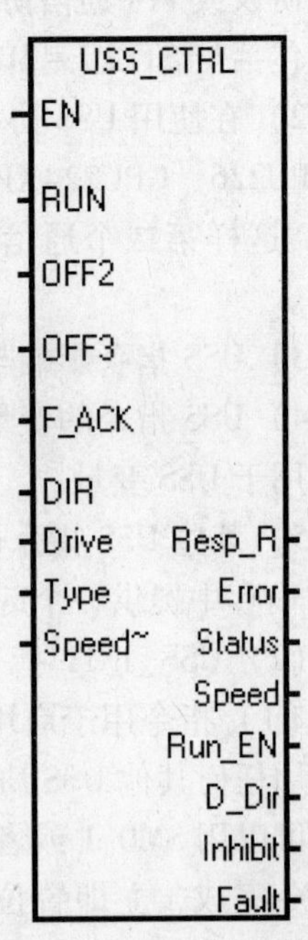

图 4-22　USS_CTRL 指令

（3）USS_CTRL 指令　USS_CTRL 指令用于控制处于激活状态的变频器，每台变频器只能使用一条该指令。该指令将用户放在一个通信缓冲区内，如果数据端 Drive 指定的变频器被 USS_INIT 指令的 Active 参数选中，缓冲区内的命令将被发送到该变频器。USS_CTRL 指令的梯形图格式如图 4-22 所示，各参数的类型见表 4-11。

表 4-11　USS_CTRL 指令参数

输入/输出	数据类型	操作数
Run、OFF2、OFF3、F_ACK、DIR、Resp_R、Run_EN、D_Dir、Inhibit、Fault	Bool	I、Q、V、M、SM、S、L、T、C
Drive、Type	Byte	IB、QB、VB、MB、SMB、SB、LB、AC、*VD、*LD、*AC、常数
Error	Byte	IB、QB、VB、MB、SMB、SB、LB、AC、*VD、*LD、*AC、常数
Status	Word	IW、QW、VW、MW、SMW、SW、LW、AC、T、C、AQW、*VD、*LD、*AC
Speed_SP	Real	ID、QD、VD、MD、SMD、SD、LD、AC、*VD、*LD、*AC、常数
Speed	Real	IB、QB、VB、MB、SMB、SB、LB、AC、*VD、*LD、*AC

指令说明：

1）USS_CTRL（端口 0）或 USS_CTRL_P1（端口 1）指令被用于控制 Active（激活）驱动器。USS_CTRL 指令将选择的命令放在通信缓冲区中，然后送至编址的驱动器 Drive（驱动器）参数，条件是已在 USS_INIT 指令的 Active（激活）参数中选择该驱动器。

2）仅限为每台驱动器指定一条 USS_CTRL 指令。

3）某些驱动器仅将速度作为正值报告。如果速度为负值，驱动器将速度作为正值报告，但逆转 D_Dir（方向）位。

4）EN 位必须为 ON，才能启用 USS_CTRL 指令。该指令应当始终启用（可使用 SM0.0）。

5）RUN 表示驱动器是 ON 还是 OFF。当 RUN（运行）位为 ON 时，驱动器收到一条命令，按指定的速度和方向开始运行。为了使驱动器运行，必须满足以下条件：

① Drive（驱动器）必须被选为 Active（激活）。

② OFF2 和 OFF3 必须被设为 0。

③ Fault（故障）和 Inhibit（禁止）必须为 0。

6）当 RUN 为 OFF 时，会向驱动器发出一条命令，将速度降低，直至电动机停止。OFF2 位被用于允许驱动器自由降速至停止。OFF3 被用于命令驱动器迅速停止。

7）Resp_R（收到应答）位确认从驱动器收到应答。对所有的激活驱动器进行轮询，查找最新驱动器状态信息。每次 S7-200 从驱动器收到应答时，Resp_R 位均会打开，进行一次扫描，所有数值均被更新。

8）F_ACK（故障确认）位用于确认驱动器中的故障。当从 0 变为 1 时，驱动器清除故障。

9）DIR（方向）位（“0/1”）用来控制电动机的转动方向。

10）Drive（驱动器地址）输入是 MicroMaster 驱动器的地址，向该地址发送 USS_CTRL 命令。有效地址为 0～31。

11）Type（驱动器类型）输入选择驱动器类型。将 MicroMaster 3（或更早版本）驱动器的类型设为0，将 MicroMaster 4 或 SINAMICS G110 驱动器的类型设为1。

12）Speed_SP（速度设定值）必须是一个实数，给出的数值是变频器的频率范围百分比还是绝对的频率值取决于变频器中的参数设置（如 MM440 的 P2009）。如为全速的百分比，则范围为 -200.0% ~200.0%，Speed_SP 的负值会使驱动器反向旋转。

13）Fault 表示故障位的状态（0 - 无错误，1 - 有错误），驱动器显示故障代码（有关驱动器信息，请参阅用户手册）。欲清除故障位，纠正引起故障的原因，并打开 F_ACK 位。

14）Inhibit 表示驱动器上的禁止位状态（0 - 不禁止，1 - 禁止）。欲清除禁止位，故障位必须为 OFF，运行、OFF2 和 OFF3 输入也必须为 OFF。

15）D_Dir（运行方向反馈）表示驱动器的旋转方向。

16）Run_EN（运行模式反馈）表示驱动器是在运行（1）还是停止（0）。

17）Speed（速度反馈）是驱动器返回的实际运转速度值。若以全速百分比表示的驱动器速度，其范围为 -200.0% ~200.0%。

18）Status 是驱动器返回的状态字节原始数值，MicroMaster 4 的标准是状态字各数据位的含义如下：

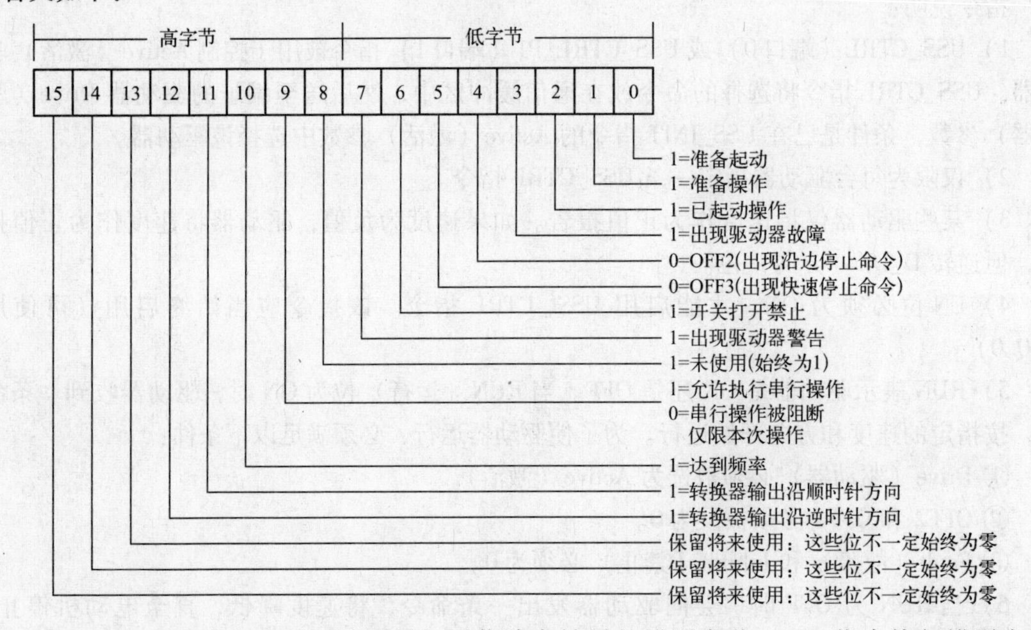

19）Error 是一个包含对驱动器最新通信请求结果的错误字节。USS 指令执行错误主题定义了可能因执行指令而导致的错误条件。

20）Resp_R（收到的响应）位确认来自驱动器的响应。对所有的激活驱动器都要轮询最新的驱动器状态信息。每次 S7 - 200 接收到来自驱动器的响应时，每扫描一次，Resp_R 位就会接通一次并更新一次所有相应的值。

（4）USS_RPM 指令　USS_RPM 指令用于读取变频器的参数，USS 协议有 3 条读指令：

1）USS_RPM_W（端口 0）或 USS_RPM_W_P1（端口 1）指令读取一个无符号字类型的参数。

2）USS_RPM_D（端口 0）或 USS_RPM_D_P1（端口 1）指令读取一个无符号双字类型的参数。

3）USS_RPM_R（端口 0）或 USS_RPM_R_P1（端口 1）指令读取一个浮点数类型的参数。

同时只能有一个读（USS_RPM）或写（USS_WPM）变频器参数的指令激活。当变频器确认接收命令或返回一条错误信息时，就完成了对 USS_RPM 指令的处理，在进行这一处理并等待响应到来时，逻辑扫描依然继续进行。USS_RPM 指令的梯形图格式如图 4-23 所示，各参数见表 4-12。

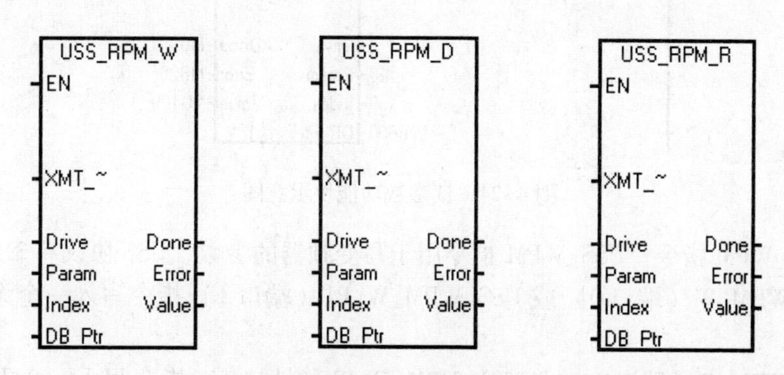

图 4-23　USS_RPM 指令

表 4-12　USS_RPM 指令参数

输入/输出	数据类型	操作数
XMT_REQ	Bool	I、Q、V、M、SM、S、L、T、C，上升沿有效
Drive	Byte	IB、QB、VB、MB、SMB、SB、LB、AC、*VD、*LD、*AC、常数
Param、Index	Word	IW、QW、VW、MW、SMW、SW、LW、AC、T、C、AIW、*VD、*LD、*AC、常数
DB_Ptr	Dword	&VB
Value	Word、Dword、Real	IW、QW、VW、MW、SMW、SW、LW、AC、T、C、AQW、ID、QD、VD、MD、SMD、SD、LD、*VD、*LD、*AC
Done	Bool	I、Q、V、M、SM、S、L、T、C
Error	Real	IB、QB、VB、MB、SMB、SB、LB、AC、*VD、*LD、*AC

指令说明：

1）一次仅限将一条读取（USS_RPM_X）或写入（USS_WPM_X）指令被激活。

2）EN 位必须为 ON，才能启用请求传送，并应当保持 ON，直到设置“完成”位，表示进程完成。例如，当 XMT_REQ 位为 ON 时，在每次扫描时向 MicroMaster 传送一条 USS_RPM_X 请求。因此，XMT_REQ 输入应当通过一个脉冲方式打开。

3）“Drive”输入是 MicroMaster 驱动器的地址，USS_RPM_X 指令被发送至该地址。单台驱动器的有效地址是 0～31。

4）“Param”是参数号码。“Index”是需要读取参数的索引值。“Value”是返回的参数值。必须向 DB_Ptr 输入提供 16B 的缓冲区地址。该缓冲区被 USS_RPM_X 指令占用，用于存储向 MicroMaster 驱动器发出的命令的数据。

5）当 USS_RPM_X 指令完成时，“Done”输出为 ON，“Error”输出字节和“Value”输出包含执行指令的结果。“Error”和“Value”输出在“Done”输出打开之前无效。

例：图4-24 所示程序段为读取电动机的电流值（参数 r0068），由于此参数是一个实数，而参数读写指令必须与参数的类型配合，因此选用实数型参数读功能块。

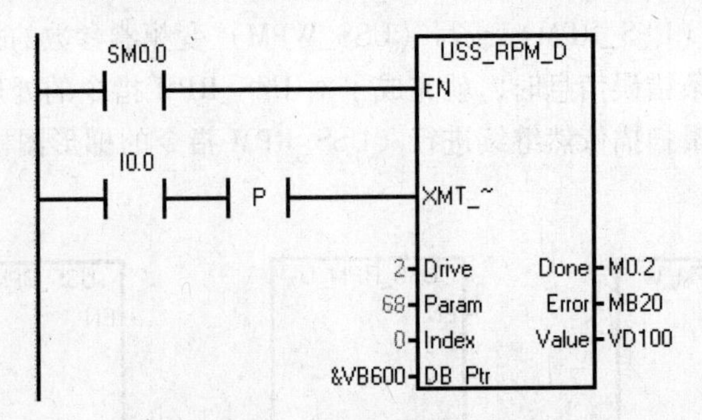

图4-24　读参数功能块示意图

（5）USS_WPM 指令　USS_WPM 指令用于写变频器的参数，USS 协议有 3 条写入指令：

1）USS_WPM_W（端口 0）或 USS_WPM_W_P1（端口 1）指令写入一个无符号字类型的参数。

2）USS_WPM_D（端口 0）或 USS_WPM_D_P1（端口 1）指令写入一个无符号双字类型的参数。

3）USS_WPM_R（端口 0）或 USS_WPM_R_P1（端口 1）指令写入一个浮点数类型的参数。

USS_WPM 指令梯形图格式如图 4-25 所示，各参数的类型见表 4-13。

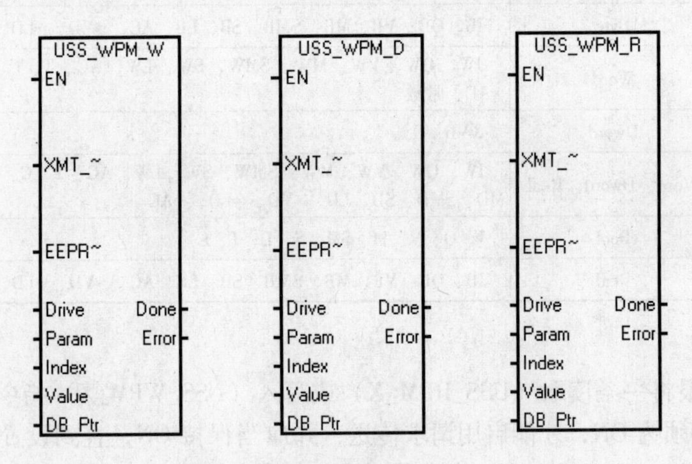

图4-25　USS_WPM 指令

表 4-13　USS_WPM 指令参数

输入/输出	数据类型	操作数
XMT_REQ	Bool	I、Q、V、M、SM、S、L、T、C，上升沿有效
Drive	Byte	IB、QB、VB、MB、SMB、SB、LB、AC、*VD、*LD、*AC、常数
Param、Index	Word	IW、QW、VW、MW、SMW、SW、LW、AC、T、C、AIW、*VD、*LD、*AC、常数
DB_Ptr	Dword	&VB

（续）

输入/输出	数据类型	操作数
Value	Word、Dword、Real	IW、QW、VW、MW、SMW、SW、LW、AC、T、C、AQW、ID、QD、VD、MD、SMD、SD、LD、*VD、*LD、*AC
EEPROM	Bool	I、Q、V、M、SM、S、L、T、C
Done	Bool	I、Q、V、M、SM、S、L、T、C
Error	Real	IB、QB、VB、MB、SMB、SB、LB、AC、*VD、*LD、*AC

指令说明：

1）一次仅限一条写入（USS_WPM_X）指令被激活。

2）当MicroMaster驱动器确认收到命令或发送一个错误条件时，USS_WPM_X事项完成。当该进程等待应答时，逻辑扫描继续执行。

3）EN位必须为ON，才能启用请求传送，并应当保持打开，直到设置“Done”位，表示进程完成。例如，若XMT_REQ位为ON，在每次扫描时向MicroMaster传送一条USS_WPM_X请求。因此，XMT_REQ输入应当通过一个脉冲方式打开。

4）当驱动器打开时，EEPROM输入启用对驱动器的RAM和EEPROM的写入，当驱动器关闭时，仅启用对RAM的写入。请注意该功能不受MM3驱动器支持，因此该输入必须关闭。

5）其他参数的含义及使用方法参考USS_RPM指令。

使用时请注意：在任一时刻USS主站内只能有一个参数读写功能块有效，否则会出错。因此如果需要读写多个参数（来自一个或多个驱动器），必须在编程时进行读写指令之间的轮替处理。

4.4.4 人机界面

1. 人机界面的概念及分类

人机界面（Human Machine Interface，HMI）又称人机接口，它是计算机与操作人员交换信息的设备。它可承担以下任务：

1）过程可视化。在人机界面上动态显示过程数据。

2）操作员对过程的控制。操作员通过图形界面来控制过程（输入或修改参数等）。

3）显示报警。如当变量超出设定值时，过程的临界状态会自动触发报警。

4）记录功能。顺序记录过程值和报警信息，用户可以检索以前的生产数据。

5）输出过程值的报警记录。

6）过程和设备的参数管理。

现在的人机界面几乎都使用液晶显示屏，主要分为文本显示器（Text Display，TD）、操作员面板（Operator，OP）、触摸屏（Touch Panel，TP）。触摸屏是人机界面的发展方向。用户可以在触摸屏的画面上设置具有明确意义和提示信息的触摸式按键、文字、图形等，来处理或监控不断变化的信息。触摸屏的面积小，使用直观方便。目前西门子触摸屏主要有TP177A、TP177B、TP277系列产品。

2. WinCC flexible 软件简介

西门子人机界面的组态软件主要有SIMATIC WinCC和WinCC flexible。SIMATIC WinCC

是在计算机上使用的人机界面组态软件，是一种可扩展的过程可视化系统，能高效控制自动化过程。它是基本 Windows 平台，可实现完美的过程可视化，能为各种工业领域提供完备的操作和监视功能，可以方便地与标准程序和用户程序组合在一起使用，建立人机界面，精确地满足实际需要；WinCC flexible 是在 Protool 人机界面组态软件的基础上发展而来的，并兼容 Protool，综合了 WinCC 的开放性和扩展性，并具有易用性的新型人机界面组态软件，它支持多种语言。

3. WinCC flexible 组态软件的使用

安装完 WinCC flexible 软件之后，会在 Windows 桌面上生成一个图标，下面简要说明其使用。

（1）使用项目向导创建新项目　双击图标，打开软件，在弹出的界面上选择“使用项目向导创建一个新项目”。在出现的界面上选择“小型设备”，并单击“下一步”。在弹出的界面上单击红色框所标识的按钮，选择所用触摸屏型号，如 TP177B，单击“确定”。在返回的界面上连接选择的下拉菜单中选择连接；在控制器选择的下拉菜单中选择 SIMATIC S7－200。单击“下一步”按钮打开组态画面模板。

在组态画面模板中，选择相应的选项，并可添加公司标识图片。完成后单击“下一步”按钮，打开组态画面浏览界面，设置画面的层次结构。设置完成后单击“下一步”按钮，进入组态系统画面。

在组态系统画面中，一般采用默认设置，然后直接进入库选择画面。窗口左侧为“可用的库”，通过按钮可以将“可用的库”中的选项添加到右侧“选择的库”区域中，以便后续组态操作中使用。

库设置完成后，进入项目信息设置，可以输入项目的名称、项目作者、创建日期等内容。最后单击“完成”按钮，生成项目。软件直接打开用户组成界面。

（2）建立人机界面设备与 PLC 之间的连接　单击界面左侧项目视图中“通信”文件夹下的“连接”图标，打开连接编辑器。连接表中自动出现与 S7－200 的连接，默认名为“连接_1”。连接表的下方是默认属性的视图。图中的参数为默认值，是项目向导自动生成的，一般直接采用默认值，用户也可以根据情况修改。

（3）变量的生成与组态

1）变量的分类。

变量分为外部变量和内部变量，每个变量都要给出一个符号名和数据类型。外部变量是人机界面与 PLC 进行数据交换的纽带，是 PLC 中定义的存储单元的映像，其状态和数值随 PLC 程序的执行而改变。

内部变量存储在人机界面中，与 PLC 没有直接连接关系，用于人机界面设备内部计算或执行其他任务，且只有人机界面可以访问。内部变量用名称来区分，没有地址。

2）变量的生成与属性设置。

变量的生成与设置是通过变量编辑器完成的。双击项目视图中“通信”文件夹下的变量图标，就可以打开变量编辑器。双击变量表中的空白行，软件将会自动生成一个新的变量。变量的每个属性可以通过界面下方属性视图中相对应的项目进行设置；也可以通过双击每个编辑器属性表格，或单击属性项表格边上的下拉菜单按钮来设置。

（4）画画的生成与组态　画面是操作人员在生产过程中所要面对的直接界面。人机界面组态的一项重要内容就是画面的制作。

画面是静态元件和动态元件组成的。静态元件（如文本或图形对象）用于静态显示，在设备运行时，它们的状态不会发生变化，不需要变量与之连接，不能由 PLC 进行更新。

动态元件指的是用图形、字符、数字趋势图和棒图等画面元件来显示 PLC 或人机界面设备存储区中变量的当前状态或当前值。因此，动态元件的状态受变量的控制，需要设置与它连接的变量。

在项目生成时，系统会自动生成一个初始画面。通过画面编程器下方的属性视图，可以对画面的属性进行设置。至此，项目创建完成，后续的组态工作可以在这个项目下继续进行。

每一个元件都有对应的属性视图，在属性视图中一般有以下项目：

“常规”项：用来设置元件最重要和基本的属性。

“属性”项：常用于静态设置，如文本的字体大小、对象的位置和访问权限等。

“动画”项：用于对象外观或位置的动态设置，要用变量接口来实现。

“事件”项：用于设置在特定事件发生时执行的系统函数。

4.4.5 系统硬件设计

1. 主要硬件选型

根据控制系统要求及与西门子 MM440 型变频器的配套使用，选用西门子 S7－200 系列的 PLC。从减少系统硬件成本考虑少选用一模拟量扩展模块，PLC 选用 CPU 224XP CN 型；变频器选用 MM440 型；人机界面选用 TP177B 型。

2. PLC 的 I/O 分配

根据控制系统要求分为手动和自动两种工作方式，由于输入量太多，故仍采用手动由继电器系统控制，自动由 PLC 系统控制，这样可节省大量输入端子，PLC 的地址分配见表 4-14。

表 4-14　面漆线控制系统 I/O 分配表

地　址	作　用	地　址	作　用
I0.0	变频器故障信号	Q0.0 *	风机 1 运行
I0.1	系统起动 SB16	Q0.1 *	风机 2 运行
I0.2	系统停止 SB17	Q0.2 *	风机 3 运行
I0.3	系统急停 SB18	Q0.3 *	循环泵电动机运行
I0.4	传输链速度选择 1	Q0.4 *	加热器 1 运行
I0.5	传输链速度选择 2	Q0.5 *	加热器 2 运行
I0.6	传输链速度选择 3	Q0.6 *	传输链电动机运行
I0.7	烘干室温度选择 1	M0.0	开机信号
I1.0	烘干室温度选择 2	M0.1	温度到达设置值信号
I1.1	烘干室温度选择 3	M1.0	低温信号
I1.2	风机 1 过载	M1.1	高温信号

（续）

地　址	作　用	地　址	作　用
I1.3	风机2过载	M2.0	报警信号
I1.4	风机3过载	M3.0 * ~ M3.7 *	各具体报警信号
I1.5	泵电动机过载	M4.0	速度设置信号
I1.6	解除故障按钮SB19	M5.0 *	触摸屏上起动信号
		M5.1 *	触摸屏上停止信号

注：表中带 * 的地址是与触摸屏相连接的变量地址。

3. 控制系统原理图

控制系统原理图包括主电路图、控制电路图及PLC外围接线图，分别如图4-26、图4-27和图4-28所示。

（1）主电路图　图4-26中三台风机和循环水泵都为直接起动，在实际项目中电动机功率都比较大，需要降压起动，RL1和RL2为加热器。

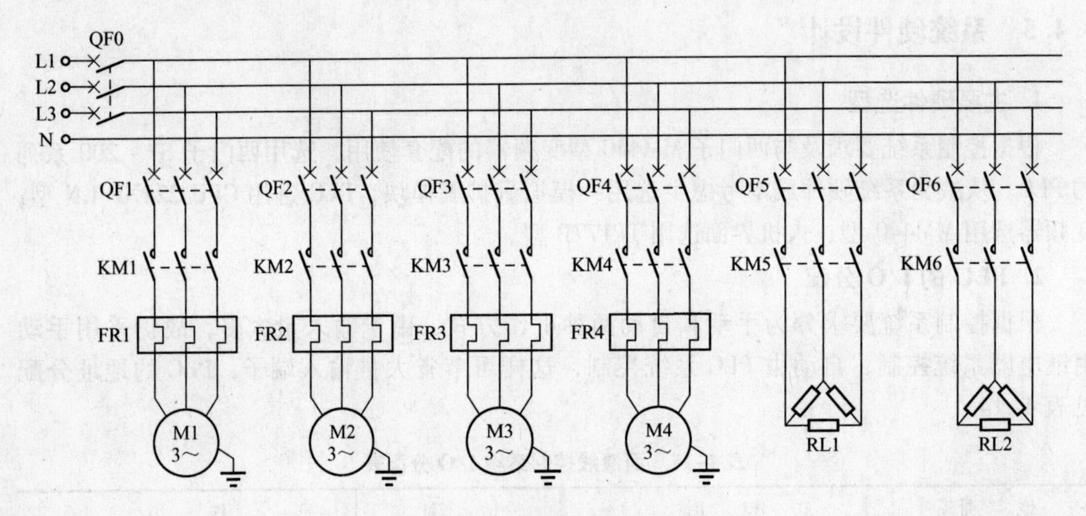

图4-26　面漆线系统主电路

（2）控制电路图　图4-27为系统控制电路图，图中SA0为手动/自动工作方式转换开关，SA0拨在1的位置为手动控制状态；拨在2的位置为自动控制状态。手动运行时，可用按钮SB1~SB14控制三台风机、水泵、两组加热器和传输链的起动/停止；自动运行时，系统在PLC程序控制下进行。

图中HL8为手动运行状态指示灯；HL9为自动运行状态指示灯；KA为手动和自动切换用中间继电器。图中的Q0.0~Q0.6为PLC的输出继电器触点，它们上端的3、4、…、9等数字为接线编号，可结合图4-28一起读图。

（3）PLC外围接线图　图4-28为PLC及变频器外围接线图。S7-200 CPU 224XP CN型PLC为面漆线控制系统的控制核心，变频器通过RS-485通信电缆与CPU相连。系统温度检测传感器输出值（0~10V）接至PLC自带的模拟量输入端A+和B+。

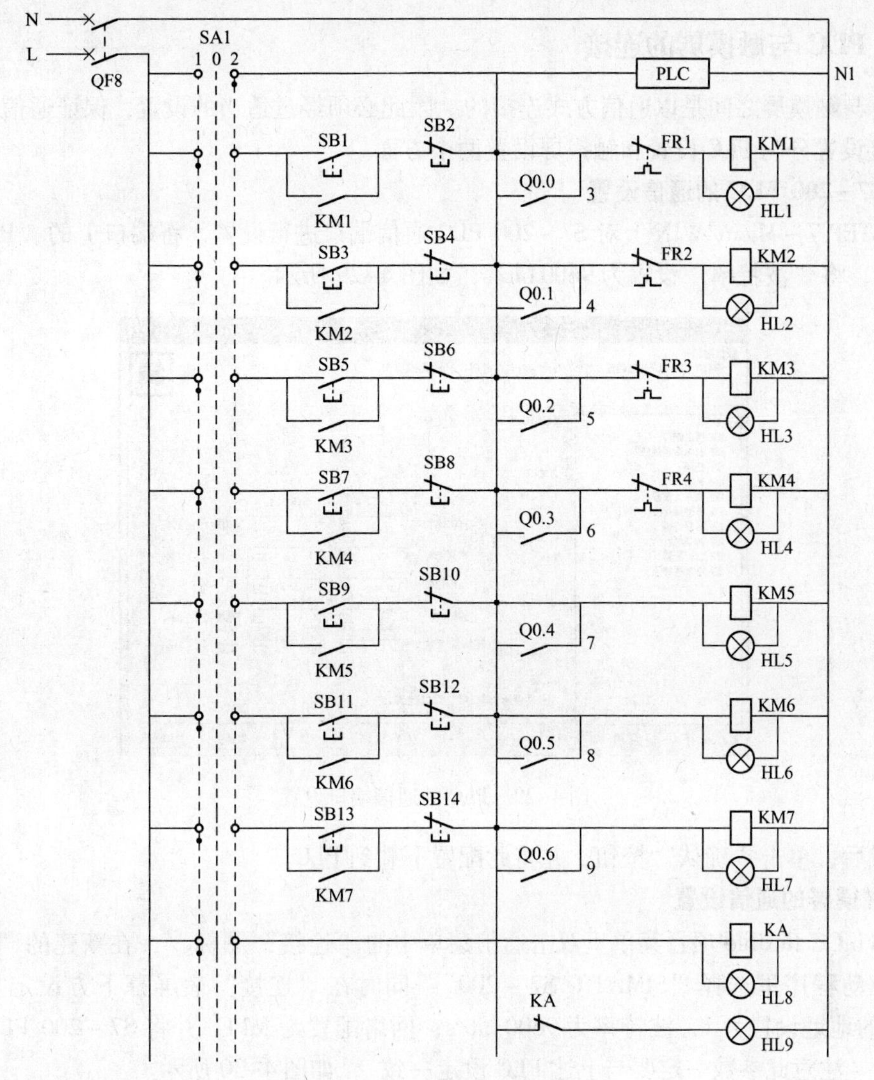

图 4-27 面漆线控制电路

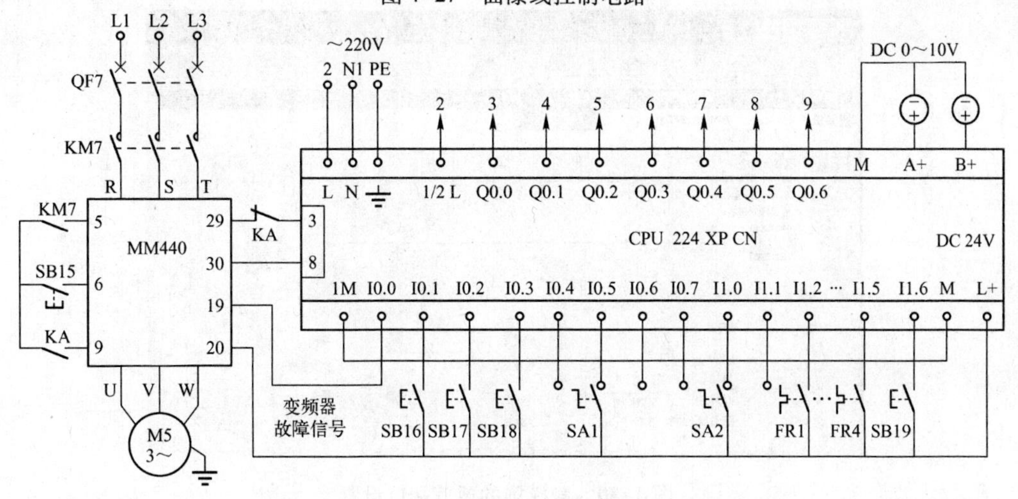

图 4-28 面漆线系统与 PLC 及变频器外围接线图

4.4.6 PLC 与触摸屏的连接

PLC 与触摸屏之间是以通信方式连接的。因此必须经过适当的设置，保证通信的顺利进行。连接设置分为 PLC 设置和触摸屏设置两个方面。

1. S7 - 200 PLC 的通信设置

在 STEP 7 - Micro/WIN 上对 S7 - 200 PLC 通信端口进行设置，将端口 1 的“PLC 地址”设置成 2，将“波特率”设置为 9600 bit/s，如图 4-29 所示。

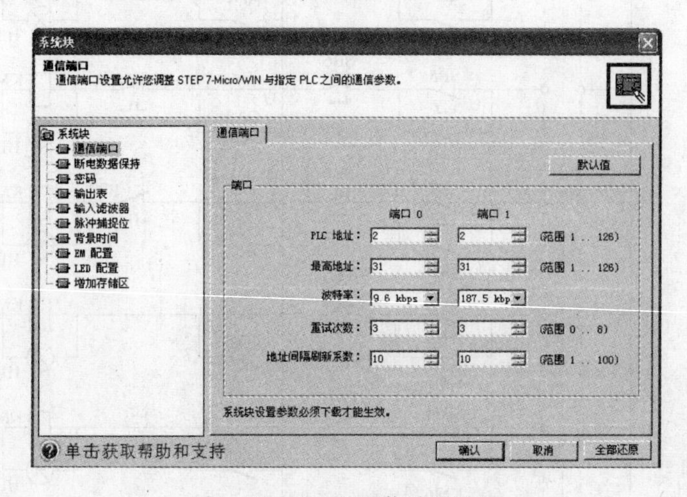

图 4-29　PLC 的通信端口设置

完成后，单击“确认”按钮，并将此配置下载到 PLC。

2. 触摸屏的通信设置

在 WinCC flexible 项目菜单里双击通信菜单中的“连接”图标，在新建的“连接_1”的通信驱动程序里选择“SIMATIC S7 - 200”，同时在“连接”表屏幕下方设定界面中将 TP177B 的地址设置为 1，波特率为 9600 bit/s；网络配置为 MPI，并将 S7 - 200 PLC 的地址设置为 2（注意此参数一定要与上述 PLC 设定一致），如图 4-30 所示。

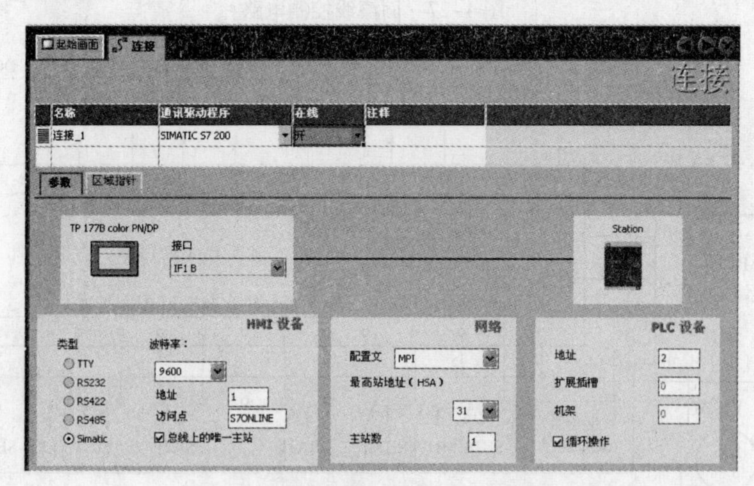

图 4-30　触模屏的通信端口设置

将此设定存盘并下载至TP177B，即可与S7－200 PLC进行通信了。

4.4.7 变频器参数设定

在将变频器连至S7－200之前，必须确保变频器设置好表4-15所示的参数。值得注意的是，在设定参数之前对变频器中的参数进行复位，使其成为出厂时的参数默认值。

表4-15 面漆线控制系统的变频器参数设定

序号	参　数	设定值	参数功能说明
1	P0003	3	参数访问等级为专家级（能读/写所有参数）
2	P0700	手动方式为2	选择命令给定源（2为I/O端子控制）
3	P0700	自动方式为5	选择命令给定源（5为通过COM链路经由RS－485进行通信的USS控制）
4	P1000	5	允许通过COM链路的USS通信发送频率设定值
5	P2010	6	设置RS485串口USS波特率（4为2400 bit/s；5为4800 bit/s；6为9600 bit/s；7为19200 bit/s；8为38400 bit/s；9为57600 bit/s，这一参数必须与PLC主站采用的波特率一致）
6	P2011	0	设置USS节点从站地址（0~31）
7	P1120	5	斜坡上升时间（0~650.00，这是一个以s为单位的时间，在这个时间内，电动机加速到最高频率）
8	P1121	5	斜坡下降时间（0~650.00，这是一个以s为单位的时间，在这个时间内，电动机减速到完全停止）
9	P2000	50	设置串行链接参考频率（1~650，默认值为50）
10	P2009	1	USS规格化（为0，则根据P2000的基准频率进行频率设定值的规格化；为1，则允许设定值以绝对十进制数的形式发送。如在规格化时设置基准频率为50.00 Hz，则所对应的十六进制数是4000，十进制数值是16384）
11	P2012	2	USS的PZD长度（2为2个字节长）
12	P2013	127	USS的PKW长度。默认值为127B
13	P0701	1	控制端子（DIN1）功能选择（1为接通正转断开停车）
14	P1001	10	选择固定频率为10 Hz
15	P0702	9	控制端子（DIN2）功能选择（9为选择故障复位）
16	P0731	52.3	数字输出1的信号源设定（52.3为变频器故障输出）
17	P0100	0	选择电动机的功率单位和电网频率（0为kW、50 Hz）
18	P0205	1	变频器的应用对象（1为变转矩负载）
19	P0300	1	选择电动机类型（1为异步电动机）
20	P0304	以铭牌为准	电动机额定电压
21	P0305	以铭牌为准	三台电动机额定总电流
22	P0307	以铭牌为准	电动机额定功率
23	P0308	以铭牌为准	电动机功率因数
24	P0309	以铭牌为准	电动机的额定效率
25	P0310	以铭牌为准	电动机的额定频率
26	P0311	以铭牌为准	电动机的额定转速

4.4.8 系统软件设计

1. PLC梯形图程序设计

实际工程应用中程序较为复杂，在此已有所简化，如图4-31～图4-33所示。

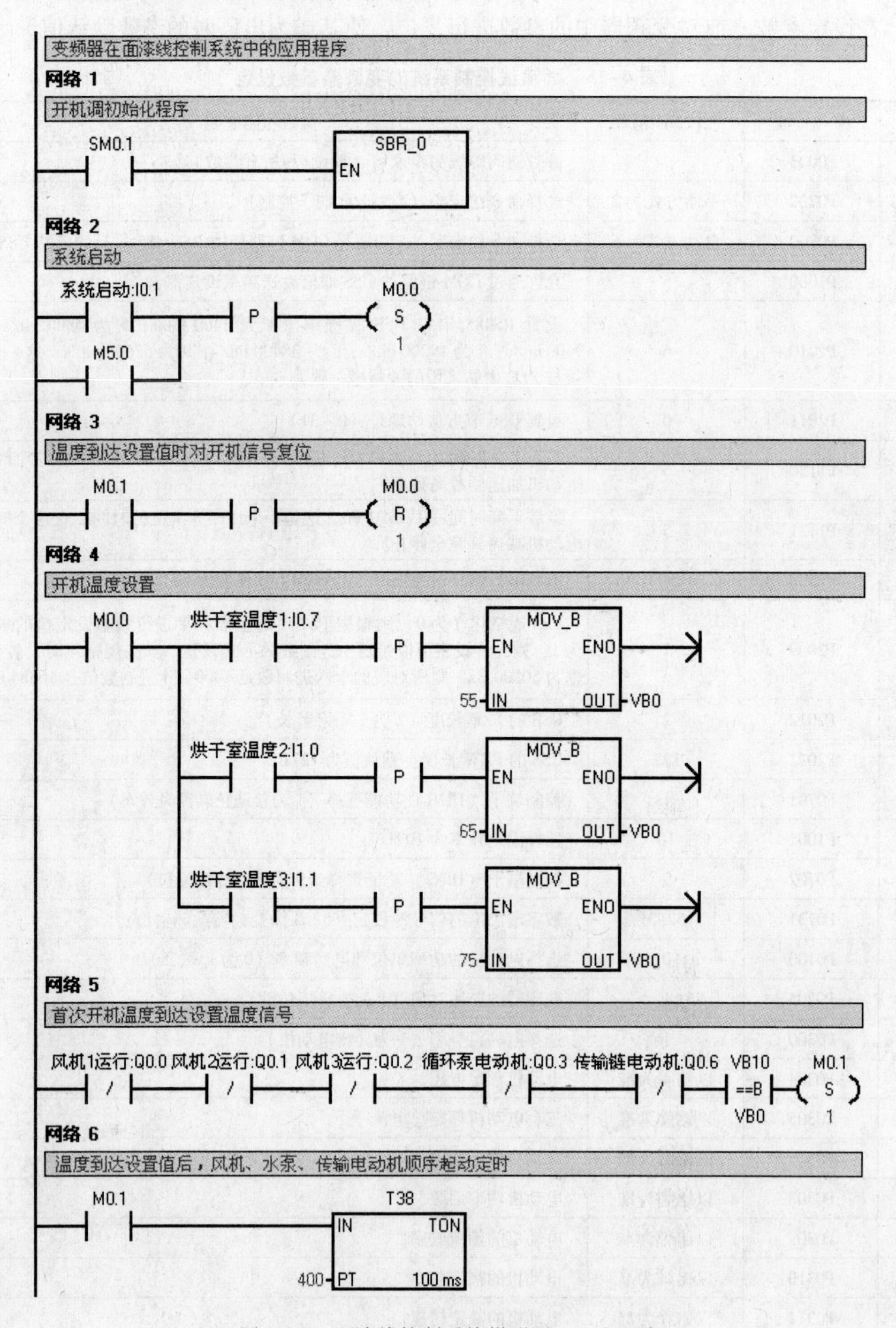

图4-31 面漆线控制系统梯形图——主程序

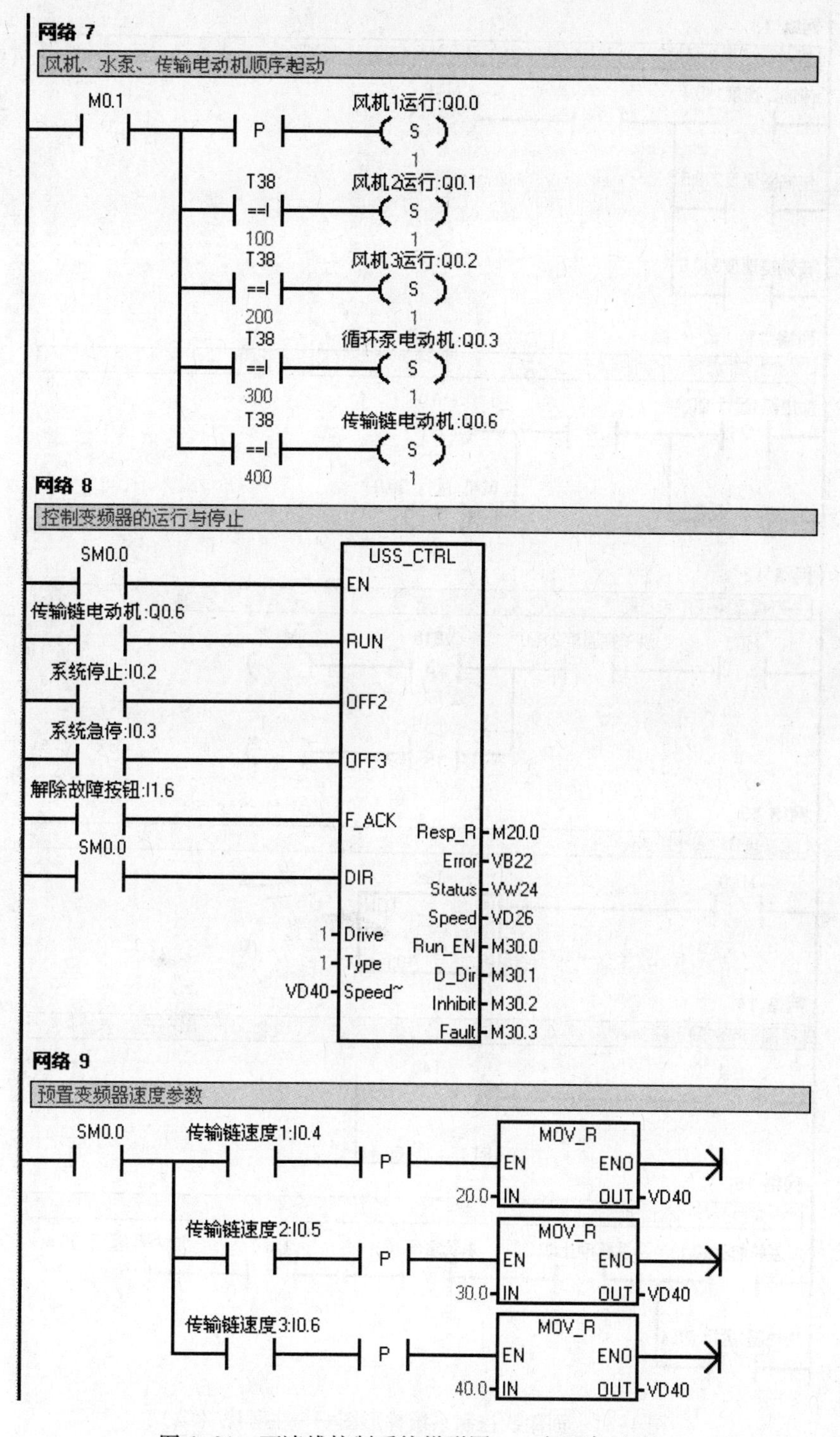

图 4-31 面漆线控制系统梯形图——主程序（续）

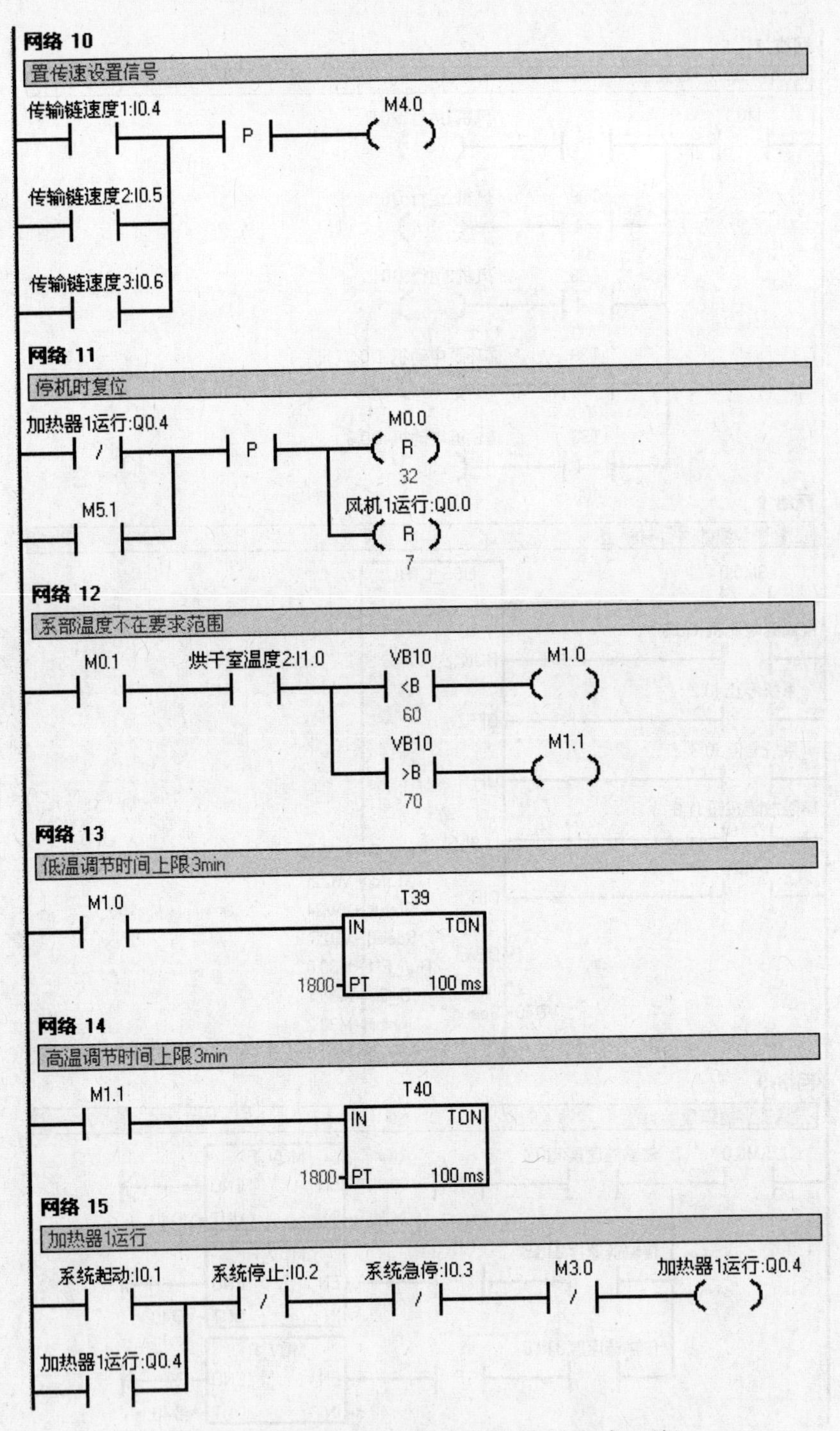

图4-31　面漆线控制系统梯形图——主程序（续）

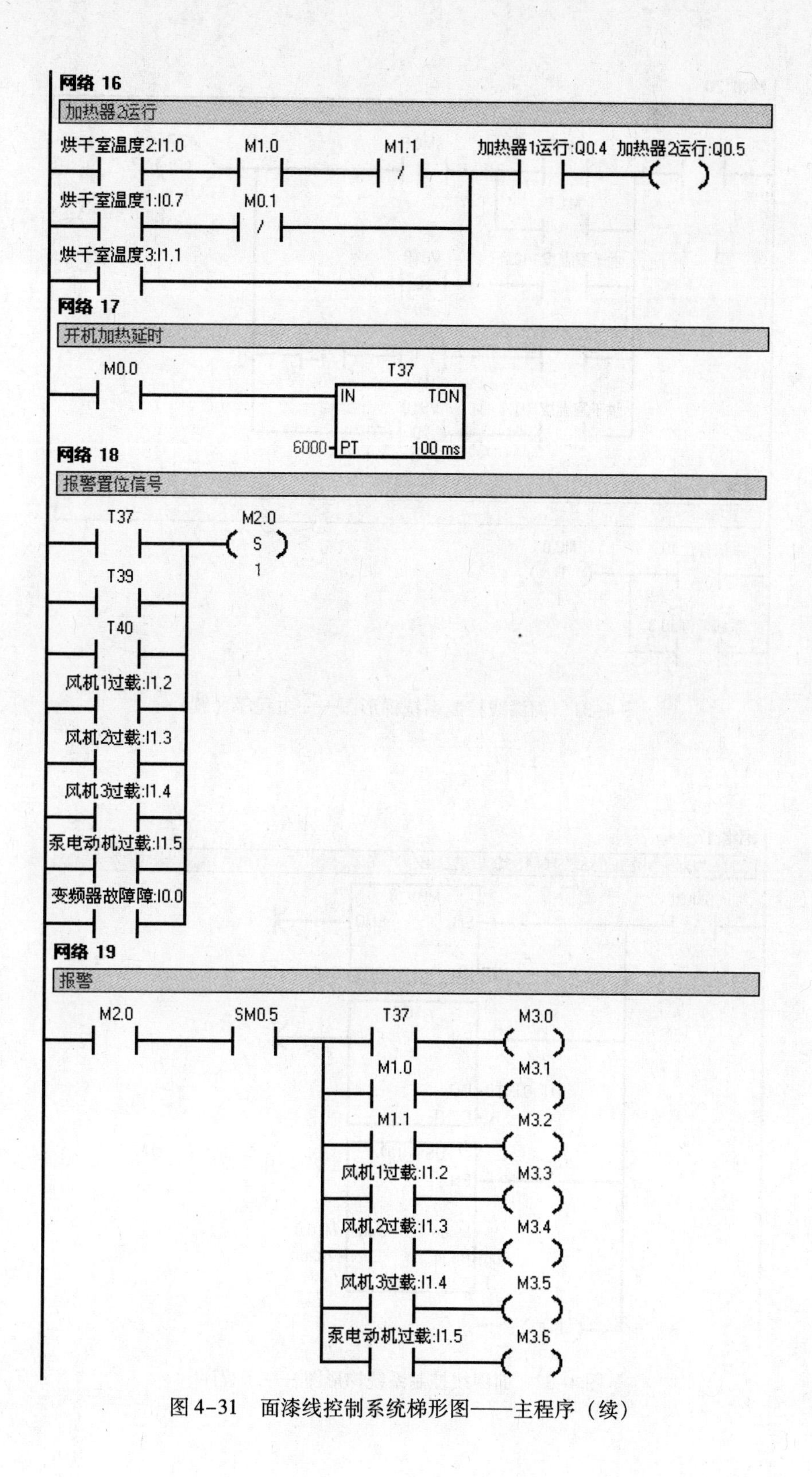

图 4-31　面漆线控制系统梯形图——主程序（续）

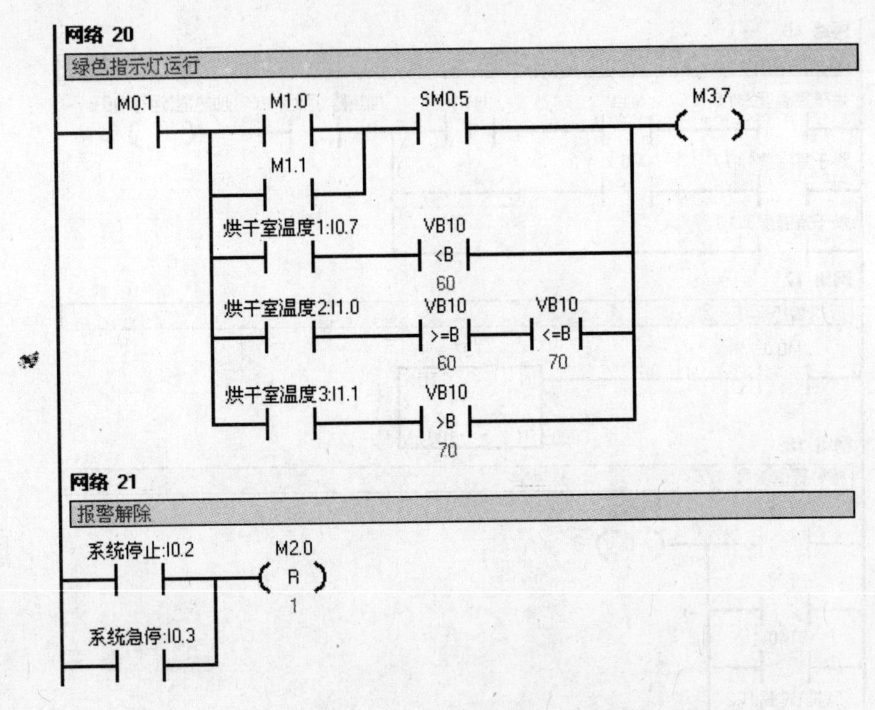

图 4-31　面漆线控制系统梯形图——主程序（续）

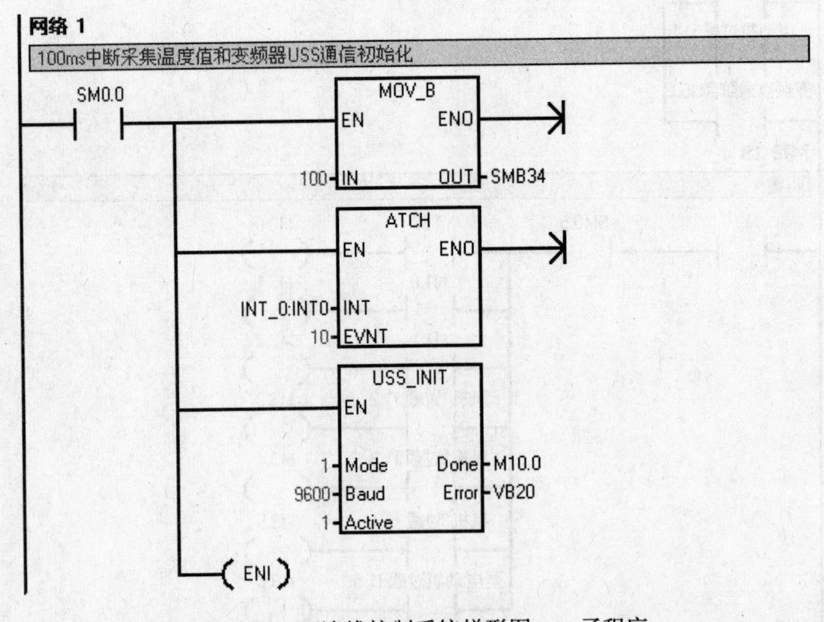

图 4-32　面漆线控制系统梯形图——子程序

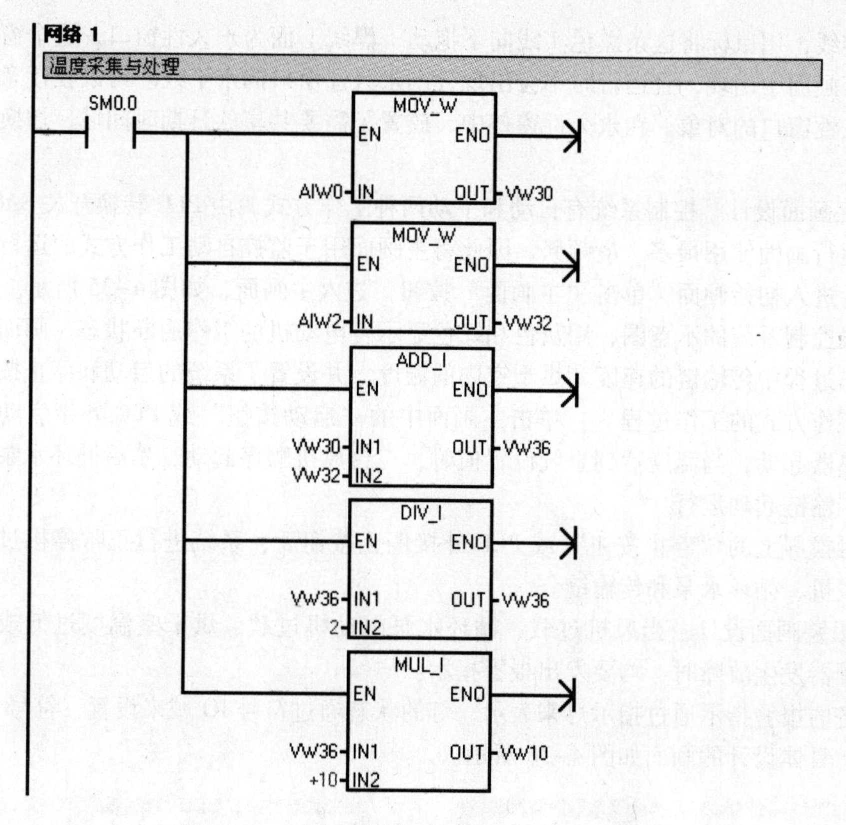

图 4-33　面漆线控制系统梯形图——中断程序

2. 触摸屏画面设计

根据工艺操作要求，首先要对显示画面进行全面的规划，在本项目中主要设置如下画面：开机时显示的初始画面；自动运行画面（主画面）；报警画面。

由于画面不多，以初始画面为中心，采用“单线联系”的星形切换方式，开机后显示初始画面，在初始画面中设置切换到其他画面的切换按钮，如图 4-34 所示，从初始画面可以切换到所有其他画面，其他画面只能返回到初始画面。其他画面之间不能相互切换，需要经过初始画面的“中转”来完成。

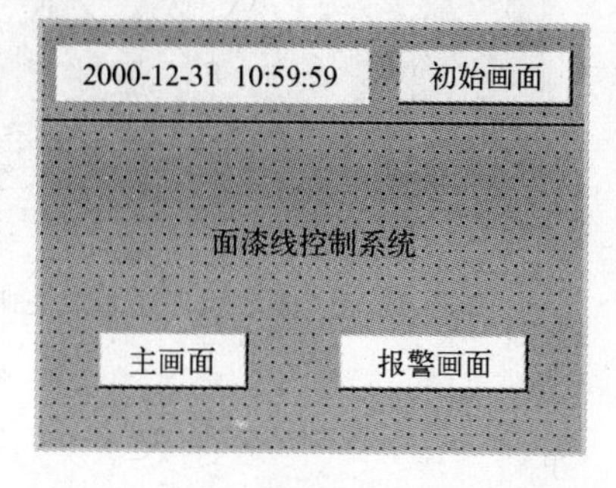

图 4-34　初始画面与永久性窗口

这种画面组织方式的层次少，除初始画面外，其他画面使用的画面切换按钮少，操作比较方便。当然也可以建立其他画面之间的切换关系。

在 WinCC flexible 软件中生成一个画面（如主画面）之后，仅需要将界面左侧项目视图中该画面的图标（主画面图标）拖放到初始画面，就可以在初始画面中生成切换到这个画面的切换按钮，同时系统自动生成按钮上的文本。可以用鼠标调节按钮的位置和大小，在属性视图中可以设置按钮的背景颜色和文本大小等属性。在其他画面上生成返回初始画面的按钮也是用同样的方法完成。

在 TP170B 中可以设定永久性窗口（固定窗口），如图 4-34 所示。在每个画面顶部都有一条黑色实线，用鼠标将这条黑色实线向下拖动，黑线上面为永久性窗口，这个窗口中的对象将在所有画面中出现，且运行时不会出现分割永久性窗口的水平线。可以在任意一个画面中修改永久性窗口的对象。在永久性窗口中，放置了需要共享的日期时间域、切换到初始画面的按钮。

（1）主画面设计　控制系统有自动和手动两种工作方式，由 PLC 转换开关 SA0 来选择。由于自动运行画面使用最多、最频繁，因此将主画面用于监控自动工作方式的运行。

开机后进入初始画面，单击“主画面”按钮，进入主画面，如图 4-35 所示。画面中给出了面漆线控制系统的示意图，用灰色和绿色显示各电动机的工作通断状态。画面中还显示了系统工作过程中传输链的速度和烘干室内的温度，并设置了系统的启动和停止按钮。

自动工作方式的工作过程为：单击主画面中的“启动按钮”或 PLC 外接启动按钮，烘干室中加热器起动，当温度达到系统设置值时，三台风机顺序起动，然后循环水泵电动机起动，最后传输链起动运行。

单击触摸屏上的“停止按钮”或 PLC 外接停止按钮后，系统进行正常停机过程，关闭加热器、风机、循环水泵和传输链。

（2）报警画面设计　当风机过载、循环水泵电动机过载、烘干室温度过低或过高、传输链上变频器发生故障时，均要发出报警指示。

各设备的报警指示通过指示灯来表示，灯的状态通过符号 IO 域来设置，符号 IO 域均为输出模式，具体设计的画面如图 4-36 所示。

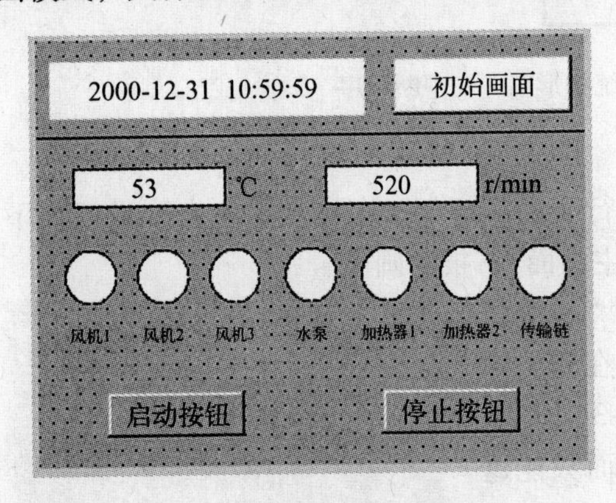

图 4-35　面漆线控制系统主画面

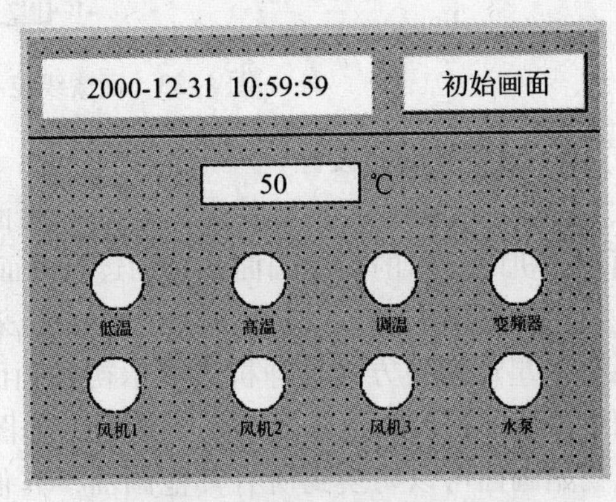

图 4-36　面漆线控制系统报警画面

学习情境 5　变频器系统的维护与保养

任务 5.1　变频器系统的测量

通用变频器电气特性测量的目的主要是为了对变频器进行调整、实验，确认变频器的节能运行效果。由于变频器的波形都是斩波波形，PWM 是最常见的波形，这使得变频器的输入和输出含有高次谐波，所以在选择测量仪表和测试方法时应区别不同的情况。

5.1.1　测试方法

变频器的测量电路如图 5-1 所示。由于测量仪表的选择影响到测量的精度，下面对变频器的测量与普通交流 50 Hz 电源的测量不同之处加以说明。

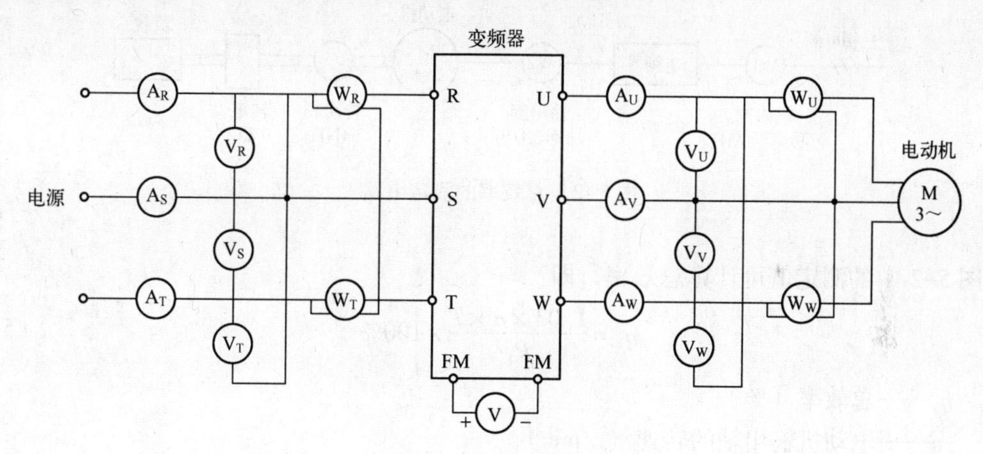

图 5-1　变频器的测量电路

1. 电压测定

电动机的输出转矩依赖于电压基波的有效值。由于 PWM 变频器的电压平均值正比于输出电压基波有效值，测量输出电压最合适的方法是使用指示平均值的整流式仪表，并在表示其实际基波电压的有效值时考虑到适当的转换因子。

2. 电流测定

变频器的输出电流与电动机铜损耗引起的温升有关。仪表应该能精确测量出其畸变电流波形的有效值。对于变频器，电流畸变大，而且通常是传动电动机，所以采用电磁式仪表（其测定电流值与转矩的关系与测定工频电源的电流值与转矩的关系类似）。

3. 功率测定

功率测定使用功率表。功率表有单相功率表和三相功率表。如果三相功率是平衡的，测量时也可使用三相功率表，此时采用电动式仪表。其他数字仪表如分割运算型和霍尔元件检测器运算型等仪表，也可适当利用。必须注意，由于变频器波形畸变，根据仪表形式、原理的不同，有时会产生指示差。

4. 功率因数测定

变频器的功率因数是根据变频器输入侧的测定值算出的，测定时使用上述的电压表和电流表以及功率表。由于电流波形畸变，用普通功率因数表测定不能得到正确的数值，可以根据功率因数的定义计算，即

$$\cos\varphi = \frac{P_1}{\sqrt{3}U_1 I_1} \times 100\% \tag{5-1}$$

式中　$\cos\varphi$——功率因数；

P_1——变频器输入侧功率（W）；

U_1——变频器输入侧额定电压（V）；

I_1——变频器输入侧电流（A）。

5. 效率测定

效率测定有两种：一种是测定含电动机在内的总效率，另一种是测定变频器本身的效率。总效率的测定电路如图5-2所示。

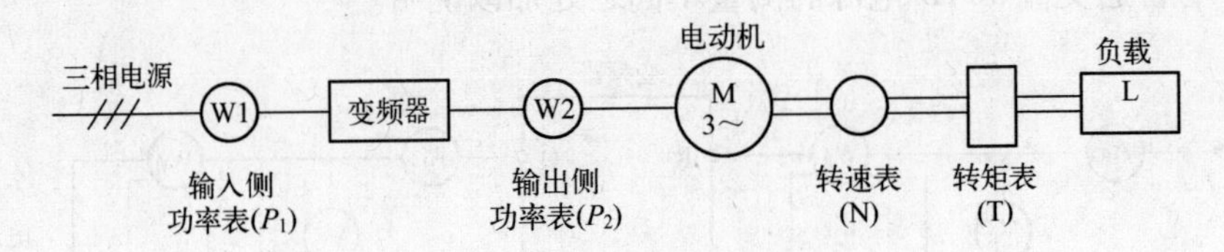

图5-2　总效率的测定电路

根据图5-2中的测定值可计算总效率，即

$$\eta_1 = \frac{1.03 \times n \times T}{P_1} \times 100\% \tag{5-2}$$

式中　η_1——总效率（%）；

n——电动机输出轴的转速（r/min）；

T——电动机输出轴的转矩（kg · m）；

P_1——变频器输入侧功率（W）。

变频器本身的效率测定是根据变频器的输入功率和输出功率求出的，即

$$\eta_2 = \frac{P_2}{P_1} \times 100\% \tag{5-3}$$

式中　η_2——变频器本身的效率（%）；

P_2——变频器输出侧功率（W）；

P_1——变频器输入侧功率（W）。

5.1.2　主电路和控制电路的测定

对主电路进行一些基本电量如阻抗、波形的测定；检测电源、电动机的连接及绝缘电阻。表5-1给出了测量仪器设备、测定的部位以及测定指标，测量时要注意以下几点。

表 5-1　主电路测量点及测量仪表

测量仪器	测量部位		测量对象						适　用
	主电路	控制电路	绝缘	导通	电压	电流	波形	频率	
500 V 绝缘电阻表	★		★						在整个电路与接地间测定（不适用于控制电路）
万用表	★	★		★	★				判断半导体元件的好坏，测量电路的通断和回路电阻值
电压表	★				★				测定电源电压、逆变器输出电压，使用磁电式、整流式仪表
电流表	★					★			测定电源电流、输出电流，使用电磁式仪表
同步示波器	★	★			★	★	★		一般波形观测及过渡过程的电压、电流测定
记忆示波器	★	★			★	★	★		具有记录数据的功能可对所测量的波形及过渡过程进行分析
数字万用表	★	★			★				具有高输入阻抗，可取代以前的万用表测定电路的电压
计数器		★						★	用于控制电路基本频率脉冲的计数
光导摄像仪	★	★			★	★	★		用于记录和分析数毫秒至数分钟的过渡过程
记忆示波器	★	★			★	★	★		用于记录和分析数百毫秒至数分钟的过渡过程
频率分析仪（FFT）	★				★	★	★	★	用于输入、输出等波形分析及频率分析
数据记录仪	★	★			★	★	★		用于数微秒至数小时的过渡过程的记录和分析，可以进行目标点的扩大记录

用万用表进行检查时不能对连接着电动机的变频器进行晶体管导通检查，或者对连接着电源的变频器进行导通检查。进行导通检查时，要把被测对象回路以外的连接导线拆除，确保系统断开。

变频器在运行中用测量仪器进行测量时，可能由于连接时的冲突而引起变频器误动作，或者因为连接错误损坏变频器，应特别注意。

对于 400V 以上的高压回路，示波器等测量仪器的电源要隔离后再使用，如图 5-3 所示。另外，对于多元件的光导摄像仪等，要选择测定点，以保证不超过各元件间的耐压。

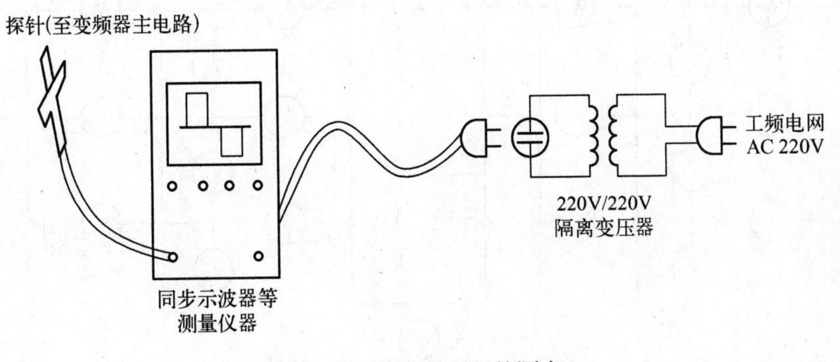

图 5-3　示波器电源的隔离

不能为了测量将主电路导线（特别是变频器内部的晶闸管、整流二极管、GTO、缓冲回路、驱动回路等连接用导线）随便延长。由于变频器主电路要流过高次谐波电流，尽管导线延长，电路改变很小，但有时也会导致变频器丧失正常功能，给元器件施加超过额定值的电压等。

1. 整流器和逆变器测试

在变频器的 R、S、T 和 U、V、W 端子上，用万用表电阻档，改换测笔的正负极性，根据读数即可判断整流器和逆变器模块的好坏。一般不导通时读数为∞，导通读数为数欧姆或几十欧姆。

2. 控制电路的测定

控制电路测量所用的仪器仪表见表 5-1。测量过程中应注意以下问题：

1）使用输入阻抗尽可能高的测量仪器。测定电流时，应使用专用的电流探测针进行。不管是哪种测定，与主电路测量一样，不要随便设置测定点，测量引线不要延长。

2）控制电路的测量要在主电路无电压时进行，测量仪器的公共线要选择最佳部位连接，最佳部位可以是与测定点最近的公共点。

5.1.3 输入侧的测定

变频器的输入电源是交流 50 Hz 电源，其测量基本与标准的工业交流电源的测量相同，但由于变频器的逆变侧 PWM 波形的影响，应注意以下几个问题。

1. 输入电流的测量

使用电磁式电流表测量电流有效值时，若输入电流不平衡，三相电流的测量值取平均值，即

$$I = \frac{I_R + I_S + I_T}{3} \tag{5-4}$$

式中　I——测量平均值；

I_R、I_S、I_T——接至变频器电源端的各相电流测量值。

2. 输入功率的测量

使用电动式功率表测量输入功率时，通常采用图 5-1 所示的两个功率表测量。如果额定电流不平衡率超过 5%，则使用 3 个功率表测量，如图 5-4 所示。

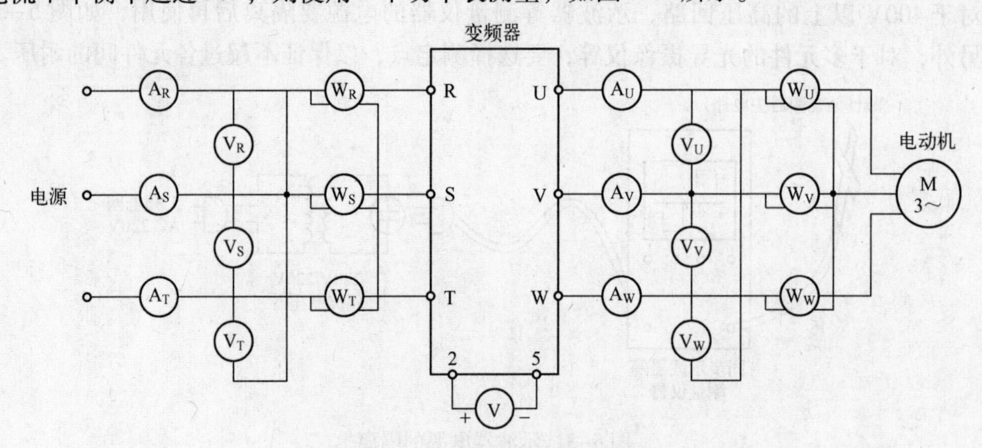

图 5-4　3 个功率表的测量电路

电流不平衡率用下式求出：

电流不平衡率＝[（最大电流－最小电流）/三相平均电流]×100%

输入功率因数的表达式见式（5-1），不同的只是公式中 I_1 为三相输入电流的平均值。

3. 电源阻抗的影响

在测量时必须注意电源阻抗值的大小，它直接影响到输入功率因数和输出电压。相对于变频器容量而言，电源阻抗应该大于0.5%。有条件时，最好进行精确测量，采用数字频谱分析仪对各次谐波进行分析，然后对系统进行综合判断，其标准为综合电压变形率 D，即

$$D=\frac{U_1^2+\cdots+U_n^2}{U_1}\times 100\% \tag{5-5}$$

式中　U_1——基波电压；

U_n——n 次谐波电压。

作为对低压配电线所具有的高次谐波的管理依据，电压综合变形率 D 应在5%以下。当 D 超过5%时，需要加装交流电抗器或直流电抗器，以抑制高次谐波电流。

5.1.4　输出侧的测定

1. 输出电压的测量

对变频器输出电压的测量，在常用仪表中最合适的是整流式电压表，这种电压表的测量结果最接近数字频谱分析仪测量的基波电压值，而且结果与变频器的输出频率有很好的线性关系。

如果要进一步提高输出电压的测量精度，可以采用图5-5所示的阻容滤波器，与整流式电压表配合使用会得到更精确的基波电压值。

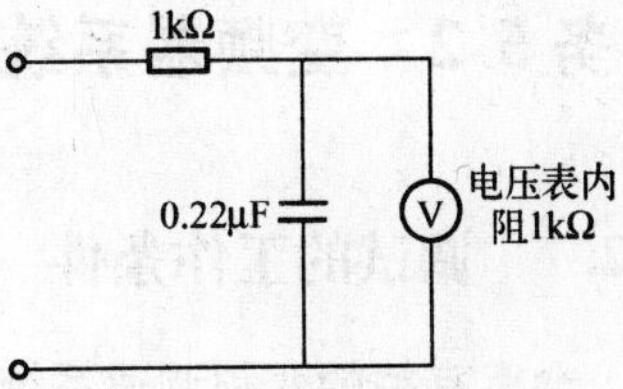

1kΩ

0.22μF

电压表内阻1kΩ

图5-5　阻容滤波器的使用

2. 输出电流的测量

输出电流需要测量基波和其他高次谐波的总有效值，常用的测量仪表是动圈式电流表（在有电动机负载时，基波电流有效值和总电流的有效值差别不大）。为测量方便，线路中常采用电流互感器，考虑到在低频情况下电流互感器有可能饱和，所以必须选择适当容量的电流互感器。

3. 输出功率与功率因数

与输入侧的功率测量相同，一般功率测量用两个功率表即可，但是当电流不平衡率超过5%时，要使用三个功率表进行测量。另外，由于变频器的输出侧功率因数随频率的变化而变化。所以在实际中往往不测量变频器的输出功率因数。

4. 变频器的效率

变频器的效率需要经过输入、输出实验，测出有功功率，然后根据下式求出：

变频器的效率＝（输出有功功率/输入有功功率）×100%

5.1.5　绝缘电阻的测量

1. 外接线路绝缘电阻的测量

为了防止绝缘电阻表的高电压施加到变频器上，在测量外接线路的绝缘电阻时，必须把

需要测量的外接线路从变频器上拆下后再进行测量，并注意检查绝缘电阻表的高电压是否有可能通过其他回路施加到变频器上，如果有，则应将所有有关的连线全部拆下。

2. 变频器主电路绝缘电阻的测量

必须把所有进线端（R、S、T或L1、L2、L3）和出线端（U、V、W）都连接起来后再测量其绝缘电阻，如图5-6所示，绝缘电阻表指示值不小于5 MΩ为正常。

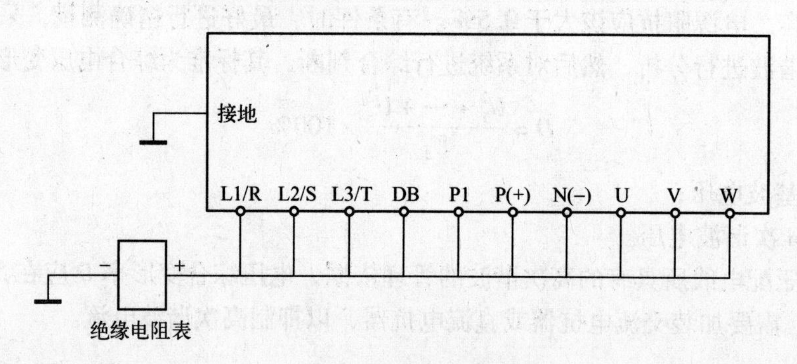

图5-6　用绝缘电阻表测试电路

3. 控制电路绝缘电阻的测量

为了防止高电压损坏电子元件，一般不要用绝缘电阻表或其他有高电压的仪器进行测量。改用万用表的高阻档来测量，测量值大于1 MΩ为正常。

任务5.2　变频器系统的调试

5.2.1　调试的工作条件

会审有关的变频调速系统的技术资料、技术文件、施工图样，协助配合的电气安装工作已经完成；安装质量经验收合格，符合设计、厂家技术文件和施工验收规范，在安装过程中的有关实验已完成，经验收符合有关标准。

要掌握的调试技术条件包括以下内容：

1）变频器的主要技术参数：电压、电流、功率、频率范围、电动机转速、起动时间、制动时间等。

2）变频器的操作手册中的程序、操作步骤、参数的编程设定、主要保护的内容及参数。

3）整个系统的控制原理，一次设备主电路、二次控制电路的有关保护、工艺联锁等。

调试程序为：

1）变频器带电的本体调试。

2）变频器及电动机的空载调试。

3）变频器及电动机系统带负载的调试。

5.2.2　通电前的检查

变频器系统安装、接线完成后，通电前应该进行下列检查：

1. 外观、构造检查

外观、构造检查包括检查变频器的型号是否有误、安装环境有无问题、装置有无脱落或破损、电缆直径和种类是否合适、电气接线有无松动、接线有无错误、接地是否可靠等。

2. 绝缘电阻的检查

绝缘电阻的检查一般在产品出厂时已进行了绝缘实验，因而尽量不要用绝缘电阻表测试；万不得已用绝缘电阻表测试时，要按以下要领进行测试，若违反测试要领，接入时会损坏设备。

主电路的绝缘检测不能用万用表，只能用绝缘电阻表测试。首先全部拆除主电路、控制电路等端子座和外部电路的连接线，并准备 500 V 绝缘电阻表，然后按图 5-6 将绝缘电阻表与变频器连接。若绝缘电阻表的指示在 5 MΩ 以上就属于正常。

控制电路的绝缘检测不能用绝缘电阻表，只能用高阻量程万用表进行测试。首先全部卸开控制电路端子的外部连接，接着进行对地之间电路测试，测量值若在 1 MΩ 以上，就属正常。最后用万用表测试接触器、继电器等控制电路的连接是否正确。

5.2.3 通电检查

在断开电动机负载的情况下，对变频器通电，主要进行以下检查：

1. 观察显示情况

各种变频器在通电后，显示窗口的显示内容都有一定的变化规律，应对照说明书，观察其通电后的显示过程是否正常。

2. 观察风扇

变频器内部都有风扇排出内部的热空气，可用手在出风口处试探风机的风量，并注意倾听风扇的声音是否正常。

3. 测量进线电压

测量变频器的三相交流电源进线电压是否正常。若不正常应查出原因，确保供电电源的正常。

4. 进行功能预置

根据生产设备的具体控制要求，对照产品说明书，进行变频器内部各功能的设置。

5. 观察显示内容

变频器的显示内容可以切换到输出频率、电压、电流、功率等内容，根据生产设备的负载情况，判断输出是否正常。

5.2.4 空载试验

将变频器的输出端子与电动机相连接，电动机不带负载，主要测试以下内容：

1. 测试电动机的运转

对照说明书在操作面板上进行一些简单的操作，如起动、升速、降速、停止、点动等。观察电动机的旋转方向是否与所要求的一致。如不一致，则调换电动机接线的相序。控制电路工作是否正常；通过逐渐升高运行频率，观察电动机在运行过程中是否运转灵活，有无杂音；运转时有无振动现象，是否平稳等。

2. 电动机参数的自动检测

对于需要应用矢量控制功能的变频器，应根据说明书的指导，在电动机的空转状态下测定电动机的参数。有的新型系列变频器也可以在静止状态下进行自动检测。

5.2.5 带负载测试

变频调速系统的带负载实验是将电动机与负载连接起来进行试车。负载实验主要测试的内容如下：

1. 低速运行实验

低速运行是指该生产设备所要求的最低转速。电动机应在该转速下运行1~2h（视电动机的容量而定，容量大者时间应长一些）。主要测试的内容有：生产设备的运行是否正常；电动机在满负荷运行时，温升是否超过额定值。

2. 全速运行实验

将给定频率设定在最大值，运行变频器使电动机的转速从零一直上升至生产设备所要求的最大转速，测定的内容有：

1）电动机的转速是否从一开始就随着频率的上升而上升。如果在频率很低时，电动机不能很快旋转起来，说明起动困难，应适当增大 U/f 值或起动频率。

2）将显示内容切换到电流显示，观察在起动全过程中电流的变化。如果电流过大而跳闸，应适当延长升速时间；如机械对起动时间并无要求，则最好将起动电流限制在电动机的额定电流以内。

3）观察整个起动过程是否平稳即观察是否在某一频率时有较大的振动。如有，则将运行频率固定在发生振动的频率以下，以确定是否发生机械谐振，以及是否有预置跳跃频率的必要。

3. 全速停机实验

在停车实验过程中，注意观察以下内容：

1）把显示内容切换到直流电压显示，观察在整个降速过程中，直流电压的变化情况。如因电压过高而跳闸，应适当延长降速时间。如降速时间不宜过长，则应考虑加入直流制动功能，或接入制动电阻或制动单元。

2）频率降到0时，观察机械是否有“蠕动”现象？并了解该设备是否允许有“蠕动”现象？如果不允许，应考虑预置直流制动功能。

4. 高速运行实验

把频率升高到与生产设备所要求的最高转速相对应的值，运行1~2h，并观察电动机能否带动该转速时的额定负载和生产设备在高速运转时是否有振动。

任务5.3 变频器系统的日常维护

在实际应用中，变频器受周围的环境、湿度、振动、粉尘、腐蚀性气体等环境条件的影响，其性能会有一些变化。如使用合理、维护得当，则能延长使用寿命，并减少因突然故障造成的生产损失。因此，日常维护和定期检查是必不可少的。表5-2是通用变频器的维护保养项目与定期检查的周期标准。

表 5-2　通用变频器的维护保养项目与定期检查的周期标准

检查部位	检查项目		检查事项	检查周期			备　注
				日常	定期		
					1年	2年	
整机	周围环境		确认周围温度、湿度、尘埃、有毒气体、油雾等	√			如有积尘应用压缩空气清扫并考虑改善安装环境
	整机装置		是否有异常振动、异常声音	√			
	电源电压		主电路电压、控制电压是否正常	√			测量各相线电压，不平衡应在3%以内
主电路	整体		（1）用绝缘电阻表检查主电路端子与接地端子间电阻			√	
			（2）各个接线端子有无松动		√		
			（3）各个零件有无过热的迹象		√		
			（4）清扫				
	连接导体、导线		（1）导体连接是否牢固		√		
			（2）导线表皮有无破损、劣化、裂缝、变色等		√		
	变压器电抗器		有无异臭、异常嗡嗡声	√	√		
	端子盒		有无损坏		√		如有锈蚀应考虑减少湿度
	平滑电容器		（1）有无漏液		√		有异常时及时更换新件，一般寿命为5年
			（2）电容器外壳是否突出、膨胀		√		
			（3）测定静电容容量和绝缘电阻		√		电容容量应在额定值的80%以上，电容器端子与接地端子的绝缘电阻不小于5MΩ
	继电器、接触器		（1）动作时有无嘶嘶声		√		有异常时及时更换
			（2）计时器的动作时间是否正确		√		
			（3）触点是否粗糙接触不良		√		
	制动电阻		（1）电阻的绝缘是否损坏		√		有异常时及时更换
			（2）有无断线		√		阻值变化超过10%时应更换
			（2）做回路保护动作试验，判断保护回路是否异常		√		
	零件	全体	（1）有无异臭、变色		√		
			（2）有无明显生锈		√		
		铝电解电容器	有无漏液、变形现象				如电容器顶部有突起，体部中间有膨胀现象应更换新件，一般寿命期为5年
冷却系统	冷却风扇		（1）有无异常振动、异常声音	√			有异常时及时更换新件，一般使用2～3年应考虑更换
			（2）接线部位有无松动		√		
			（3）用压缩空气清扫	√			

（续）

检查部位	检查项目	检查事项	检查周期			备　注
			日常	定期		
				1年	2年	
显示	显示	（1）显示是否缺损或变淡	√			显示有异常或变淡时更换新件
		（2）清扫		√		
	外接表	指示值是否正常	√			

从表5-2中可以看出，除日常的检查外，所推荐的检查周期一般为一年。在众多的检查项目中，重点检查的是主电路的平波电容器、逻辑控制电路、电源电路、逆变电路中的电解电容器、冷却系统中的风扇等。除主电路的电容器外，其他电容器的测定比较困难，因此主要以外观变化和运行时间为判断的基准。

变频器维护保养的内容主要包括：

1）日常。每天进行一次，检查并记录运行中的变频器输出三相电压，注意比较它们之间的平衡度；检查并记录变频器的三相输出电流，注意比较它们之间的平衡度；检查并记录环境温度、散热器温度；查看变频器有无异常振动、声响，风扇是否运转正常。

2）定期。利用每年一次的大修时间，将重点放在变频器日常运行时无法检查的部位。

① 除尘。对变频器进行除尘，重点是整流柜、逆变柜和控制柜，必要时可将整流模块、逆变模块和控制柜内的线路板拆下后进行除尘。将变频器控制板、主板拆下，用毛刷、吸尘器清扫变频器线路板及内部IGBT模块、输入输出电抗器等部位。线路板脏污的地方，应用棉布沾上酒精或中性化学剂擦除。

清扫空气过滤器冷却风道及内部灰尘。检查变频器下进风口、上进风口是否积尘或因积尘过多而堵塞。变频器因本身散热要求通风量大，故运行一定时间后，表面积尘十分严重，须定期清洁除尘。对线路板、母板等除尘后，进行必要的防腐处理，涂刷绝缘漆，对已出现局部放电、拉弧的母排须去除其毛刺后，再进行处理。对绝缘击穿的绝缘板，须除去其损坏部分，用对应的绝缘板进行替换，绝缘测试合格后方可投入使用。

② 检查交、直流母排有无变形、腐蚀、氧化，母排连接处螺钉有无松脱，各安装固定点处螺钉有无松脱，固定用绝缘片或绝缘柱有无老化开裂或变形，如有则应及时更换，重新紧固，对已发生变形的母排须校正后重新安装。

③ 检查整流柜、逆变柜内风扇运行及转动是否正常，停机时，用手转动，观察轴承有无卡死或杂音，必要时更换轴承或进行维修。

④ 对输入、整流及逆变、直流输入快速熔断器进行全面检查，发现烧毁和老化的要及时更换。

⑤ 中间直流回路中的电容器有无漏液，外壳有无膨胀、鼓泡或变形，安全阀是否破裂，有条件的可对电容容量、漏电流、耐压等进行测试，对不符合要求的电容器进行更换，对新电容器或长期闲置未使用的电容，更换前需对其进行钝化处理。滤波电容的使用周期一般为5年，对使用时间在5年以上，电容容量、漏电流、耐压等指标明显偏离检测标准的，应酌情部分或全部更换。

⑥ 对整流、逆变部分的二极管、GTO用万用表进行电气检测，测定其正向、反向电阻

值，并在事先制定好的表格内认真做好记录，看各级间阻值是否正常，同一型号的器件一致性是否良好，必要时进行更换。

⑦ 对进线的主接触器及其他辅助接触器进行检查，仔细观察各接触器动静触点有无拉弧、毛刺或表面氧化、凹凸不平，发现此类问题应对其相应的动静触点进行更换，确保其接触安全可靠。

⑧ 仔细检查端子排有无老化、松脱，是否存在短路隐性故障，各连接线连接是否牢固，绝缘层有无破损，各电路板接插头接插是否牢固。进出主电源线连接是否可靠，连接处有无发热氧化等现象，接地是否良好。

⑨ 变频器长时间不使用时要做维护，电解电容不通电时间不要超过 3 ~ 6 个月，因此要求间隔一段时间通一次电，新买来的变频器如离出厂时间超过半年至一年，也要先通低电压空载，经过几个小时，让电容器恢复过来后再使用。

3）配件更换。变频器中不同种类零件部件的使用寿命不同，并随其安置的环境和使用条件而改变，建议部件在其损坏之前更换：

① 冷却风扇使用 3 年应更换。

② 直流滤波电容器使用 5 年应更换。

③ 电路板上的电解电容器使用 7 年应更换。

④ 其他零部件根据情况适时进行更换。

任务 5.4　变频器系统的常见故障与处理

5.4.1　变频器过电流故障分析及处理

变频调速系统的过电流故障可分为短路、轻载、重载、加速、减速、恒速过电流等情况，变频器出现过电流故障，分析其产生的原因，应从两方面考虑：一是外部原因；二是变频器本身的原因。

1. 短路故障

变频调速系统的短路故障是最具有危险性的故障，在处理短路故障时应注意观察和分析。变频器过电流保护动作可能在运行过程中发生，但如复位后再起动变频器时其无时限过电流保护迅速动作，由于保护动作十分迅速，就难以观察其电流的大小。如果断开负载变频器还是过电流故障，说明变频器内部发生故障，应首先检查逆变模块，可以断开输出侧的电流互感器和直流侧的霍尔电流检测点，复位后运行，看是否出现过电流现象，如果出现的话，很可能是 IPM 模块出现故障，因为 IPM 模块内含有过压过电流、欠电压、过载、过热、断相、短路等保护功能，而这些故障信号都是经模块控制的输出引脚传送到微控制器的，微控制器接收到故障信号后，一方面封锁脉冲输出，另一方面将故障信号显示在面板上。

如果断开负载变频器运行正常，说明变频器的输出侧短路，故障可能是变频器输出端到电动机之间的连接电缆发生相互短路，或电动机内部发生短路、接地（电动机烧毁、绝缘老化、电缆破损而引起的接触、接地等）。

变频器的检测电路的损坏也会显示过电流报警，其中霍尔传感器受温度、湿度等环境因素的影响，工作点漂移。若在不接电动机运行的时候变频器面板有电流显示，应测试一下变频器的 3 个霍尔传感器，为确定哪一项传感器损坏，可能每拆一相传感器的时候开一次机，看是否会有过电流显示，以判断出现故障的传感器。

2. 轻载过电流

负载很轻，却又过电流跳闸，这是变频调速所特有的现象。在 U/f 控制模式下，存在着一个十分突出的问题，就是在运行过程中，电动机磁路系统的不稳定。造成电动机磁路系统不稳定的原因有：

1）低频运行（f_x下载）时，由于电压 U_x的下降，电阻压降所占比例增加，而反电动势 E_1所占比例减小，比值 E/f 和磁通也随之减少。为了能带动较重的负载，常需要进行转矩补偿（提高 U/f，也叫转矩提升）。而当负载变化时，电阻压降和反电动势 E_1所占的比例、比值 E/f 和磁通量等也随之变化，而导致电动机磁路的饱和程度也在随着负载的轻重而变化。

2）在进行变频器的功能预置时，通常是以重载时也能带的动负载作为依据来设定 U/f 的。显然，重载时电流 I_1和电阻压降 ΔU_r都大，需要的补偿量也大。但这样一来，在负载较轻，I_1和 ΔU_r都较小时，必将引起“过补偿”，导致磁通饱和。

磁路越饱和，励磁电流的畸变越严重，峰值也越大。由于尖峰值的电流变化率 di/dt 很大，但电流的有效值不一定很大。结果往往在负载很轻的时候发生过电流跳闸。这种由电动机磁路饱和引起的过电流跳闸，主要发生在低频、轻载的情况下。

3. 重载过电流

重载过电流故障现象表现在有些生产机械在运行中负荷突然加重，甚至“卡住”，电动机的转速因负载加重而大幅下降，电流急剧增加，过载保护来不及动作，导致过电流跳闸。重载过电流的故障解决方法有：

1）电动机遇到冲击负载或者传动机构出现“卡住”现象，引起电动机电流的突然增加。首先要了解机械本身是否有故障，如果有故障，则处理机械部分的故障。对于负载发生突变、负载分配不均的情况，一般可延长加减速时间、减少负荷的突变、外加能耗制动元件进行负荷分配设计来处理。

2）如果这种过载属于生产过程中经常可能出现的现象，则首先要考虑能否加大电动机和负载之间的传动比，适当加大传动比，可减轻电动机轴上的阻转矩，避免出现带不动的情况。但这时，电动机在最高速的工作频率必将超过额定频率，其带负载能力也会有所减小。因此，传动比不宜加大过多。同时还应根据计算结果重新预置变频器的“最高频率”。若无法加大传动比，则只有考虑增大电动机和变频器的容量了。

4. 升降速中的过电流

当负载的惯性较大，而升速时间或降速时间又设得太短时，也会引起过电流。在升速过程中，变频器工作频率上升太快，电动机的同步转速迅速上升，而电动机转子的转速因负载惯性太大而跟不上去，结果造成升速电流太大而产生过电流；在降速过程中，减速时间太短，同步转速迅速下降，而电动机转子因负载的惯性大，仍维持较高的转速，这时同样可以使转子绕组切割磁力线的速度太大而产生过电流。对于升降速过电流可采取的措施如下：

1）若升速时间设得太短，首先应了解根据生产工艺要求是否允许延长升速时间，如允许，则可延长升速时间。

2）若减速时间设得太短，首先应了解根据生产工艺要求是否允许延长减速时间，如允许，则可延长减速时间。

3）若转矩补偿（U/f比）设定太大，引起低频时空载电流过大，则应重新设定转矩补偿参数。

4）若电子热继电器整定不当，动作电流设定得太小，引起变频器误动作，则应重新设定电子热继电器的保护值。

5）正确预置升（降）速自处理（防失速）功能：当升（降）电流超过预置的上限电流I_{set}时，将暂停升（降）速，待电流降至设定值I_{set}以下时，再继续升（降）速。如果采用了自处理功能后，因延长了升、降速时间而不能满足生产机械的要求，则应考虑适当加大传动比，以减小拖动系统的飞轮力矩，如果不能加大传动比，则只能考虑加大变频器的容量。

5. 振荡过电流

变频调速系统振荡过电流一般只在某转速（频率）下运行时发生，主要原因是电气频率与机械频率发生共振，中间直流回路电容电压的波动，电动机滞后电流的影响及外界干扰源的干扰等。找出发生振荡的频率范围后，可利用跳跃频率功能回避该共振频率。

5.4.2 变频器过载故障分析及处理

变频调速系统的电动机能够运行，但运行电流超过了额定值，称为过载。过载的基本反映是：电流虽然超过了额定值，但是超过的幅度不大，一般也形不成较大的冲击电流。

1. 过载与过电流的区别

过载保护由变频器内部的电子热保护功能承担，在预置电子热保护功能时，应当准确地预置“电流取用比”，即电动机额定电流和变频器额定电流之比的百分数，公式为

$$I_M = (I_e/I_N) \times 100\% \tag{5-6}$$

式中 I_M——电流取用比；

I_e——电动机的额定电流；

I_N——变频器的额定电流。

变频器过电流和过载的区别如下：

（1）保护对象不同　通用变频调速系统的过电流保护主要用于保护变频器，而过载主要保护电动机。因为变频器的容量在选择时比电动机的容量有一定的可靠系数，在这种情况下，电动机过载时，变频器不一定过电流。

（2）电流的变化率不同　过载保护发生在生产机械的工作过程中，电流的变化率di/dt通常较小；除了过载以外的其他过电流，常常带有突发性，电流的变化率di/dt往往较大。

（3）过载保护具有反时限特性　过载保护主要是保护电动机过热，具有类似于热继电器的“反时限”特性。即在电动机发生过载时，如果电动机过载电流值与电动机额定电流值相比，超过的不多，则允许电动机运行的时间可以长一些，但如果超过的过多的话，允许运行的时间将缩短，过载保护的反时限特性如图 5-7 所示。此外，由于在频率下降时，电动机的散热状况变差，所以，在同样过载 50% 的情况下，频率越低则允许运行的时间越短。

过载也是变频调速系统发生比较频繁的故障之一，对于过载故障应首先分析检查是电动机过载还是变频器自身过载，由于电动机过载能力较强，只要变频器参数表的电动机参数设置得当，一般不会出现电动机过载故障。由于变频器的过载能力较差，在运行中容易出现过载报警故障，对此可检测变频器输出电压、电流及电流检测电路。

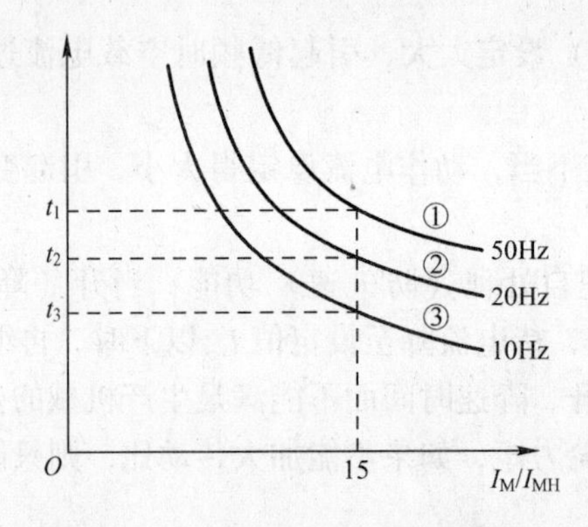

图 5-7　过载保护的反时限特性

2. 过载保护动作的原因分析

（1）过载的主要原因

1）机械负荷过重。负荷过重的主要特征是电动机发热，并可从显示屏上读取运行电流来发现。

2）三相电压不平衡。引起某相的运行电流过大，导致过载跳闸，其特点是电动机发热不均衡，从显示屏上读取运行电流时不一定能发现（因显示屏只显示一相电流）。

3）误动作。变频器内部的电流检测部分发生故障，检测出的电流信号偏大，导致跳闸。

4）变频器的电子热保护继电器的保护参数预置得不正确。

（2）过载保护动作的检查方法

1）检查电动机是否发热。

如果电动机的温升不高，则首先应检查变频器的电子热保护功能预置得是否合理，如变频器尚有余量，则应放宽电子热保护的预置值；如变频器的允许电流已经没有余量，则不能放宽，且根据生产工艺，所出现的过载属于正常过载，则说明变频器的选择不当，应加大变频器的容量，更换变频器。这是因为，电动机在拖动变动负载或断续负载时，只要温升不超过额定值，是允许短时间过载的，而变频器则不允许。如果电动机的温升过高，而所出现的过载又属于正常过载，则说明是电动机的负荷过重。这时，首先应考虑能否适当加大传动比，以减轻电动机轴上的负荷，如能够加大，则加大传动比；如果传动比无法加大，则应加大电动机的容量。

2）检查电动机侧的三相电压是否平衡。

如果电动机侧的三相电压不平衡，则应再检查变频器输出端的三相电压是否平衡，如也不平衡，则问题在变频器内部，应检查变频器的逆变模块及其驱动电路；如变频器输出端的电压平衡，则问题在从变频器到电动机之间的线路上，应检查所有接线端的螺钉是否已拧紧，如果在变频器和电动机之间有接触器或其他电器，则应检查有关电器的接线端是否拧紧，以及触点的接触状况是否良好等。

3）检查是否误动作。

在经过以上检查，均未找到原因时，应检查是不是误动作。判断的方法是在轻载或空载的情况下，用电流表测量变频器的输出电流，与在显示屏上显示的运行电流值进行比较，如果显示屏显示的电流读数比实际测量的电流大得较多，则说明变频器内部的电流测量部分误差较大，引起过载保护误动作。

5.4.3 变频器过欠电压故障分析及处理

所谓变频器的过电压，是指由于各种原因造成的变频器电压超过额定电压，变频器的过电压集中表现在直流母线的直流电压上，正常情况下，变频器直流电压为三相全波整流后的平均值。若以 380 V 线电压计算，则平均直流电压 $U_d = 1.35U_{AC} = 513$ V。在过电压发生时，直流母线的储能电容将被充电，当电压上升至 760 V 左右时，变频器过电压保护动作。

常见的变频器过电压有输入交流电源过电压和再生类过电压。

1. 输入交流电源过电压

电源输入侧的过电压主要是指电源侧的冲击过电压，如雷电引起的过电压、补偿电容在合闸或断开时形成的过电压等，主要特点是电压变化率 du/dt 和幅值都很大。如由于雷电串入变频器的电源中，使变频器直流侧的电压检查器动作而跳闸，在这种情况下，通常只需断开变频器电源 1 min 左右，再合上电源，即可复位。

2. 再生类过电压

再生类过电压主要有三种情况：加速时过电压、减速时过电压和恒速时过电压。再生类过电压主要是指由于某种原因使电动机处于再生发电状态时，即电动机处于实际转速比变频频率设定的同步转速高的状况，此时负载的传动系统中所存储的机械能经电动机转化成电能，通过逆变器的 6 个续流二极管回馈到变频器的中间直流回路中。此时的逆变器处于整流状态，如果变频器中没有采取消耗这些能量的措施，这些能量将会导致中间直流回路的电容器的电压上升，达到过电压限制而使保护动作。产生再生类过电压主要有以下原因：

1）当变频器拖动大惯性负载时，其减速时间设得比较小。

这种情况下，变频器的减速属于再生制动，在停止过程中，变频器的输出频率按线性下降，负载处于发电状态，机械能转化为电能，并被变频器直流侧的平波电容吸收，当这种能量足够大时，就会产生所谓的“泵升现象”，变频器直流侧的电压会超过直流母线的最大允许电压而使过电压保护动作。

对于这种故障，如果工艺允许的话可将减速时间参数设置得长一些或将变频器的停止方式设置为自由停车，如果工艺条件不允许，应在系统中按负载特性增加制动单元，对已设置制动单元的系统可以增大制动电阻的能耗容量。

2）电动机受到外力影响（如风扇、牵伸机）或拖动的是位能负载（如电梯、起重机），当位能负载下降时下放的速度过快，使电动机的实际转速高于变频器的给定指令转速时，也就是说，电动机转子转速超过了同步转速时，这时电动机的转差率为负，转子绕组切割旋转磁场的方向与电动机电动状态时相反，其产生的电磁转矩为阻碍旋转方向的制动转矩。所以电动机实际上处于发电状态，负载的动能“再生”成为电能。

处理这种过电压故障可在系统中按负载特性增加制动单元，对已设置制动单元的系统可增大制动电阻的吸收容量，或者修改变频器参数，把变频器减速时间设得长一些。

3）多个电动机拖动同一个负载时出现再生类过电压故障，主要是由于负荷匹配不佳引起的。以两台电动机拖动一个负载为例，当一台电动机的实际转速大于另一台电动机的同步转速时，则转速高的电动机相当于原动机，转速低的处于发电状态，而引起再生类过电压故障。处理此类故障时需在传动系统增加负荷分配控制装置。可以把处于传动速度链分支的变频器特性调节软一些。

3. 变频器过电压的危害

变频器过电压的危害主要有以下几点：

1）变频器过电压主要是指其中间直流电路过电压，中间直流电路过电压的主要危害在于会引起电动机磁路饱和。对于电动机来说，电压过高必然使得电动机铁心磁通增加，可能导致磁路饱和，励磁电流过大，从而引起电动机温升过高。

2）损坏电动机绝缘。中间直流电路电压升高后，变频器输出电压的脉冲幅度过大，对电动机绝缘寿命有很大的影响。

3）对中间直流电路滤波电容器寿命有直接影响，严重时会引起电容器爆裂。变频器一般将中间直流电路过电压值限定在一定的允许范围内，一旦其电压超过限定值，变频器将按限定要求跳闸保护。

变频器在调试与使用过程中经常会遇到各种各样的问题，其中过电压现象最为常见。过电压产生后，变频器为了防止内部电路损坏，其过电压保护将动作，使变频器停止运行，导致设备无法正常工作。因此必须采取措施消除过电压，防止故障的产生。由于变频器与电动机的应用场合不同，产生过电压的原因也不相同，所以应根据具体情况采取相应的对策。

4. 过电压的防止措施

在处理过电压时，首先要排除由于参数问题而导致的故障。例如，减速时间过短，以及由于再生负载而导致的过电压等，然后可以检测输入侧电压是否有问题，最后可检查电压检测电路是否出现了故障，一般的电压检测电路的电压采样点，都是中间直流电路的电压。

对于过电压故障的处理，关键是中间直流电路多余能量如何及时处理，如何避免或减少多余能量向中间直流电路馈送，使其过电压的程度限定在允许的范围之内。应采取的主要对策有：

1）在电源输入侧增加吸收装置，减少过电压因素。对于电源输入侧有冲击过电压、雷电引起的过电压、补偿电容在合闸或断开时形成的过电压可能发生的情况下，可以采用在输入侧并联浪涌吸收装置或串联电抗器等方法加以解决。

2）从变频器已设定的参数中寻找解决方法，在工艺流程中如不限定负载减速时间，变频器减速时间参数的设定不要太短，而使得负载动能释放得太快，该参数的设定要以不引起中间电路过电压为限。

3）采用增加制动单元和制动电阻的方法。一般不小于7.5kW的变频器在出厂时内部中间直流电路均装有制动单元和制动电阻，大于7.5kW的变频器需根据实际情况外加制动单元和制动电阻，为中间直流电路多余能量释放提供通道，这是一种常用的方法。

4）在输入侧增加逆变电路的方法。这是处理中间直流电路能量最好的方法，可将多余的能量回馈给电网，但逆变桥技术要求复杂，这限制了它的应用。

5）采用在中间直流电路上增加适当电容的方法，中间直流电路电容对电压稳定、提高电路承受过电压的能力起着非常重要的作用。适当增加电路的电容量或及时更换运行时间过长且容量下降的电容量是解决变频器过电压的有效方法。

6）适当降低工频电源电压。

7）多台变频器共用母线的方法。因为任一台变频器从直流母线上取用的电流一般均大于同时间从外部馈入的多余电流，这样就可以基本上保持共用直流母线的电压。

5. 欠电压故障

欠电压故障也是变频调速系统使用中经常碰到的故障，电源电压降低后，主电路直流电压若降到欠电压检测值以下，欠电压保护动作。另外，电压若降到不能维持变频器控制电路的电压，则全部保护功能自动复位。当出现欠电压故障时，首先应该检查输入电源是否断相，假如输入电源没有问题，就要检查整流电路是否有问题，假如都没有问题，再检查是否是直流检测电路上出问题了。如果主电路电压太低，主要原因是整流模块某一路损坏或晶闸管三相电路中有一相工作不正常，都有可能导致欠电压故障的出现，其次主电路断路器、接触器损坏，也可导致直流母线产生欠电压故障。

附　录

附录 A　学生工作过程任务单

一、"单向运行调速电路的装调" 工作任务单

编号：001

<table>
<tr><td>班级</td><td></td><td>姓名</td><td></td><td>学号</td><td></td></tr>
<tr><td>工位</td><td></td><td>同组人</td><td></td><td>成绩</td><td></td></tr>
<tr><td>学习情境
（或任务）</td><td colspan="5">单向运行调速电路的装调</td></tr>
<tr><td>工作目标</td><td colspan="5">1. 认识变频器硬件结构及外部端子
2. 会连接变频器的硬件接线
3. 会操作变频器基本操作面板
4. 学会变频器参数复位方法
5. 掌握变频器快速调试程序的方法
6. 掌握变频器常用参数的含义及设置方法</td></tr>
<tr><td>工作所需
工具材料</td><td colspan="5">1. MM440 型变频器 1 台
2. 西门子自动化综合实验实训装置 1 套
3. 0.37 kW 三相交流异步电动机 1 台
4. DZ47－63/3P 断路器一个</td></tr>
<tr><td>工作要求</td><td colspan="5">1. 能正确连接变频器硬件接线
2. 掌握变频器的基本操作面板上各按键的功能和使用
3. 熟练操作变频器基本面板完成参数恢复、参数设置和修改
4. 会利用变频器实现电动机的单向运行调速控制
5. 能合理设置电动机的起动、停止的相关参数
6. 会观察和记录变频器、电动机的运行参数</td></tr>
<tr><td>工作实施</td><td colspan="5">1. 完成变频器硬件接线
2. 将变频器的参数复位
3. 用快速调试设置电动机额定数据的相关参数
4. 设置变频器的参数实现操作面板控制电动机的起动、停止和调速
5. 能正确读变频器、电动机运行的相关参数
6. 利用快速调试设置电动机运行的相关参数</td></tr>
<tr><td>小组成员
任务分工</td><td colspan="5">项目负责人应全面负责任务分配、组员协调，使小组成员分工明确，并在教师的指导下完成以下任务：总方案设计；系统安装；管理资产、工具、耗材发放、收回；所需材料数量的清点与核算；记录迟到、早退、缺勤、病假；环境卫生、设备摆放、门窗安全</td></tr>
</table>

（续）

<table>
<tr><td>任务 1</td><td>面板控制单向调速电路的装调</td></tr>
<tr><td>学习信息</td><td>1. 根据 MM440 型变频器的端子接线图，说明主要接线端子功能。

2. MM440 变频器基本操作面板，填写下表。

3. 说明 P0003、P0010、P0700、P0970、P1000 参数的含义和参数的设置。

4. MM440 型变频器的参数复位过程。</td></tr>
<tr><td>工作过程记录</td><td>1. 根据实际需要，画出变频器的硬件接线图。

2. 通电后，根据需要设定变频器的参数，并记录所设置的参数及设定的数据。

3. 调节电位器记录测试的数据，并观察电动机变频调速运行变化。</td></tr>
</table>

分类	名称	功能
按键		
显示窗		

f/Hz	10	20	30	40	50
I/A					
U/V					
n/(r/min)					

（续）

任务2	变频器设置电动机的运行性能
学习信息	1. 变频器的基本频率参数有哪些？它们的含义是什么？如何设置参数？ 2. 点动频率如何设定？加、减速时间及加、减速模式如何设置？ 3. 变频器的停车方式有哪些？如何设置？ 4. 简要说明MM440型变频器快速调试程序的流程。
工作过程记录	1. 根据实际需要，画出变频器的硬件接线图。 2. 通电后，根据需要设定变频器的参数，并记录所设置的参数及设定的数据。
检查评估	1. 工作中出现的错误、疑难情况及解决处理办法 2. 自我评价（讲述对自己所做工作的满意程度） 自评：□优秀□良好□合格 3. 工作建议或改进办法

二、"电动机可逆运行调速电路的装调"工作任务单

编号：002

班级		姓名		学号	
工位		同组人		成绩	
学习情境 （或任务）	电动机可逆运行调速电路的装调				
工作目标	1. 掌握变频器外部接线端子的连接方法和功能 2. 掌握变频器开关量端子的参数设置 3. 能实现用变频器外部开关量端子控制电动机可逆运行和点动运行 4. 能实现用变频器外部模拟量端子控制电动机调速 5. 灵活使用基本操作面板和外部端子组合控制的方式和方法				
工作设备 及材料	1. MM440 型变频器 1 台 2. 西门子自动化综合实验实训装置 1 套 3. 0.37kW 三相交流异步电动机 1 台 4. DZ47－63/3P 断路器一个 5. KNX 拨动开关 4 个				
工作要求	1. 会使用基本操作面板控制电动机实现电动机可逆运行和点动 2. 会使用外部接线端子控制电动机实现正、反转的点动运行 3. 会使用外部模拟量端子控制电动机调速 4. 会使用基本操作面板和外部端子组合控制电动机的可逆运行和调速				
工作实施	1. 装调基本操作面板控制电动机实现电动机可逆运行和点动 2. 装调外部接线端子控制电动机实现正、反转及点动运行 3. 装调变频器外部模拟量端子控制电动机调速 4. 装调基本操作面板和外部端子组合控制电动机的运行和调速				
小组成员 任务分工	项目负责人应全面负责任务分配、组员协调，使小组成员分工明确，并在教师的指导下完成以下任务：总方案设计；系统安装；管理资产、工具、耗材发放、收回；所需材料数量的清点与核算；记录迟到、早退、缺勤、病假；环境卫生、设备摆放、门窗安全				
任务 1	面板控制的可逆运行调速电路的装调				
学习信息	1. 变频器的参数设置包括哪几类？分别完成什么功能？ 2. 什么情况下需要将变频器的参数恢复到出厂值？什么情况下需要设置电动机的参数？ 3. 电动机的点动频率如何设置？怎么观察电动机的点动频率？				

（续）

任务1	面板控制的可逆运行调速电路的装调
工作过程记录	1. 画出采用变频器基本操作面板实现电动机正反转及正、反转点动的系统硬件电路。 2. 列出基本操作面板实现电动机正、反转及正、反转点动控制所需要设置的参数及设置值。 3. 电动机正、反转时，分别调节电动机的转速，观察并记录数据。

f/Hz	10	20	30	40	50
I/A					
U/V					
n/(r/min)					

f/Hz	-10	-20	-30	-40	-50
I/A					
U/V					
n/(r/min)					

任务2	外部开关控制的可逆运行电路的装调
学习信息	1. MM440的开关量输入端子有多少个？可以使用的外部开关量有多少个？如何接线？ 2. 以端子5为例说明开关量输入端子的参数含义。 3. 利用变频器的外部端子如何实现电动机的可逆控制？如何实现电动机的正、反转点动控制？

（续）

任务 2	外部开关控制的可逆运行电路的装调
工作过程记录	1. 画出采用外部开关量实现电动机正反转及正、反转点动的系统硬件电路。 2. 列出外部开关量实现电动机正、反转及正、反转点动控制所需要设置的参数及设置值。 3. 依次操作各个开关、按钮，观察并记录。

序号	数字输入状态				变频器频率	电动机转速	电动机转向
	S_1	S_2	SB1	SB2			
1	1	0	0	0			
2	0	1	0	0			
3	1	1	0	0			
4	0	0	0	0			
5	0	0	1	0			
6	0	0	0	1			

4. 变频器的运行频率和哪些参数有关？

（续）

<table>
<tr><td>任务 3</td><td>外部模拟量控制电动机调速电路的装调</td></tr>
<tr><td>学习信息</td><td>1. MM440 有几个模拟量信号通道？输入端子是什么？画出一路模拟信号（电压信号）的接线图。

2. 模拟量信号相关参数有哪些？如何设置？

3. 通过外部电位器如何实现变频器输出频率的调节？</td></tr>
<tr><td>工作过程记录</td><td>1. 画出采用外部电位器实现电动机调速的系统硬件电路。

2. 列出外部电位器实现电动机调速控制所需要设置的参数及设置值。

3. 旋动外部电位器，观察并记录数据。
<table><tr><th>序号</th><th>模拟输入电压/V</th><th>输出频率/Hz</th><th>电动机转速/(r/min)</th></tr><tr><td>1</td><td>0</td><td></td><td></td></tr><tr><td>2</td><td>1</td><td></td><td></td></tr><tr><td>3</td><td>3</td><td></td><td></td></tr><tr><td>4</td><td>5</td><td></td><td></td></tr><tr><td>5</td><td>7</td><td></td><td></td></tr><tr><td>6</td><td>9</td><td></td><td></td></tr></table></td></tr>
</table>

（续）

<table>
<tr><td>任务 4</td><td>外部端子控制可逆运行调速电路的装调</td></tr>
<tr><td>学习信息</td><td>1. 变频器控制电动机可逆运行调速的方式有几种？每种方法是如何实现的？

2. 只采用变频器的外部输入端子如何实现电动机的可逆运行调速控制？控制信号的参数如何设置？</td></tr>
<tr><td>工作过程记录</td><td>1. 画出只采用外部输出端子控制电动机的可逆运行调速系统的硬件接线。

2. 列出只采用外部输出端子控制电动机的可逆运行调速变频器相关参数的设置。

3. 分别合上开关 S_1 和 S_2，旋转电位器，观察并记录运行数据。
<table>
<tr><th>开关状态</th><th>输入电压/V</th><th>输出频率/Hz</th><th>电机动转速/(r/min)</th><th>电动机转向</th></tr>
<tr><td rowspan="5">合上开关 S_1</td><td>0</td><td></td><td></td><td></td></tr>
<tr><td>1</td><td></td><td></td><td></td></tr>
<tr><td>3</td><td></td><td></td><td></td></tr>
<tr><td>5</td><td></td><td></td><td></td></tr>
<tr><td>8</td><td></td><td></td><td></td></tr>
<tr><td rowspan="5">合上开关 S_2</td><td>0</td><td></td><td></td><td></td></tr>
<tr><td>1</td><td></td><td></td><td></td></tr>
<tr><td>3</td><td></td><td></td><td></td></tr>
<tr><td>5</td><td></td><td></td><td></td></tr>
<tr><td>8</td><td></td><td></td><td></td></tr>
</table></td></tr>
<tr><td>检查评估</td><td>1. 工作中出现的错误、疑难情况及解决处理办法

2. 自我评价（讲述对自己所做工作的满意程度）
自评：□优秀□良好□合格
3. 工作建议或改进办法</td></tr>
</table>

三、“变频器多段速运行电路的装调”工作任务单

编号：003

班级		姓名		学号	
工位		同组人		成绩	
学习情境（或任务）	变频器多段速运行电路的装调				
工作目标	1. 巩固变频器外部接线端子的连接方法和功能 2. 掌握变频器直接选择多段速频率的参数设置方法 3. 掌握变频器开关状态组合选择多段速频率的参数设置方法 4. 能实现变频器外部端子控制电动机的多档调速				
工作设备及材料	1. MM440 型变频器 1 台 2. 西门子自动化综合实验实训装置 1 套 3. 0.37kW 三相交流异步电动机 1 台 4. DZ47－63/3P 断路器一个 5. KNX 拨动开关 5 个				
工作要求	1. 会连接变频器多段速运行的硬件接线 2. 会设置变频器的多速运行的参数设置 3. 装调外部端子直接选择电动机的多档调速 4. 装调外部开关状态组合选择电动机多段速频率的多档调速				
工作实施	1. 研读学习资料，制订工作计划与方案 2. 电动机多段速变频系统硬件接线、参数设定及调试 3. 能实现外部端子直接选择电动机的多档调速 4. 能实现外部开关状态组合选择电动机多段速频率的多档调速				
小组成员任务分工	项目负责人应全面负责任务分配、组员协调，使小组成员分工明确，并在教师的指导下完成以下任务：总方案设计；系统安装；管理资产、工具、耗材发放、收回；所需材料数量的清点与核算；记录迟到、早退、缺勤、病假；环境卫生、设备摆放、门窗安全				
任务 1	直接选择频率的电动机多段速运行电路的装调				
学习信息	1. 变频器的多段速运行直接选择频率的方法有几种？它们的区别是什么？ 2. 以输入端子 5 为例说明固定频率的参数设置方法。 3. 在变频器多段速运行时电动机如何实现反转？				

（续）

任务 1	直接选择频率的电动机多段速运行电路的装调
工作过程记录	1. 设计开关直接选择频率电动机 3 段速运行系统硬件电路。 2. 说明变频器直接选择频率电动机 3 段速运行的参数设置。 3. 按照下表接通拨动开关，观察电动机运行情况，并作记录。 4. 不闭合开关 S_4，单独使用 5、6 和 7，如何实现 3 段速控制？需要修改哪些参数的设置？ 5. 同时闭合两个开关，变频器的输出频率是什么？如何保证电动机的转速不超出允许范围？

序号	端子输入状态				变频器输出	
	S_4	S_3	S_2	S_1	变频器频率	电动机的转速
1	0	0	0	1		
2	0	0	1	0		
3	0	1	0	0		
4	1	0	0	1		
5	1	0	1	0		
6	1	1	0	0		
7	1	0	1	1		
8	1	1	1	1		

（续）

任务 2	开关状态组合选择频率的电动机多段速运行电路的装调
学习信息	1. 选择开关状态组合选择频率的控制方法，需要设定哪个参数，如何设置？ 2. 电动机 7 段速运行，需要多少开关控制？需要设置哪些参数？
工作过程记录	1. 不改变变频器 3 段速控制的硬件接线，实现 7 段速控制参数的设置。 2. 按照下表接通拨动开关，观察电动机运行情况，并作记录。 （见下表） 3. MM440 最多能实现多少速控制？
检查评估	1. 工作中出现的错误、疑难情况及解决处理办法 2. 自我评价（讲述对自己所做工作的满意程度） 自评：□优秀□良好□合格 3. 工作建议或改进办法

序号	端子输入状态			变频器输出	
	S_3	S_2	S_1	变频器频率/Hz	电动机的转速/(r/min)
1	0	0	1		
2	0	1	0		
3	0	1	1		
4	1	0	0		
5	1	0	1		
6	1	1	0		
7	1	1	1		

四、“恒压供水 PID 控制系统的装调”工作任务单

编号：004

班级		姓名		学号	
工位		同组人		成绩	
学习情境（或任务）	恒压供水 PID 控制系统的装调				
工作目标	1. 掌握 PID 闭环控制的系统组成和工作原理及各个控制环节的用途 2. 掌握变频器实现 PID 控制给定和反馈信号的获取和接线方法 3. 会连接 PID 控制系统的硬件接线 4. 掌握 PID 功能中相关参数的功能及设置方法 5. 掌握 PID 控制系统的调试方法和步骤				
工作所需工具材料	1. MM440 型变频器 1 台 2. 西门子自动化综合实验实训装置 1 套 3. 0.37kW 三相交流异步电动机 1 台 4. DZ47－63/3P 断路器一个				
工作要求	1. 能正确连接变频器 PID 控制系统的硬件接线 2. 会合理设置 PID 控制的相关参数 3. 能实现恒压供水中 PID 控制系统的调试				
工作实施	1. 研读学习资料，制订工作计划与方案 2. 能完成变频器实现 PID 控制的系统硬件接线 3. 会合理设置 PID 控制的相关参数 4. 会调试恒压供水 PID 控制系统				
小组成员任务分工	项目负责人应全面负责任务分配、组员协调，使小组成员分工明确，并在教师的指导下完成以下任务：总方案设计；系统安装；管理资产、工具、耗材发放、收回；所需材料数量的清点与核算；记录迟到、早退、缺勤、病假；环境卫生、设备摆放、门窗安全				
任务 1	恒压供水 PID 系统的硬件接线				
学习信息	1. 画出 PID 控制系统的结构图，并说明 PID 控制的工作原理。				

（续）

<table>
<tr><td>任务 1</td><td>恒压供水 PID 系统的硬件接线</td></tr>
<tr><td>学习信息</td><td>2. 恒压供水系统中的反馈信号是什么？变频器如何获得？

3. PID 给定信号的获得方法有哪些？分别如何实现？</td></tr>
<tr><td>工作过程记录</td><td>1. 恒压供水系统中选择的压力传感器是什么型号？量程是多大？给定信号如何设置？

2. 画出恒压供水 PID 控制系统的硬件接线。</td></tr>
</table>

（续）

任务 2	恒压供水 PID 系统变频器的参数设定
学习信息	1. PID 控制系统中 P、I、D 各个环节的功能是什么？ 2. 说明变频器设置了 PID 控制的工作特点。 3. 变频器 PID 控制需要设置的相关参数有哪些？
工作过程记录	列出变频器 PID 功能必须设置的参数及设定的值。

（续）

任务 3	恒压供水 PID 控制系统的功能调试
学习信息	1. PID 功能调试的步骤是什么？如何调试？ 2. PID 控制的参数如何调试？
工作过程记录	1. 将模拟输入端子 3、4 并联一个可调的电流信号，进行手动调试，记录调试的过程。 2. 将模拟输入端子 3、4 并联一个可调的电流信号拆掉，启动模拟恒压供水模型，通过阀门调节水流量调节 PID 控制功能，并记录调试的过程。
检查评估	1. 工作中出现的错误、疑难情况及解决处理办法 2. 自我评价（讲述对自己所做工作的满意程度） 自评：□优秀□良好□合格 3. 工作建议或改进办法

五、"PLC 控制的可逆运行调速系统的装调"工作任务单

编号：005

班级		姓名		学号	
工位		同组人		成绩	
学习情境（或任务）	PLC 控制的可逆运行调速系统的装调				
工作目标	1. 掌握 PLC 与变频器的连接 2. 熟悉 PLC 与变频器相连接的触点与接口 3. 了解通用变频器的通信协议：USS 协议，Profibus - DP 协议 4. 能够进行 PLC 与变频器的正确接线 5. 能根据要求设置正反转运行时 MM440 的有关参数 6. 能进行可逆运行调速系统的调试				
工作设备及材料	1. 变频器、PLC 各一台 2. 万用表 1 块 3. 连接导线、电缆线、绝缘胶布若干 4. 尖嘴钳、剥线钳、一字、十字螺钉旋具各 1 套				
工作要求	利用 PLC 控制实现变频器正反转调速控制，并实现 PLC 与变频器通信。设计硬件和软件，并进行系统调试				
工作实施	1. 研读学习资料，设计总方案并汇报 2. PLC 控制正反转的变频系统硬件接线和参数的设定 3. PLC 控制正反转变频系统的程序设计 4. PLC 控制正反转的变频系统整机调试				
小组成员任务分工	项目负责人应全面负责任务分配、组员协调，使小组成员分工明确，并在教师的指导下完成以下任务：总方案设计；系统安装；管理资产、工具、耗材发放、收回；所需材料数量的清点与核算；记录迟到、早退、缺勤、病假；环境卫生、设备摆放、门窗安全				
任务 1	PLC 与变频器的连接				
学习信息	1. PLC 与变频器的连接方法有哪些？ 2. 西门子通用变频器与 PLC 的通信方式有哪些？				

（续）

<table>
<tr><td>任务 1</td><td>PLC 与变频器的连接</td></tr>
<tr><td>工作过程记录</td><td>1. 设计 S7－200 PLC 和 MM440 型变频器的接线。

2. 设计 PLC 与站号为 1 的变频器通信控制梯形图。

3. 根据系统要求，对变频器主要参数进行设置。</td></tr>
</table>

（续）

任务 2	PLC 控制的可逆运行调速系统的安装与调试

学习信息

1. 通过 PLC 的正确编程、变频器参数的正确设置，实现电动机的正反转运行。当电动机正向运行时，正向起动时间为 8 s，电动机正向运行速度为 840 r/min，对应频率 30 Hz。当电动机反向运行时，反向起动时间为 8 s，电动机反向运行速度为 840 r/min，对应频率 30 Hz。当电动机停止时，发出停止指令 8 s 内电动机停止。

2. 通过 PLC 的正确编程、变频器参数的正确设置，实现电动机的正反向点动运行。电动机正反向点动转速 560 r/min，对应频率 20 Hz。点动斜坡上升或下降时间为 6 s。

工作过程记录

1. 设计 PLC 控制的可逆运行调速系统的主电路，并说明元器件作用和电路原理。

2. 设计 PLC 控制的可逆运行调速系统的硬件控制电路、I/O 分配，并说明原理。

1）PLC 与变频器的硬件接线电路。

2）PLC I/O 分配。

输入（I）			输出（O）		
输入继电器	输入元件	作用	输出继电器	输出元件	作用

3. 列出硬件电路所需元器件清单，并对元器件进行测试。

序号	名称	型号	数量	质量	序号	名称	型号	数量	质量
1					4				
2					5				
3					6				

（续）

<table>
<tr><td>任务 2</td><td>PLC 控制的可逆运行调速系统的安装与调试</td></tr>
<tr><td>工作过程记录</td><td>4. 设计控制系统软件，画出控制梯形图。

5. 变频器的主要功能参数设置。

6. 系统运行、调试及工作过程描述。</td></tr>
<tr><td>检查评估</td><td>1. 工作中出现的错误、疑难情况及解决处理办法

2. 自我评价（讲述对自己所做工作的满意程度）
自评：□优秀□良好□合格
3. 工作建议或改进办法</td></tr>
</table>

六、“PLC控制的多档调速系统的装调”工作任务单

编号：006

<table>
<tr><td>班级</td><td></td><td>姓名</td><td></td><td>学号</td><td></td></tr>
<tr><td>工位</td><td></td><td>同组人</td><td></td><td>成绩</td><td></td></tr>
<tr><td>学习情境
（或任务）</td><td colspan="5">PLC控制的多档调速系统的装调</td></tr>
<tr><td>工作目标</td><td colspan="5">1. 能够进行PLC与变频器的正确接线
2. 掌握实现3段速、7段速调速的方法
3. 能够根据要求设置MM440有关参数
4. 能够正确进行系统调试</td></tr>
<tr><td>工作设备
及材料</td><td colspan="5">1. 变频器、PLC各一台
2. 万用表1块
3. 连接导线、电缆线、绝缘胶布若干
4. 尖嘴钳、剥线钳、一字、十字螺钉旋具各1套</td></tr>
<tr><td>工作要求</td><td colspan="5">利用PLC控制实现变频器多档调速控制。设计硬件和软件，并进行系统调试。</td></tr>
<tr><td>工作实施</td><td colspan="5">1. 研读学习资料，设计总方案并汇报
2. PLC控制多档调速系统硬件接线和参数的设定
3. PLC控制多档调速系统的程序设计
4. PLC控制多档调速系统整机调试</td></tr>
<tr><td>小组成员
任务分工</td><td colspan="5">项目负责人应全面负责任务分配、组员协调，使小组成员分工明确，并在教师的指导下完成以下任务：总方案设计；系统安装；管理资产、工具、耗材发放、收回；所需材料数量的清点与核算；记录迟到、早退、缺勤、病假；环境卫生、设备摆放、门窗安全</td></tr>
<tr><td>任务1</td><td colspan="5">基于PLC的3段速固定频率的控制</td></tr>
<tr><td>学习信息</td><td colspan="5">S7－200PLC和MM440型变频器联机实现3段速固定频率控制。按下起动按钮，电动机起动并运行在10 Hz频率所对应的280 r/min转速上；延时10 s后电动机升速，运行在25 Hz所对应的700 r/min转速上；再延时10 s后电动机继续升速，运行在50 Hz所对应的1400 r/min转速上，按下停车按钮，电动机停止运行</td></tr>
<tr><td>工作过程
记录</td><td colspan="5">1. 设计PLC控制的3段速系统的主电路，并说明元器件作用、电路原理。</td></tr>
</table>

（续）

任务1	基于 PLC 的 3 段速固定频率的控制

工作过程记录

2. 设计 PLC 控制的 3 段调速系统的硬件控制电路、I/O 分配，并说明原理。

1）PLC 与变频器的硬件接线电路。

2）PLC I/O 分配。

输入（I）			输出（O）		
输入继电器	输入元件	作用	输出继电器	输出元件	作用

3. 列出硬件电路所需元器件清单，并对元器件进行测试。

序号	名称	型号	数量	质量	序号	名称	型号	数量	质量
1					3				
2					4				

4. 设计控制系统软件，画出控制梯形图。

5. 变频器的主要功能参数设置。

6. 运行系统，并将 3 速频率、转速填入下表。

固定频率	Q0.2 6 端口	Q0.1 5 端口	对应频率所设置参数	频率/Hz	转速/(r/min)
1					
2					
3					
OFF					

（续）

<table>
<tr><td>任务2</td><td>基于PLC的7段速固定频率的控制</td></tr>
<tr><td>学习信息</td><td>按下起动按钮，电动机起动并运行在10 Hz频率所对应的280 r/min转速上；延时10 s后电动机升速，运行在20 Hz所对应的560 r/min转速上；再延时10 s后电动机继续升速，运行在50 Hz所对应的1400 r/min转速上。再延时10 s后，电动机降速到30 Hz频率所对应的840 r/min转速上。再延时10 s后，电动机正向减速到0并反向加速运行在－10 Hz所对应的－280 r/min转速上。再延时10 s后，电动机继续反向加速到－20 Hz频率所对应的－560 r/min转速上。再延时10 s后，电动机继续反向加速到－50 Hz频率所对应的－1400 r/min转速上。按下停车按钮，电动机停止运行。</td></tr>
<tr><td>工作过程记录</td><td>1. 设计PLC控制的7段调速系统的硬件控制电路、I/O分配，并说明原理。
1）PLC与变频器的硬件接线电路。

2）PLC I/O分配。
<table><tr><td colspan="3">输入（I）</td><td colspan="3">输出（O）</td></tr><tr><td>输入继电器</td><td>输入元件</td><td>作用</td><td>输出继电器</td><td>输出元件</td><td>作用</td></tr><tr><td></td><td></td><td></td><td></td><td></td><td></td></tr><tr><td></td><td></td><td></td><td></td><td></td><td></td></tr><tr><td></td><td></td><td></td><td></td><td></td><td></td></tr><tr><td></td><td></td><td></td><td></td><td></td><td></td></tr></table>
2. 设计控制系统软件，画出控制梯形图。

3. 7段调速和3段调速相比，硬件设计、软件设计有何不同？</td></tr>
</table>

（续）

任务 2	基于 PLC 的 7 段速固定频率的控制
工作过程记录	4. 变频器的主要功能参数设置。 5. 运行系统，并将 7 速频率、转速填入下表。

固定频率	Q0.2 7 端口	Q0.1 6 端口	Q0.0 5 端口	对应频率所设置参数	频率/Hz	转速/(r/min)
1						
2						
3						
4						
5						
6						
7						
OFF						

检查评估	1. 工作中出现的错误、疑难情况及解决处理办法 2. 自我评价（讲述对自己所做工作的满意程度） 自评：□优秀□良好□合格 3. 工作建议或改进办法

七、“工频与变频切换控制系统的装调”工作任务单

编号：007

<table>
<tr><td>班级</td><td></td><td>姓名</td><td></td><td>学号</td><td></td></tr>
<tr><td>工位</td><td></td><td>同组人</td><td></td><td>成绩</td><td></td></tr>
<tr><td>学习情境
（或任务）</td><td colspan="5">工频与变频切换控制系统的装调</td></tr>
<tr><td>工作目标</td><td colspan="5">1. 了解有关变频器的行业标准
2. 理解变频器工程应用的设计要点
3. 能用PLC控制变频器
4. 根据选择的变频器的运行方式，正确设置变频器的参数和硬件接线
5. 能根据接线图样，进行变频器及外围设备的硬件接线
6. 对工频与变频切换系统进行PLC程序设计及调试
7. 对工频与变频切换系统进行整机调试及运行操作</td></tr>
<tr><td>工作设备
及材料</td><td colspan="5">1. 变频器、PLC各一台，熔断器3个、接触器2个、热继电器1个、接线端子排1个
2. 连接导线、电缆线、绝缘胶布若干
3. 万用表1块
4. 尖嘴钳、剥线钳、一字、十字螺钉旋具各1套</td></tr>
<tr><td>工作要求</td><td colspan="5">1. 运用PLC控制技术实现工频与变频自动切换；系统设置工频起动按钮与变频起动按钮及停止信号
2. 变频器故障状态下能自动切换到工频状态
3. 系统具有必要的短路保护、过载保护、断相保护</td></tr>
<tr><td>工作实施</td><td colspan="5">1. 研读学习资料，设计总方案并汇报
2. 工频与变频切换系统硬件电路的制作
（1）硬件电路的设计
（2）熔断器、接触器、热继电器等电器元件的选择
（3）电气安装与工艺布线
3. PLC控制软件的设计与调试
4. 变频器主要功能参数的设定
5. 工频与变频切换系统的整机调试
6. 控制电路、主电路、控制软件的调试运行</td></tr>
<tr><td>小组成员
任务分工</td><td colspan="5">项目负责人应全面负责任务分配、组员协调，使小组成员分工明确，并在教师的指导下完成以下任务：总方案设计；系统安装；管理资产、工具、耗材发放、收回；所需材料数量的清点与核算；记录迟到、早退、缺勤、病假；环境卫生、设备摆放、门窗安全</td></tr>
<tr><td>任务1</td><td colspan="5">工频与变频切换控制系统的装调</td></tr>
<tr><td>学习信息</td><td colspan="5">1. 工频与变频切换控制系统的应用背景。

2. 说明电气控制电路安装的规范及工艺要求。</td></tr>
</table>

（续）

任务 1	工频与变频切换控制系统的装调
工作过程记录	1. 设计工频与变频切换控制系统的硬件主电路，并分析电路原理、元器件作用。 2. 设计工频与变频切换控制系统的硬件控制电路、I/O 分配，并说明原理。 1）PLC 与变频器的硬件接线电路。 2）PLC I/O 分配。（见下表） 3. 列硬件电路所需元器件清单，并对元器件进行测试。（见下表） 4. 设计控制系统软件，画出控制梯形图。 5. 如何保证变频运行停车时，实现软停车？ 6. 根据系统要求，对变频器主要参数进行设置。 7. 系统运行、调试及工作过程描述。

输入（I）			输出（O）		
输入继电器	输入元件	作用	输出继电器	输出元件	作用

序号	名称	型号	数量	质量	序号	名称	型号	数量	质量
1					7				
2					8				
3					9				
4					10				
5					11				
6					12				

（续）

<table>
<tr><td>任务 2</td><td>工频与变频切换报警与显示系统的装调</td></tr>
<tr><td>学习信息</td><td>1. 举例说明变频器的继电器输出端子功能及参数设定。

2. 变频器的模拟量输出端子是什么？功能通过什么参数进行设定？

3. 变频器模拟输出信号与所设置的模拟量关系是什么？需要输出的物理量通过什么参数设置？如何设置？</td></tr>
<tr><td>工作过程记录</td><td>1. 设计工频与变频切换报警与显示系统的硬件控制电路、I/O 分配，并说明原理。
1）PLC 与变频器的硬件接线电路。

2）PLC I/O 分配。
<table>
<tr><th colspan="3">输入（I）</th><th colspan="3">输出（O）</th></tr>
<tr><th>输入继电器</th><th>输入元件</th><th>作用</th><th>输出继电器</th><th>输出元件</th><th>作用</th></tr>
<tr><td></td><td></td><td></td><td></td><td></td><td></td></tr>
<tr><td></td><td></td><td></td><td></td><td></td><td></td></tr>
<tr><td></td><td></td><td></td><td></td><td></td><td></td></tr>
<tr><td></td><td></td><td></td><td></td><td></td><td></td></tr>
<tr><td></td><td></td><td></td><td></td><td></td><td></td></tr>
</table>
2. 列出硬件电路所需元器件清单（列出和任务一相比新增的元器件）
<table>
<tr><th>序号</th><th>名称</th><th>型号</th><th>数量</th><th>质量</th><th>序号</th><th>名称</th><th>型号</th><th>数量</th><th>质量</th></tr>
<tr><td>1</td><td></td><td></td><td></td><td></td><td>3</td><td></td><td></td><td></td><td></td></tr>
<tr><td>2</td><td></td><td></td><td></td><td></td><td>4</td><td></td><td></td><td></td><td></td></tr>
</table>
</td></tr>
</table>

（续）

任务 2	工频与变频切换报警与显示系统的装调
工作过程记录	3. 硬件单元 EM235 的作用是什么？当电动机运行频率达 50 Hz 时，如何切换至工频状态？变频器遇到故障状态时如何切换到工频状态？ 4. 设计控制系统软件，画出控制梯形图。 5. 报警与显示是如何实现的？ 6. 系统运行、调试及工作过程描述。
检查评估	1. 工作中出现的错误、疑难情况及解决处理办法 2. 自我评价（讲述对自己所做工作的满意程度） 自评：□优秀□良好□合格 3. 工作建议或改进办法

八、“自动送料系统的装调”工作任务单

编号：008

<table>
<tr><td>班级</td><td></td><td>姓名</td><td></td><td>学号</td><td></td></tr>
<tr><td>工位</td><td></td><td>同组人</td><td></td><td>成绩</td><td></td></tr>
<tr><td>学习情境
（或任务）</td><td colspan="5">自动送料系统的装调</td></tr>
<tr><td>工作目标</td><td colspan="5">1. 理解变频器工程应用的设计要点
2. 了解有关变频器的行业标准
3. 根据工艺要求，正确设计变频器系统的硬件电路
4. 能根据接线图样，进行变频器及外围设备的工艺接线
5. 对变频器进行功能参数设置
6. 对自动送料小车系统进行控制软件设计及调试
7. 对自动送料小车系统进行整机调试及运行操作</td></tr>
<tr><td>工作设备
及材料</td><td colspan="5">1. 变频器、PLC 各一台
2. 连接导线、电缆线、绝缘胶布若干
3. 万用表 1 块
4. 尖嘴钳、剥线钳、一字、十字螺钉旋具各 1 套</td></tr>
<tr><td>工作要求</td><td colspan="5">送料小车在指定地点进行自动往返装料、卸料工作，设计硬件和软件</td></tr>
<tr><td>工作实施</td><td colspan="5">1. 研读学习资料，设计总方案并汇报
2. 自动送料小车系统硬件电路的制作
（1）硬件电路的设计
（2）熔断器、接触器、热继电器等电器元件的选择
（3）电气安装与工艺布线
3. PLC 控制软件的设计与调试
4. 变频器主要功能参数的设定
5. 控制电路、主电路、控制软件的调试运行
6. 自动送料小车系统的整机调试</td></tr>
<tr><td>小组成员
任务分工</td><td colspan="5">项目负责人应全面负责任务分配、组员协调，使小组成员分工明确，并在教师的指导下完成以下任务：总方案设计；系统安装；管理资产、工具、耗材发放、收回；所需材料数量的清点与核算；记录迟到、早退、缺勤、病假；环境卫生、设备摆放、门窗安全</td></tr>
<tr><td>任务 1</td><td colspan="5">两站自动送料系统的装调</td></tr>
<tr><td>学习信息</td><td colspan="5">送料小车在工作台上进行往返运行。按下起动按钮，小车以 45 Hz 向左运行，碰撞行程开关 SQ1 后，停下进行装料，20 min 后，装料结束，以 40 Hz 左行，碰撞行程开关 SQ2 后，停止左行，开始卸料，10 min 后，卸料结束，以 45 Hz 右行，如此循环。系统具有必要的短路保护、过载保护、断相保护。 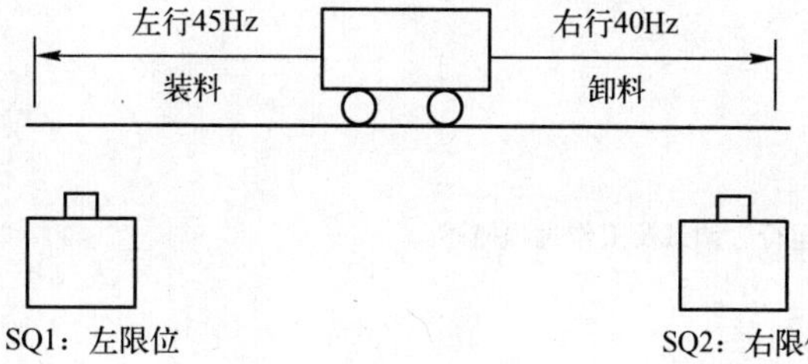
左行45Hz　右行40Hz
装料　卸料
SQ1：左限位　SQ2：右限位</td></tr>
</table>

（续）

任务 1	两站自动送料系统的装调

工作过程记录

1. 设计自动送料控制系统的硬件主电路，并分析电路原理、元器件作用。

2. 设计自动送料控制系统的硬件控制电路、I/O 分配，并说明原理。

1）PLC 与变频器的硬件接线电路。

2）PLC I/O 分配。

输入（I）			输出（O）		
输入继电器	输入元件	作用	输出继电器	输出元件	作用

3. 列出硬件电路所需元器件清单，并对元器件进行测试。

序号	名称	型号	数量	质量	序号	名称	型号	数量	质量
1					5				
2					6				
3					7				
4					8				

4. 设计控制系统软件，画出控制梯形图。

5. 你运用了什么方法实现送料小车在装料、卸料运行中的变频调速？说明设计思路。

6. 根据系统要求，对变频器主要参数进行设置。

7. 系统运行、调试及工作过程描述。

（续）

任务2　多站自动送料系统的装调

学习信息

送料小车在现代企业的生产车间中担任着货物的取、送工作。本任务的具体要求是：某生产车间根据产品加工类别，分为取料区、半成品加工区、成品加工区三个区域。在进行产品加工时，送料小车从原材料取料区取出被加工件，并根据待加工产品类别，将其送到不同加工区。

取料区存放着毛坯料、雏形料、配件料三种货品，若送料小车从取料区取出的是毛坯料，小车以35 Hz右行，将毛坯料送至半成品加工区进行半成品加工，小车自动返回取料区进行下一轮循环。若送料小车从取料区取出的是雏形料，小车以35 Hz右行，将雏形料送至半成品加工区进行半成品加工。加工10 min，加工结束后，小车以30 Hz速度将其送至成品加工区，进行成品装配，装配结束后小车返回。若送料小车从取料区取出的是配件料，小车以40 Hz右行，直接将配件料送至成品加工区进行成品加工。加工结束后小车自动返回取料区进行下一轮循环。

取料区、半成品加工区、成品加工区的限位控制分别由行程开关SQ1、SQ2、SQ3实现。小车返回速度为50 Hz。系统具有必要的短路保护、过载保护、断相保护。

工作过程记录

1. 绘制多站自动送料控制系统运行示意图。

2. 设计多站自动送料系统的硬件控制电路、I/O分配，并说明原理。

1）PLC与变频器的硬件接线电路。

2）PLC I/O分配。

输入（I）			输出（O）		
输入继电器	输入元件	作用	输出继电器	输出元件	作用

3. 列出硬件电路所需元器件清单（列出和任务一相比新增的元器件）

序号	名称	型号	数量	质量	序号	名称	型号	数量	质量
1					3				
2					4				

（续）

<table>
<tr><td>任务 2</td><td>多站自动送料系统的装调</td></tr>
<tr><td>工作过程记录</td><td>4. 设计控制系统软件，画出控制梯形图。

5. 送料小车在取货时，毛坯料、雏形料、配件料三种货物是如何判定的？程序上如何实现？

6. 系统运行、调试及工作过程描述。</td></tr>
<tr><td>检查评估</td><td>1. 工作中出现的错误、疑难情况及解决处理办法

2. 自我评价（讲述对自己所做工作的满意程度）
自评：□优秀□良好□合格
3. 工作建议或改进办法</td></tr>
</table>

九、“装调变频恒压供水系统”工作任务单

编号：009

班级		姓名		学号	
工位		同组人		成绩	
学习情境	装调变频恒压供水系统				
工作目标	1. 理解变频器工程应用的设计要点 2. 了解有关变频器的行业标准 3. 根据工艺要求，正确设计变频器系统的硬件电路 4. 能根据接线图样，进行变频器及外围设备的工艺接线 5. 对变频器进行功能参数设置 6. 对恒压供水系统进行控制软件设计及调试 7. 对恒压供水系统进行整机调试及运行操作 8. 理解变频器防护措施				
工作所需工具材料	1. 变频器、PLC 各一台 2. 连接导线、电缆线、绝缘胶布若干 3. 万用表 1 块 4. 尖嘴钳、剥线钳、一字、十字螺钉旋具各 1 套				
工作要求	1. 共有 3 台水泵，2 开一备，运行与备用 10 天轮换一次 2. 用水高峰 1 台工频全速运行，1 台变频运行，用水低谷时，1 台变频运行 3. 三台水泵分别由三台电动机拖动，3 台电动机工频与变频由接触器控制 4. 变速控制由供水压力上限触点与下限触点控制				
工作实施	1. 研读学习资料，设计总方案并汇报 2. 恒压供水系统硬件电路的制作 （1）硬件电路的设计 （2）熔断器、接触器、热继电器等电器元件的选择 （3）电气安装与工艺布线 3. PLC 控制软件的设计与调试 4. 变频器主要功能参数的设定 5. 恒压供水系统的整机调试 6. 控制电路、主电路、控制软件的调试运行				
小组成员任务分工	项目负责人应全面负责任务分配、组员协调，使小组成员分工明确，并在教师的指导下完成以下任务：总方案设计；系统安装；管理资产、工具、耗材发放、收回；所需材料数量的清点与核算；记录迟到、早退、缺勤、病假；环境卫生、设备摆放、门窗安全				
学习信息	1. 简单说明变频器的选择原则和方法。 2. 简单说明变频器的安装要求和规范。				

（续）

工作过程记录	1. 根据控制系统的功能要求，设计恒压供水变频控制系统硬件电路，包括主电路及控制电路。 1）主电路。 2）PLC 与变频器的硬件接线。 2. 列出 PLC I/O 端子分配表，注释其用途。 3. 设计控制系统软件，画出控制梯形图。 4. 根据系统要求，对变频器主要参数进行设置。 5. 系统运行、调试及工作过程描述。
检查与验收	1. 工作中出现的错误、疑难情况及解决处理办法 2. 自我评价（讲述对自己所做工作的满意程度） 自评：□优秀□良好□合格 3. 工作建议或改进办法

十、“面漆线系统装调”工作任务单

编号：010

<table>
<tr><td>班级</td><td></td><td>姓名</td><td></td><td>学号</td><td></td></tr>
<tr><td>工位</td><td></td><td>同组人</td><td></td><td>成绩</td><td></td></tr>
<tr><td>学习情境</td><td colspan="5">装调面漆线控制系统</td></tr>
<tr><td>工作目标</td><td colspan="5">1. 了解通信及触摸屏基本知识
2. 掌握和理解变频器与 PLC 通信方法
3. 掌握 USS 通信协议及 PLC 编程
4. 根据控制要求，正确设计控制系统的硬件电路
5. 能根据接线图纸，进行设备的工艺接线
6. 对变频器进行功能参数设置
7. 对面漆线系统进行控制软件设计及调试
8. 对面漆线系统进行整机调试及运行操作</td></tr>
<tr><td>工作所需工具材料</td><td colspan="5">1. 变频器、PLC、触摸屏各 1 台
2. 万用表 1 个
3. 连接导线、电缆线、绝缘胶布若干
4. 尖嘴钳子、剥线钳、一字、十字螺钉旋具各 1 套</td></tr>
<tr><td>工作要求</td><td colspan="5">1. 系统工作方式分手动/自动两种。
2. 送风系统：由 3 台 7.5 kW 的电动机驱动鼓风机进行送风，要求直接起动，并有相应工作指示。
3. 传输系统：由变频器驱动传输链电动机进行机械零件的传输，要求传送速度操作可调，能实时显示速度值。
4. 水循环系统：由一台 7.5 kW 的电动机驱动水泵进行，要求直接起动。
5. 烘干系统：由两组 10 kW 加热器进行加热，温度分为 3 段，即低于 60℃（一组加热器全压加热）、60 ~ 70℃（一组全压加热、一组断续加热调节）、70℃以上（两组全压加热）。
6. 指示及报警：系统要求传送链传输速度及烘干室温度能实时显示。若系统温度在要求范围内则绿色指示灯亮，若在要求范围外，则系统处于调温状态，此时绿灯以秒计闪烁；若温度连续调节 3 min 后在要求范围外则报警，低于温度要求黄灯闪烁报警，高于温度要求红灯闪烁报警，整个系统停止运行。</td></tr>
<tr><td>工作实施</td><td colspan="5">1. 研读学习资料、设计总方案并汇报。
2. 面漆线系统硬件电路的安装。
（1）硬件电路的设计。
（2）熔断器、接触器、热继电器等电气元件的选择。
（3）电气安装与工艺布线
3. PLC 控制软件的设计与调试。
4. 变频器主要功能参数的设定。
5. 面漆线系统的整机调试。
6. 控制电路、主电路、控制软件的调试运行。</td></tr>
<tr><td>小组成员任务分工</td><td colspan="5">项目负责人应全面负责任务分配、组员协调，使小组成员分工明确，并在教师的指导下完成以下任务：总方案设计；系统安装；管理资产、工具、耗材发放、收回；所需材料数量的清点与核算；记录迟到、早退、缺勤、病假；环境卫生、设备摆放、门窗安全</td></tr>
</table>

（续）

<table>
<tr><td>学习信息</td><td>1. 变频器的 USS 通信。

2. RS－485 通信接口及引脚分配。

3. PLC 与变频器通信 RS－485 通信接口的硬件连接。</td></tr>
<tr><td>工作过程记录</td><td>1. 根据控制系统的功能要求，设计面漆线控制系统硬件电路，包括主电路、控制电路及触摸屏界面。

2. 列出 I/O 端子及触摸屏通信的变量分配，注释其用途。

3. 设计控制系统软件，画出控制梯形图（纸不够，可附页）。

4. 根据系统要求，对变频器主要参数进行设置。

5. 系统运行、调试及工作过程描述。</td></tr>
<tr><td>检查与验收</td><td>1. 工作中出现的错误、疑难情况及解决处理办法。

2. 自我评价（描述对自己所做工作的满意程度）
自评：□优秀□良好□合格
3. 工作建议或改进办法。</td></tr>
</table>

十一、“变频器系统的维护和保养”工作任务单

编号：011

<table>
<tr><td>班级</td><td></td><td>姓名</td><td></td><td>学号</td><td></td></tr>
<tr><td>工位</td><td></td><td>同组人</td><td></td><td>成绩</td><td></td></tr>
<tr><td>学习情境
（或任务）</td><td colspan="5">变频器系统的维护和保养</td></tr>
<tr><td>工作目标</td><td colspan="5">1. 掌握变频器电压、电流、功率以及功率因数和效率的测量电路
2. 掌握电压、电流以及功率的测量仪表
3. 掌握变频器输入侧、输出侧以及绝缘电阻的测量
4. 掌握变频器的调试方法
5. 了解变频器的一些日常维护
6. 了解变频器的常见故障以及处理方法</td></tr>
<tr><td>工作所需
工具材料</td><td colspan="5">1. 磁电式、整流式仪表
2. 电磁式仪表
3. 电动式仪表
4. 万用表</td></tr>
<tr><td>工作要求</td><td colspan="5">1. 能正确连接变频器测试电路
2. 掌握变频器的电压、电流和功率的测量仪表及其使用方法
3. 熟练对所测量的数据进行处理，得出所要测量的数据
4. 掌握变频器的具体调试方法
5. 了解变频器的日常维护
6. 了解变频器的常见故障以及处理方法</td></tr>
<tr><td>工作实施</td><td colspan="5">1. 整理测量仪表，检查测量仪表
2. 正确地进行变频器测量电路的连线
3. 正确地读出测量数据
4. 对测量的数据进行分析和处理
5. 分析变频器的常见故障原因以及处理方法</td></tr>
<tr><td>小组成员
任务分工</td><td colspan="5">项目负责人应全面负责任务分配、组员协调，使小组成员分工明确，并在教师的指导下完成以下任务：总方案设计；系统安装；管理资产、工具、耗材发放、收回；所需材料数量的清点与核算；记录迟到、早退、缺勤、病假；环境卫生、设备摆放、门窗安全</td></tr>
<tr><td>任务 1</td><td colspan="5">变频器系统的测量</td></tr>
<tr><td>学习信息</td><td colspan="5">1. 画出变频器测量电路，说明电压、电流和功率的测量仪表。</td></tr>
</table>

（续）

<table>
<tr><td>任务 1</td><td>变频器系统的测量</td></tr>
<tr><td>学习信息</td><td>2. 变频器系统功率因数的测试方法。

3. 对变频器输入侧以及输出侧进行测量时应注意哪些问题？

4. 变频器系统的绝缘电阻如何进行测量？</td></tr>
<tr><td>工作过程记录</td><td>1. 根据实际需要，画出变频器主电路外围设备的硬件接线图。并说明各个设备的用途。

2. 结合画出的硬件接线图，说明变频器主电路的不同位置进行电量测量时，应分别使用什么仪表？

3. 通电后，根据需要测量哪些相关数据？</td></tr>
</table>

（续）

任务2	变频器的调试以及常见故障的处理
学习信息	1. 说明变频调速系统的调试方法及步骤。 2. 在变频器的日常维护中应注意些什么？ 3. 列出三个你遇见的变频器故障以及处理的方法。
工作过程记录	1. 变频器过电流现象有哪些？针对这些故障应当如何处理？ 2. 变频器过电压现象有哪些？针对这些故障应当如何处理？
检查评估	1. 工作中出现的错误、疑难情况及解决处理办法 2. 自我评价（讲述对自己所做工作的满意程度） 自评：□优秀□良好□合格 3. 工作建议或改进办法

附录 B　变频器的参数与故障信息

变频器运行前必须进行参数的预置，如果不预置参数，则变频器参数按出厂时的设定值选取。

一、MM440 型变频器参数简介

变频器的参数只能用基本操作面板（BOP）、高级操作面板（AOP）或者通过串行通信接口进行修改。MM440 型通用变频器有关参数结构总览如图 B-1 所示。

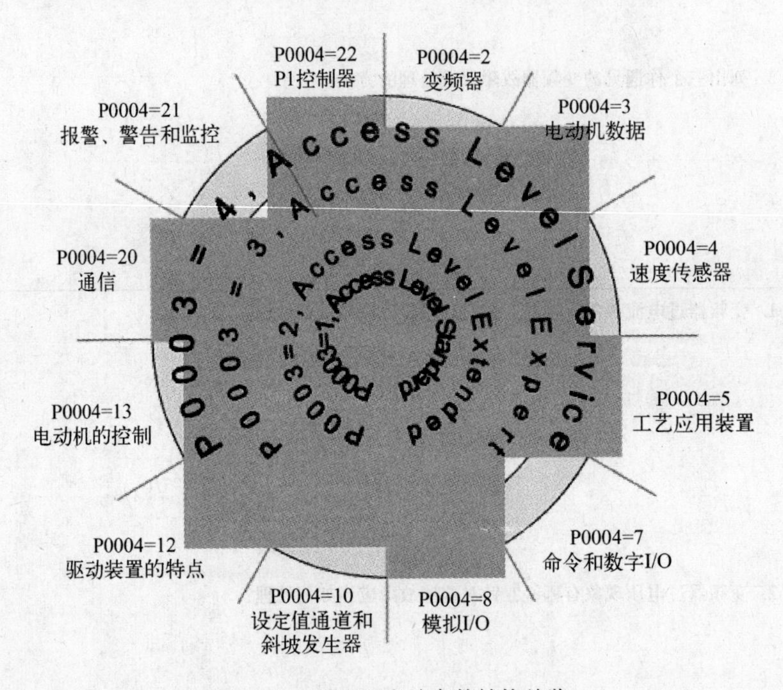

图 B-1　MM440 有关参数结构总览

二、MM440 型变频器的主要参数

1. 常用的参数

常用的参数见表 B-1。

表 B-1　常用的参数

参 数 号	参 数 名 称	默 认 值	用户访问级
r0000	驱动装置只读参数的显示值	—	2
P0003	用户的参数访问级	1	1
P0004	参数过滤器	0	1
P0010	调试用的参数过滤器	0	1

2. 快速调试参数

快速调试参数见表 B–2。

表 B–2 快速调试参数

参 数 号	参数名称	默 认 值	用户访问级
P0100	适用于欧洲/北美地区	0	1
P3900	快速调试结束	0	1

3. 复位参数

复位参数见表 B–3。

表 B–3 复位参数

参 数 号	参数名称	默 认 值	用户访问级
P0970	复位为工厂设置值	0	1

4. 变频器参数（P0004 =2）

变频器参数（P0004 =2）见表 B–4。

表 B–4 变频器参数（P0004 =2）

参 数 号	参数名称	默 认 值	用户访问级
r0018	硬件的版本	—	1
r0026	CO：直流电路电压实际值	—	2
r0037	CO：变频器温度	—	3
r0039	CO：能量消耗计算表	—	2
r0040	能量消耗计量表清零	0	2
r0200	功率组合件的实际标号	—	3
P0200	功率组合件标号	0	3
r0203	变频器的实际标号	—	3
r0204	功率组合件的特征	—	3
r0206	变频器的额定功率	—	2
r0207	变频器的额定电流	—	2
r0208	变频器的额定电压	—	2
P0210	电源电压	230	3
r0231	电缆的最大长度	—	3
P0290	变频器的过载保护	2	3
P0292	变频器的过载报警信号	15	3
P1800	脉宽调制频率	4	2
r1801	CO：脉宽调制的开关频率实际值	—	3
P1802	调制方式	0	3
P1820	输出相序反向	0	2

5. 电动机数据（P0004 =3）

电动机数据（P0004 =3）见表 B–5。

表 B-5　电动机数据（P0004=3）

参 数 号	参 数 名 称	默 认 值	用户访问级
r0035	CO：电动机温度实际值	—	2
P0300	选择电动机类型	1	2
P0304	电动机额定电压	230	1
P0305	电动机额定电流	3.25	1
P0307	电动机额定功率	0.75	1
P0308	电动机额定功率因数	0.000	2
P0309	电动机额定效率	0.0	2
P0310	电动机额定频率	50.00	1
P0311	电动机额定速度	0	1
r0313	电动机的极对数	—	3
P0320	电动机的磁化电流	0.0	3
r0330	电动机的额定转差	—	3
r0331	电动机的额定磁化电流	—	3
r0332	电动机的额定功率因数	—	3
P0335	电动机的冷却方式	0	2
P0340	电动机的参数计算	0	2
P0344	电动机的重量	9.4	3
P0347	磁化时间	1.000	3
P0350	退磁时间	1.000	3
r0384	定子电阻（线间）	4.0	2
r0395	转子时间常数	—	3
P0610	CO：转子总电阻（%）	—	3
P0611	电动机 I^2t 温度保护	2	3
P0614	电动机 I^2t 时间常数	100	2
P0640	电动机 I^2t 过载报警的电平	100.0	2
P1910	电动机过载因子（%）	150.0	2
r1912	选择电动机数据是否自动测定	0	2
P0344	自动测定的定子电阻	—	2

6. 命令和数字 I/O 参数（P0004=7）

命令和数字 I/O 参数（P0004=7）见表 B-6。

表 B-6　命令和数字 I/O 参数（P0004=7）

参 数 号	参 数 名 称	默 认 值	用户访问级
r0002	驱动装置的状态	—	2
r0019	CO/BO：BOP 控制字	—	3
r0052	CO/BO：激活的状态字 1	—	2
r0053	CO/BO：激活的状态字 2	—	2
r0054	CO/BO：激活的控制字 1	—	3

（续）

参 数 号	参 数 名 称	默 认 值	用户访问级
r0055	CO/BO：激活的辅助控制字	—	3
P0700	选择命令源	2	1
P0701	选择数字输入 1 的功能	1	2
P0702	选择数字输入 2 的功能	12	2
P0703	选择数字输入 3 的功能	9	2
P0704	选择数字输入 4 的功能	0	2
P0719	选择命令和频率设定值	0	3
r0720	数字输入的数目		3
r0722	CO/BO：各个数字输入的状态	—	2
P0724	开关量输入的防颤动时间	3	3
P0725	选择数字输入的 PNP/NPN 接线方式	1	3
r0730	数字输出的数目	—	3
P0731	BI：选择数字输出 1 的功能	52:3	2
r0747	CO/BO：各个数字输入的状态	—	3
P0748	数字输出反向	0	3
P0800	BI：下载参数 0	0:0	3
P0801	BI：下载参数 1	0:0	3
P0840	BI：ON/OFF1	722.0	3
P0842	BI：ON/OFF1，反向方向	0:0	3
P0844	BI：1. ON/OFF2	1:0	3
P0845	BI：2. ON/OFF2	19:1	3
P0848	BI：1. ON/OFF3	1:0	3
P0849	BI：2. ON/OFF3	1:0	3
P0852	BI：脉冲使能	1:0	3
P1020	BI：固定频率选择，位 0	0:0	3
P1021	BI：固定频率选择，位 1	0:0	3
P1022	BI：固定频率选择，位 2	0:0	3
P1035	BI：使能 MOP（升速命令）	19:13	3
P1036	BI：使能 MOP（减速命令）	19:14	3
P1055	BI：使能正向点动	0.0	3
P1056	BI：使能反向点动	0.0	3
P1074	BI：禁止辅助设定值	0.0	3
P1110	BI：禁止负向的频率设定值	0.0	3
P1113	BI：反向	722.1	3
P1124	BI：使能点动斜坡时间	0.0	3
P1230	BI：使能直流注入制动	0.0	3
P2103	BI：1. 故障确认	722.2	3
P2104	BI：2. 故障确认	0.0	3

（续）

参 数 号	参数名称	默 认 值	用户访问级
P2106	BI：外部故障	1.0	3
P2220	BI：固定 PID 设定值选择，为 0	0.0	3
P2221	BI：固定 PID 设定值选择，为 1	0.0	3
P2222	BI：固定 PID 设定值选择，为 2	0.0	3
P2235	BI：使能 PID-MOP（升速命令）	19.13	3
P2236	BI：使能 PID-MOP（减速命令）	19.15	3

7. 模拟 I/O 参数（P0004=8）

模拟 I/O 参数（P0004=8）见表 B-7。

表 B-7 模拟 I/O 参数（P0004=8）

参 数 号	参数名称	默 认 值	用户访问级
r0750	ADC（模/数转换输入）的数目	—	3
r0752	ADC 的实际输入（V）或（mA）	—	2
r0753	ADC 的平滑时间	3	3
r0754	标定后的 ADC 实际值（%）	—	2
r0755	CO：标定后的 ADC 实际值（4000h）	—	2
P0756	ADC 的类型	0	2
P0757	ADC 输入特性标定的 x1 值（V/mA）	0	2
P0758	ADC 输入特性标定的 y1 值	0.0	2
P0759	ADC 输入特性标定的 x2 值（V/mA）	10	2
P0760	ADC 输入特性标定的 y2 值	100.0	2
P0761	ADC 死区的宽度（V/mA）	0	2
P0762	信号消失的延迟时间	10	3
r0770	DAC（数/模转换输入）的数目	—	3
P0771	CI：DAC 输出功能选择	21:0	2
P0773	DAC 的平滑时间	2	2
r0774	实际的 DAC 输出（V）或（mA）	—	2
P0776	DAC 的型号	0	2
P0777	DAC 输入特性标定的 x1 值	0.0	2
P0778	DAC 输入特性标定的 y1 值	0	2
P0779	DAC 输入特性标定的 x2 值	100.0	2
P0780	DAC 输入特性标定的 y2 值	20	2
P0781	DAC 死区的宽度	0	2

8. 设定值通道和斜坡函数发生器参数（P0004=18）

设定值通道和斜坡函数发生器参数（P0004=18）见表 B-8。

表 B-8　设定值通道和斜坡函数发生器参数（P0004 = 18）

参 数 号	参 数 名 称	默 认 值	用户访问级
P1000	选择频率设定值	2	1
P1001	固定频率 1	0. 00	2
P1002	固定频率 2	5. 00	2
P1003	固定频率 3	10. 00	2
P1004	固定频率 4	15. 00	2
P1005	固定频率 5	20. 00	2
P1006	固定频率 6	25. 00	2
P1007	固定频率 7	30. 00	2
P1016	固定频率方式——位 0	1	3
P1017	固定频率方式——位 1	1	3
P1018	固定频率方式——位 2	1	—
P1019	固定频率方式——位 3	1	3
r1024	CO：固定频率的设定值	—	3
P1031	存储 MOP 设定值	0	2
P1032	禁止反转的 MOP 设定值	1	2
P1040	MOP 设定值	5. 00	2
r1050	CO：MOP 的实际输出频率	—	3
P1058	正向点动频率	5. 00	2
P1059	反向点动频率	5. 00	2
P1060	点动的斜坡上升时间	10. 00	2
P1061	点动的斜坡下降时间	10. 00	2
P1070	CI：主设定值	755. 0	3
P1071	CI：标定的主设定值	1. 0	3
P1075	CI：辅助设定值	0. 0	3
P1076	CI：标定的辅助设定值	1. 0	3
r1078	CO：总的频率设定值	—	3
r1079	CO：选定的频率设定值	—	3
P1080	最小频率	0. 00	1
P1082	最大频率	50. 00	1
P1091	跳转频率 1	0. 0	3
P1092	跳转频率 2	0. 00	3
P1093	跳转频率 3	0. 00	3
P1094	跳转频率 4	0. 00	3
P1101	跳转频率的宽度	2. 00	3
r1114	CO：方向控制后的频率设定值	—	3
r1119	CO：未经斜坡函数发生器的频率设定值	—	3

（续）

参 数 号	参数名称	默 认 值	用户访问级
P1120	斜坡上升时间	10.00	1
P1121	斜坡下降时间	10.00	1
P1130	斜坡上升起始段圆弧时间	0.00	2
P1131	斜坡上升结束段圆弧时间	0.00	2
P1132	斜坡下降起始段圆弧时间	0.00	2
P1133	斜坡下降结束段圆弧时间	0.00	2
P1134	平滑圆弧的类型	0	2
P1135	OFF3 斜坡下降时间	5.00	2
r1170	CO：通过斜坡函数发生器的频率设定值	—	3

9. 驱动装置的特点（P0004 =12）

驱动装置的特点（P0004 =12）见表 B-9。

表 B-9　驱动装置的特点（P0004 =12）

参 数 号	参数名称	默 认 值	用户访问级
P0005	选择需要显示的参数	21	2
P0006	显示方法	2	3
P0007	背板亮光延迟时间	0	3
P0011	锁定用户定义的参数	0	3
P0012	用户定义参数解锁	0	3
P0013	用户定义的参数	0	3
P1200	捕捉再起动	0	2
P1202	电动机电流：捕捉再起动	100	3
P1203	搜寻速率：捕捉再起动	100	3
P1210	自动再起动	1	2
P1211	自动再起动重试次数	3	3
P1215	使能制动	0	2
P1216	释放制动延时时间	1.0	2
P1217	斜坡下降后的制动时间	1.0	2
P1232	直流注入制动的电流	100	2
P1233	直流注入制动的持续时间	0	2
P1236	复合制动电流	0	2
P1237	动力制动	0	2
P1240	直流电压控制器的组态	1	3
r1242	CO：最大直流电压的接通电平	—	3
P1243	最大直流电压的动态因子	100	3
P1253	直流电压控制器的输出限幅	10	3
P1254	直流电压接通电平的自动检测	1	3

10. 电动机的控制参数（P0004 =13）

电动机的控制参数（P0004 =13）见表 B-10。

表 B-10　电动机的控制参数（P0004 =13）

参 数 号	参 数 名 称	默 认 值	用户访问级
r0020	CO：实际的频率设定值	—	3
r0021	CO：实际频率	—	2
r0022	转子实际速度	3	3
r0024	CO：实际输出频率	—	3
r0025	CO：实际输出电压	—	2
r0027	CO：实际输出电流	—	2
r0034	电动机的 I^2t 温度计算值	—	2
r0056	CO/BO：电动机的控制状态	—	3
r0067	CO：实际输出电流限值	—	3
r0071	CO：最大输出电压	—	3
r0086	CO：实际的有效电流	—	3
P1300	控制方式	0	2
P1310	连续提升	50. 0	2
P1311	加速提升	0. 0	2
P1312	起动提升	0. 0	2
P1316	提升结束的频率	20. 0	3
P1320	可编程 U/f 特性的频率坐标 1	0. 00	3
P1321	可编程 U/f 特性的电压坐标 1	0. 0	3
P1322	可编程 U/f 特性的频率坐标 2	0. 00	3
P1323	可编程 U/f 特性的电压坐标 2	0. 0	3
P1324	可编程 U/f 特性的频率坐标 3	0. 00	3
P1325	可编程 U/f 特性的电压坐标 3	0. 0	3
P1333	FCC 的起动频率	10. 0	3
P1335	转差补偿	0. 0	2
P1336	转差极限	250	2
r1337	CO：U/F 特性的转差频率	—	3
P1338	U/F 特性谐振阻尼的增益系数	0. 00	3
P1340	最大电流（I_{MAX}）控制器的比例增益系数	0. 000	3
P1341	最大电流（I_{MAX}）控制器的积分时间	0. 300	3
r1343	CO：最大电流（I_{MAX}）控制器的输出频率	—	3
r1344	CO：最大电流（I_{MAX}）控制器的输出电压	—	3
P1350	电压软起动	0	3

11. 通信参数（P0004 =20）

通信参数（P0004 =20）见表 B-11。

表 B-11 通信参数（P0004=20）

参数号	参数名称	默认值	用户访问级
P0918	CB（通信板）地址	3	2
P0927	修改参数的途径	15	2
r0964	微程序（软件）版本数据	—	3
r0967	控制字 1	—	3
r0968	状态字 1	—	3
P0971	从 RAM 到 EEPROM 传输数据	0	3
P2000	基准频率	50.00	3
P2001	基准电压	1000	3
P2002	基准电流	0.10	3
P2009	USS 规格化	0	3
P2010	USS 波特率	6	2
P2011	USS 地址	0	2
P2012	USSPZD 的长度	2	3
P2013	USSPKW 的长度	127	3
P2014	USS 停止发报时间	0	3
r2015	CO：从 BOP 链接 PZD（USS）	—	3
P2016	CI：从 PZD 到 BOP 链接（USS）	52:0	3
r2018	CO：从 COM 链接 PZD（USS）	—	3
P2019	CI：从 PZD 到 COM 链接（USS）	—	3
r2024	USS 报文无错误	—	3
r2025	USS 拒绝报文	—	3
r2026	USS 字符帧错误	—	3
r2027	USS 超时错误	—	3
r2028	USS 奇偶错误	—	3
r2029	USS 不能识别起始点	—	3
r2030	USSBCC 错误	—	3
r2031	USS 长度错误	—	3
r2032	BO：从 BOP 链接控制字 1（USS）	—	3
r2033	BO：从 BOP 链接控制字 2（USS）	—	3
r2036	BO：COM 链接控制字 1（USS）	—	3
r2037	BO：COM 链接控制字 2（USS）	—	3
P2040	CB 报文停止时间	20	3
P2041	CB 参数	0	3
r2050	CO：从 CB-PZD	—	3
P2051	CI：从 PZD - CB	52:0	3
r2053	CB 识别	—	3
r2054	CB 诊断	—	3
r2090	BO：CB 发出的控制字 1	—	3
r2091	BO：CB 发出的控制字 1	—	3

12. 报警、警告和监控参数（P0004 = 21）

报警、警告和监控参数（P0004 = 21）见表 B-12。

表 B-12　报警、警告和监控参数（P0004 = 21）

参数号	参数名称	默认值	用户访问级
r0947	最新的故障码	—	2
r0948	故障时间	—	3
r0949	故障数值	—	3
P0952	故障的总数	0	3
P2100	选择报警号	0	3
P2101	停车的反冲值	0	3
r2110	警告信息号	—	2
P2111	警告信息的总数	0	3
r2114	运行时间计数器	—	3
P2115	AOP 实时时钟	0	3
P2150	回线频率 f_hys	3.00	3
P2155	门限频率 f_1	30.00	3
P2156	门限频率 f_1 的延迟时间	10	3
P2164	回线频率差	3.00	3
P2167	关断频率 f_off	1.00	3
P2168	延迟时间 T_off	10	3
P2170	门限电流 I_thresh	100.0	3
P2171	电流延迟时间	10	3
P2172	直流电路电压门限值	800	3
P2173	直流电路电压延迟时间	10	3
P2179	判定无负载的电流限制	3.0	3
P2180	判定无负载的延迟时间	20.10	3
r2197	CO/BO：监控字 1	—	2

13. PI 控制器参数（P0004 = 22）

PI 控制器参数（P0004 = 22）见表 B-13。

表 B-13　PI 控制器参数（P0004 = 22）

参数号	参数名称	默认值	用户访问级
P2200	BI：使能 PID 控制器	0:0	2
P2201	固定的 PID 设定值 1	0.00	2
P2202	固定的 PID 设定值 2	10.00	2
P2203	固定的 PID 设定值 3	20.00	2
P2204	固定的 PID 设定值 4	30.00	2
P2205	固定的 PID 设定值 5	40.00	2

（续）

参数号	参数名称	默认值	用户访问级
P2206	固定的 PID 设定值 6	50.00	2
P2207	固定的 PID 设定值 7	60.00	2
P2216	固定的 PID 设定值方式_位 0	1	3
P2217	固定的 PID 设定值方式_位 1	1	3
P2218	固定的 PID 设定值方式_位 2	1	3
r2224	CO：实际的固定 PID 设定值	—	2
P2231	PID—MOP 的设定值存储	0	2
P2232	禁止 PID—MOP 的反向设定值	1	2
P2240	PID—MOP 的设定值	10.00	2
r2250	CO：PID—MOP 的设定值输出	—	2
P2251	PID 方式	0	3
P2253	CI：PID 设定值	0:0	2
P2254	CI：PID 微调信号源	0:0	3
P2255	PID 设定值的增益因子	100.00	3
P2256	PID 微调的增益因子	100.00	3
P2257	PID 设定值的斜坡上升时间	1.00	2
P2258	PID 设定值的斜坡下降时间	1.00	2
r2260	CO：实际的 PID 设定值	—	2
P2261	PID 设定值滤波器的时间常数	0.00	3
r2262	CO：PID 经滤波的 PID 设定值	—	3
P2264	CI：PID 反馈	755:0	2
P2265	PID 反馈信号滤波器的时间常数	0.00	2
r2266	CO：PID 经滤波的反馈	—	2
P2267	PID 反馈的最大值	100.00	3
P2268	PID 反馈的最小值	0.00	3
P2269	PID 增益系数	100.00	3
P2270	PID 反馈的功能选择器	0	3
P2271	PID 变送器的类型	0	2
r2272	CO：已标定的 PID 反馈信息	—	2
r2273	CO：PID 错误	—	2
P2280	PID 的比例增益系数	3.000	2
P2285	PID 的积分时间	0.000	2
P2291	PID 的输出上限	100.00	2
P2292	PID 的输出下限	0.00	2
P2293	PID 设定值的斜坡上升/下降时间	1.00	3
r2294	CO：实际的 PID 输出	—	2

14. 其他参数

MM440 的“命令和数字 I/O 参数（P0004 = 7）”及“设定值通道和斜坡函数发生器参数（P0004 = 10）”增加参数见表 B-14。

表 B-14　其他参数

参数号	参数名称	默认值	用户访问级
P0705	选择数字输入 5 的功能	15	2
P0706	选择数字输入 6 的功能	15	2
P0707	选择数字输入 7 的功能	0	2
P0708	选择数字输入 8 的功能	0	2
P1008	固定频率 8	35.00	2
P1009	固定频率 9	40.00	2
P1010	固定频率 10	45.00	2
P1011	固定频率 11	50.00	2
P1012	固定频率 12	55.00	2
P1013	固定频率 13	60.00	2
P1014	固定频率 14	65.00	2
P1015	固定频率 15	65.00	2

三、故障信息

发生故障时，变频器跳闸，并在显示屏上出现一个故障代码，故障信息见表 B-15。

表 B-15　故障信息

故障	引起故障可能的原因	故障诊断和应采取的措施	反应
F0001 过电流	◆ 电动机的功率（P0307）与变频器的功率（P0206）不对应 ◆ 电动机电缆太长 ◆ 电动机的导线短路 ◆ 有接地故障	检查以下各项： 1. 电动机的功率（P0307）必须与变频器的功率（P0206）相对应 2. 电缆的长度不得超过允许的最大值 3. 电动机的电缆和电动机内部不得有短路或接地故障 4. 输入变频器的电动机参数必须与实际使用的电动参数相对应 5. 输入变频器的定子电阻值（P0350）必须正确无误 6. 电动机的冷却风道必须通畅，电动机不得过载	Off2
F0002 过电压	◆ 禁止直流电路电压控制器（P1240） ◆ 直流电路的电压（r0026）超过了跳闸电平（P2172） ◆ 由于供电电源电压过高，或者电动机处于再生制动方式下引起过电压 ◆ 斜坡下降过快，或者电动机由大惯量负载带动旋转而处于再生制动状态下	检查以下各项： 1. 电源电压（P0210）必须在变频器铭牌规定的范围以内 2. 直流电路电压控制器必须有效（P1240），而且正确地进行了参数化 3. 斜坡下降时间（P1121）必须与负载的惯量相匹配 4. 要求的制动功率必须在规定的限定值以内 注意： 负载的惯量越大需要的斜坡时间越长；外形尺寸为 FX 和 GX 的变频器应接入制动电阻	Off2

（续）

故障	引起故障可能的原因	故障诊断和应采取的措施	反应
F0003 欠电压	◆ 供电电源故障 ◆ 冲击负载超过了规定的限定值	检查以下各项： 1. 电源电压（P0210）必须在变频器铭牌规定的范围内 2. 检查电源是否短时掉电或有瞬时的电压降低 使能动态缓冲（P1240 = 2）	Off2
F0004 变频器过温	◆ 冷却风量不足 ◆ 环境温度过高	检查以下各项： 1. 负载的情况必须与工作/停止周期相适应 2. 变频器运行时冷却风机必须正常运转 3. 调制脉冲的频率必须设定为默认值 4. 环境温度可能高于变频器的允许值 故障值： P0949 = 1：整流器过温 P0949 = 2：运行环境过温 P0949 = 3：电子控制箱过温	Off2
F0005 变频器 I^2t 过热保护	◆ 变频器过载 ◆ 工作/间隙周期时间不符合要求 ◆ 电动机功率（P0307）超过变频器的负载能力（P0206）	检查以下各项： 1. 负载的工作/间歇周期时间不超过指定的允许值 2. 电动机的功率（P0307）必须与变频器的功率（P0206）相匹配	Off2
F0011 电动机过温	◆ 电动机过载	检查以下各项： 1. 负载的工作/间隙周期必须正确 2. 标称的电动机温度超限制（P0626 ~ P0628）必须正确 3. 电动机温度报警电平（P0604）必须匹配。如果 P0601 = 0 或 1，请检查以下各项： （1）检查电动机的铭牌数据是否正确（如果不正确，则进行快速调试） （2）正确的等效电路数据可以通过电动机数据自动检测（P1910 = 1）来得到 （3）检查电动机的重量是否合理，必要时加以修改 （4）如果用户实际使用的电动机不是西门子生产的标准电动机，可以通过参数 P0626、P0627、P0628 修改标准过温值 如果 P0601 = 2，请检查以下各项： （1）检查 r0035 中显示的温度值是否合理 （2）检查温度传感器是否是 KTY84（不支持其他型号的传感器）	Off1
F0012 变频器温度信号丢失	◆ 变频器（散热器）的温度传感器断线		Off2

（续）

故障	引起故障可能的原因	故障诊断和应采取的措施	反应
F0015 电动机温度信号丢失	◆ 电动机的温度传感器开路或短路。如果检测到信号已经丢失，温度监控开关便切换为监控电动机的温度模型		Off2
F0020 电源断相	◆ 如果三相输入电源电压中的一相丢失，便出现故障，但变频器的脉冲仍然允许输出，可以带负载	检查输入电源各相的线路	Off2
F0021 接地故障	◆ 如果相电流的总和超过变频器额定电流的5%则引起这一故障		Off2
F0022 功率组件故障	在下列情况下将引起硬件故障（r0947 = 22 和 r0949 = 1） （1）直流电路过电流 = IGBT 短路 （2）制动斩波器短路 （3）接地故障 （4）I/O 板插入不正确 外形尺寸 A ~ C（1），（2），（3），（4） 外形尺寸 D ~ E（1），（2），（4） 外形尺寸 F（2），（4） 由于所有这些故障只指定了功率组件的一个信号来表示，不能确定实际上是哪一个组件出现了故障	检查 I/O 板，它必须完全插入	Off2
F0023 输出故障	◆ 输出的一相断线		Off2
F0024 整流器过温	◆ 通风风量不足 ◆ 冷却风机没有运行 ◆ 环境温度过高	检查以下各项： 1. 变频器运行时冷却风机必须处于运转状态 2. 脉冲频率必须设定为默认值 3. 环境温度可能高于变频器允许的运行温度	Off2
F0030 冷却风扇故障	风扇不工作	1. 在装有操作面板选件（AOP 或 BOP）时，故障不能被屏蔽 2. 需要安装新风扇	Off2
F0035 再重试再起动后自动再起动故障	试图自动再起动的次数超过 P1211 确定的数值		Off2
F0040 自动校准故障			Off2

（续）

故障	引起故障可能的原因	故障诊断和应采取的措施	反应
F0041 电动机参数自动检测故障	电动机参数自动检测故障 报警值 =0：负载消失 报警值 =1：进行自动检测时已达到电流限制的电平 报警值 =2：自动检测出的定子电阻小于 0.1% 或大于 100% 报警值 =3：自动检测出的转子电阻小于 0.1% 或大于 500% 报警值 =4：自动检测出的电源电抗小于 50% 或大于 500% 报警值 =5：自动检测出的电源电抗小于 50% 或大于 500% 报警值 =6：自动检测出的转子时间常数小于 10 s 或大于 5 s 报警值 =7：自动检测出的总漏抗小于 5% 或大于 250% 报警值 =8：自动检测出的定子漏感小于 25% 或大于 250% 报警值 =9：自动检测出的转子漏感小于 25% 或大于 250% 报警值 =20：自动检测出的 IGBT 通态电压小于 0.5V 或大于 10V 报警值 =30：电流控制器达到了电压限制值 报警值 =40：自动检测出的数据组自相矛盾，至少有一个自动检测数据错误	0：检查电动机是否与变频器正确连接 1 ~ 40：检查电动机参数 P304 ~ 311 是否正确 检查电动机的接线应该是哪种型式	Off2
F0042 速度控制优化功能故障	速度控制优化功能（P1960） 故障值 =0：在规定时间内不能达到稳定速度 故障值 =1：读数不合乎逻辑		Off2
F0051 参数 EEPROM 故障	存储参数时出错，或数据非法。	1. 工厂复位并重新参数化 2. 与客户支持部门或维修部门联系	Off2
F0052 功率组件故障	读取功率组件的参数时出错，或数据非法	与客户支持部门或维修部门联系	Off2
F0053 I/O EEPROM 故障	读 I/O EEPROM 信息时出错，或数据非法	1. 检查数据 2. 更换 I/O 模块	Off2
F0054 I/O 板错误	◆ 连接的 I/O 板不对 ◆ I/O 板检测不出识别号，检测不到数据	1. 检查数据 2. 更换 I/O 模块	Off2
F0060 Asic 超时	内部通信故障	1. 如果存在故障，请更换变频器 2. 或与维修部门联系	Off2

（续）

故障	引起故障可能的原因	故障诊断和应采取的措施	反应
F0070 CB 设定值故障	在通信报文结束时，不能从 CB（通信板）得到设定值	检查 CB 板和通信对象	Off2
F0071 USS（BOP－链接）设定值故障	在通信报文结束时，不能从 USS 得到设定值	检查 USS 主站	Off2
F0072 USS（COMM 链接）设定值故障	在通信报文结束时，不能从 USS 得到设定值	检查 USS 主站	Off2
F0080 ADC 输入信号丢失	◆ 断线 ◆ 信号超出限定值		Off2
F0085 外部故障	由端子输入信号触发的外部故障	封锁触发故障的端子输入信号	Off2
F0101 功率组件溢出	软件出错或处理器故障	运行子测试程序	Off2
F0222 PID 反馈信号高于最大值	PID 反馈信号超过 P2267 设置的最小值	改变 P2268 的设置值或调整反馈增益系数	Off2
F0450 BIST 测试故障	故障值： 1. 有些功率部件的测试有故障 2. 有些控制板的测试有故障 3. 有些功能测试有故障 4. 通电检测时内部 RAM 有故障	1. 变频器可以运行，但有的功能不能正确工作 2. 检查硬件，与客户支持部门或维修部门联系	Off2
F0452 检测出传动带有故障	负载状态表明传动带故障或机械有故障	检查下列各相： 1. 驱动链有无断裂、卡死或堵塞现象 2. 外接速度传感器（如果采用的话）是否正确地工作 3. 如果采用转矩控制，以下参数的数值必须正确无误： P2182（频率门限值 f1） P2183（频率门限值 f2） P2184（频率门限值 f3） P2185（转矩上限值 1） P2186（转矩下限值 1） P2187（转矩上限值 2） P2188（转矩下限值 2） P2189（转矩上限值 3） P2190（转矩下限值 3） P2192（与允许偏差对应的延迟时间）	Off2

（续）

故障	引起故障可能的原因	故障诊断和应采取的措施	反应
A0501 电流极限值	◆电动机功率与变频器功率不匹配 ◆电动机引线电缆太长 ◆接地故障	检查以下各项： 1. 电动机功率（P0307）必须与变频器功率（r0206）相匹配 2. 电缆长度不得超过允许限度 3. 电动机电缆和电动机不得有短路或接地故障 4. 电动机参数必须与实际使用的电动机相匹配 5. 定子电阻值（P0350）必须正确 6. 电动机旋转不得受阻碍，电动机不得过载 7. 增大斜坡时间 8. 减小提升数值	
A0502 过电压极限值	◆直流中间电路调节器被禁止（P1240 = 0） ◆脉冲被使能 ◆直流电压实际值 r0026 > r1242	如果长时间显示这一报警信息，检查传动装置输入电压	
A0503 欠电压极限值	◆供电电源发生故障 ◆供电电源电压（P0210）以及直流中间电路电压（r0026）低于规定的极限值（P2172）	检查电源电压（P0210）	
A0504 变频器过热	◆超过了变频器散热器温度的报警阈值（P0614），导致脉冲频率降低和/或输出频率降低（取决于P0610 中的参数设置）	1. 环境温度必须在规定的极限值范围内 2. 负载条件和工作循环必须合适	
A0505 变频器 I2t	◆超过了报警阈值，如果已进行了参数设置（P0610 = 1），则将减小电流	检查负载工作循环是否在规定的极限值范围内	
A0506 变频器工作循环	◆散热器温度与 IGBT 结温之间的差值超过报警极限值	检查负载工作循环和冲击负载是否在规定的极限值范围内	
A0511 电动机过热	◆电动机过载 ◆负载工作循环过高	1. P0604 电动机温度报警阈值 2. P0625 电动机环境温度 3. 如果 P0601 = 0 或 1，则检查以下各项： （1）检查铭牌数据是否正确（如果不正确，则执行快速调试） （2）通过执行电动机识别（P1910 = 1），可以得出准确的等效电路数据 （3）检查电动机重量（P0344）是否合理，必要时加以更改 （4）如果不是使用西门子公司标准型电动机，可以通过参数 P0626、P0627、P0628 更改标准过热温度 4. 如果 P0601 = 2，则检查以下各项： （1）检查 r0035 中显示的温度是否合理 （2）检查传感器是否是 KTY84（不支持其他的传感器）	

（续）

故障	引起故障可能的原因	故障诊断和应采取的措施	反应
A0512 电动机温度信号丢失	◆ 电动机温度传感器短路。如果检测出短路，则温度监控切换成采用电动机热模型的监控方式		
A0520 整流器过热	◆ 超过了整流器散热器温度（P）的报警阈值	1. 环境温度必须在规定的极限值范围内 2. 负载条件与工作循环必须合适 3. 在变频器运行时风机必须正常运转	
A0521 环境过热	◆ 超过了环境温度（P）的报警阈值	1. 环境温度必须在规定的极限值范围内 2. 在变频器运行时风机必须正常运转 3. 风机进风口必须没有任何阻力	
A0522 I^2C 读出超时	◆ 通过 I^2C 总线（Mega Master）周期性访问 UCE 值和功率组件温度受到干扰		
A0523 输出故障	◆ 电动机的一相断开	报警信息可以被屏蔽	
A0535 制动电阻发热			
A0541 电动机数据识别功能激活	◆ 电动机数据识别功能（P1910）被选择或者正在运行		
A0542 速度控制最优化功能激活	◆ 速度控制最优化功能（P1960）被选择或者正在运行		
A0590 编码器反馈信号丢失的报警	◆ 来自编码器的信号丢失；变频器可能已切换成无传感器矢量控制方式（检查报警值 r0949）	使变频器停机： 1. 检查编码器的安装情况。如果安装了编码器且 r0949 = 5，则通过 P0400 选择编码器类型 2. 如果安装了编码器且 r0949 = 6，则检查编码器模块与变频器之间的连接 3. 如果没有安装编码器且 r0949 = 5，则选择 SLVC 方式（P1300 = 20 或 22） 4. 如果没有安装编码器且 r0949 = 6，则设定 P0400 = 0 5. 检查编码器与变频器之间的连接 6. 检查编码器是否处于无故障状态（选择 P1300 = 0，以固定速度运行，检查 r0061 中的编码器反馈信号） 7. 增大 P0492 中的编码器反馈信号丢失阈值	
A0710 CB 通信错误	◆ 与 CB（通信板）的通信中断	检查 CB 硬件	

（续）

故障	引起故障可能的原因	故障诊断和应采取的措施	反应
A0711 CB 配置错误	◆ CB（通信板）报告有配置错误	检查 CB 参数	
A0910 Vdc－max 调节器已被停用	Vdc－max 调节器由于其不能使直流中间电路电压（r0026）保持在极限值（P2172）范围内，已经被停用 ◆ 如果电源电压（P0210）一直太高，就可能出现这一报警 ◆ 如果电动机由负载带动旋转而使电动机进入再生制动方式，就可能出现这一报警 ◆ 在斜坡下降时，如果负载的惯量很高，就可能出现这一报警	1. 输入电源电压（P0210）必须在允许范围内 2. 负载必须匹配	
A0911 Vdc－max 调节器激活	◆ Vdc－max 调节器激活；这样将自动增大斜坡下降时间以使直流中间电路电压（r0026）保持在极限值（P2172）范围内	检查 CB 参数	
A0912 Vdc－min 调节器激活	◆ 如果直流中间电路电压（r0026）下降到最小电平（P2172）以下，则 Vdc－min 调节器将被激活 ◆ 电动机的动能用于缓冲直流中间电路电压，因而导致传动系统减速 ◆ 这么短时间的电源故障不一定引起欠电压脱扣		
A0920 ADC 参数设定不正确	ADC 参数不应设定为相同的值，因为这样会产生不合逻辑的结果 ◆ 变址 0：输出的参数设定相同 ◆ 变址 1：输入的参数设定相同 ◆ 变址 2：输入的参数设定与 ADC 类型不一致		
A0921 DAC 参数设定不正确	DAC 参数不应设定为相同的值，因为这样会产生不合乎逻辑的结果 ◆ 变址 0：输出的参数设定相同 ◆ 变址 1：输入的参数设定相同 ◆ 变址 2：输出的参数设定与 DAC 类型不一致		
A0922 变频器没有负载	◆ 变频器没有负载。因而有些功能不能像在正常负载条件下那样工作		
A0923 同时请求反向 JOG 和正向 JOG	◆ 已同时请求正向 JOG 和反向 JOG（P1055 / P1056）。这会使 RFG 输出频率稳定在其当前值	不要同时按正向和反向 JOG 键	

（续）

故障	引起故障可能的原因	故障诊断和应采取的措施	反应
A0952 传动带故障报警	◆ 电动机的负载状态表明传动带故障或机械故障	1. 传动链应无断裂、卡死或阻塞 2. 如果使用外部速度传感器，检查其是否正常工作。检查参数： （1）P0409（额定速度时的每分钟脉冲数） （2）P2191（传动带故障速度公差） （3）P2192（允许偏差的延迟时间） 3. 如果采用转矩包络线，检查下列参数： （1）P2182（频率阈值 f1） （2）P2183（频率阈值 f2） （3）P2184（频率阈值 f3） （4）P2185（转矩上阈值 1） （5）P2186（转矩下阈值 1） （6）P2187（转矩上阈值 2） （7）P2188（转矩下阈值 2） （8）P2189（转矩上阈值 3） （9）P2190（转矩下阈值 3） （10）P2192（允许偏差的延迟时间） 4. 需要时加润滑	
A0936 PID 自动整定激活	◆ PID 自动整定功能（P2350）已被选择或者正在运行		

参考文献

[1] 王廷才，王伟．变频器原理及应用［M］．北京：机械工业出版社，2007.
[2] 陈坚．电力电子技术及应用［M］．北京：中国电力出版社，2005.
[3] 李良仁．变频调速技术与应用［M］．北京：电子工业出版社，2004.
[4] 周志敏，周记海，纪爱华．变频调速系统设计与维护［M］．北京：中国电力出版社，2007.
[5] 何超．交流变频调速技术［M］．北京：北京航空航天大学出版社，2006.
[6] 张选正，张金远．变频器应用技术与实践［M］．北京：中国电力出版社，2009.
[7] 廖常初．S7－200 PLC 基础教程［M］．北京：机械工业出版社，2009.
[8] 徐海，施利春．变频器原理及应用［M］．北京：清华大学出版社，2010.
[9] 李方园．图解变频器控制及应用［M］．北京：中国电力出版社，2012.
[10] 宋爽，周乐挺．变频器技术及应用［M］．北京：高等教育出版社，2012.
[11] 陈山，朱莉，牛雪娟．变频器基础及使用教程［M］．北京：化学工业出版社，2013
[12] 王兆义．变频器应用故障 200 例［M］．北京：机械工业出版社，2013.
[13] 西门子（中国）有限公司．MICROMASTER 440 变频器用户使用手册［M］．北京：中国电力出版社，2010
[14] 吴志敏，阳胜峰．西门子 PLC 与变频器、触摸屏综合应用教程［M］．北京：中国电力出版社，2010.
[15] 侍寿永．S7－200 PLC 编程及应用项目教程［M］．北京：机械工业出版社，2012.

精品教材推荐

电机与电气控制项目教程

书号：ISBN 978-7-111-24515-5

作者：徐建俊　　　定价：29.00 元

获奖情况：国家级精品课程配套教材

省级高等学校评优精品教材

推荐简言：本教材以“工学结合、项目引导、‘教学做’一体化”为编写原则，包括电机与拖动、工厂电器控制设备、PLC 三个方面，共分 8 个专题，每个专题内容由课程组从企业生产实践选题，再设计成教学项目，试做后编入教材，实用性极强。

电机与电气控制技术

书号：ISBN 978-7-111-29289-0

作者：田淑珍　　　定价：29.00 元

推荐简言：

本书根据维修电工中级工的达标要求，强化了技能训练，突出了职业教育的特点，将理论教学、实训、考工取证有机地结合起来。书中加入了电动机实训、线路制作、设备运行维护、故障排除等内容。

单片机原理与控制技术（第 2 版）

书号：ISBN 978-7-111-08314-6

作者：张志良　　　定价：36.00 元

推荐简言：

本书力求降低理论深度和难度，文字叙述通俗易懂，习题丰富便于教师布置。突出串行扩展技术，注意实用实践运用，所配电子教案内容详尽，接近教学实际。有配套的《单片机学习指导及与习题解答》可供选用。

变频技术原理与应用（第 2 版）

书号：ISBN 978-7-111-11364-5

作者：吕汀　　　定价：29.00 元

获奖情况：

2008 年度普通高等教育精品教材

普通高等教育“十一五”国家级规划教材

推荐简言：本书内容包括变频技术基础，电力电子器件，交-直-交变频技术、脉宽调制技术、交-交变频技术等。内容系统简洁，实用性强。

电工与电子技术基础（第 2 版）

书号：ISBN 978-7-111-08312-2

主编：周元兴　　　定价：39.00 元

获奖情况：

2008 年度普通高等教育精品教材

普通高等教育“十一五”国家级规划教材

推荐简言：本书在第 1 版的基础上，融合新的职业教育理念，进行了修订改版。本书内容全面、图文并茂，并新增了实践环节。

现场总线技术及其应用

书号：ISBN 978-7-111-33108-7

作者：郭琼　　　定价：21.00 元

推荐简言：

本书以 Profibus 及 CC-Link 作为学习和实践的教学内容。同时，将 Modbus 的通信内容也作为教学的重点内容，通过丰富的实例使读者了解现场总线在工业控制系统中的作用，以及现场总线控制系统的构建和使用方法。